U0294052

HydroBIM-
水电工程设计施工一体化

张宗亮 主编

中国水利水电出版社
www.waterpub.com.cn

·北京·

内 容 提 要

　　本书既是对中国电建集团昆明勘测设计研究院有限公司十多年来三维设计及 BIM 技术研究与应用成果的系统总结，也是对水电工程设计施工一体化、数字化、信息化进行的探索和思考。全书共 9 章，内容主要包括：HydroBIM 概念、体系架构与应用模式，HydroBIM - EPC 信息管理系统，以及 HydroBIM 技术在典型水电工程前期勘测设计、传统模式设计施工一体化、EPC 总承包项目管理中的应用实践。

　　本书既可为水电工程设计施工一体化实施提供参考借鉴，也可作为高等院校相关专业师生教学的参考用书。

图书在版编目（C I P）数据

HydroBIM-水电工程设计施工一体化 / 张宗亮主编
. -- 北京 ：中国水利水电出版社，2016.12
ISBN 978-7-5170-5033-9

Ⅰ．①H… Ⅱ．①张… Ⅲ．①水利水电工程－设计－研究②水利水电工程－工程施工－研究 Ⅳ．①TV

中国版本图书馆CIP数据核字(2016)第321999号

书　　名	**HydroBIM -水电工程设计施工一体化** HydroBIM - SHUIDIAN GONGCHENG SHEJI SHIGONG YITIHUA
作　　者	张宗亮　主编
出版发行	中国水利水电出版社 （北京市海淀区玉渊潭南路 1 号 D 座　100038） 网址：www. waterpub. com. cn E - mail：sales@ waterpub. com. cn 电话：(010) 68367658（营销中心）
经　　售	北京科水图书销售中心（零售） 电话：(010) 88383994、63202643、68545874 全国各地新华书店和相关出版物销售网点
排　　版	中国水利水电出版社微机排版中心
印　　刷	北京嘉恒彩色印刷有限责任公司
规　　格	184mm×260mm　16 开本　16.75 印张　397 千字
版　　次	2016 年 12 月第 1 版　2016 年 12 月第 1 次印刷
印　　数	0001—1500 册
定　　价	**97.00 元**

本书编写名单

主　　编　张宗亮

副 主 编　曹以南　张社荣

参　　编　刘兴宁　严　磊　潘　飞　吴贵春　邱世超

　　　　　王华兴　孙钰杰　卢江龙　王　娜　邓加林

　　　　　杨建敏　梁礼绘　陈为雄

编写单位　中国电建集团昆明勘测设计研究院有限公司

　　　　　天津大学

信息技术与工程深度融合
是水利水电工程建设发展
的重要方向！

中国工程院院士

马洪琪

2016年6月

中国的水利建设事业有着辉煌且源远流长的历史,四川都江堰枢纽工程、陕西的郑国渠灌溉工程、广西的灵渠运河、京杭大运河等均始于公元前,公元年间相继建有黄河大堤等各种水利工程。新中国成立后,水利事业开始进入了历史新篇章,三门峡、葛洲坝、小浪底、三峡等重大水利枢纽相继建成,为国家的防洪、灌溉、发电、航运等方面作出了巨大贡献。

诚然,国内的水利水电工程建设水平有了巨大的提高,糯扎渡、小湾、溪洛渡、锦屏一级等大型工程在规模上已处于世界领先水平,但是不断变更的设计过程、粗放型的施工管理与运维方式依然存在,严重制约了行业技术的进一步提升。解决这个问题需要国家、行业、企业各方面一起努力,其中一个重要工作就是要充分利用信息技术,在水利水电建设全行业实施信息化,利用信息化技术整合产业链资源,实现全产业链的协同工作,促进水利水电行业的更进一步发展。当前,工程领域最热议的信息技术,就是建筑信息模型(BIM),这是全世界普遍认同的,已经在建筑行业产生了重大、深远的影响。这对同属于工程建设领域的水利水电行业,有着极其重要的借鉴和参考意义。

中国电建集团昆明勘测设计研究院有限公司(以下简称中国电建昆明院)作为国内最早一批进行数字化信息化应用的水利水电企业之一,拥有丰富的工程数字化信息化实施经验。作为中国电建昆明院的长期合作伙伴,我也见证了中国电建昆明院信息化技术的发展与应用历程。三维设计阶段:在秉承"解放思想、坚定不移、不惜代价、全面推进"的三维设计指导方针和"面向工程,全员参与"的三维设计理念下,经过多年的应用、研发与项目实践,中国电建昆明院三维设计已经实现多设计软件在平台级下的整合、多专业协同方式确定、多设计软件的插件开发、BIM 与 CAD/CAE 桥技术的无缝对接、三维地质建模系统开发、工程边坡三维设计系统、大体积三维钢筋绘制辅助系统开发、虚拟仿真施工交互、文档协同编辑系统开发、三维数字化移交IBIM 系统开发等,大大提高了工作效率、保证了产品质量、提升了服务水平。信息集成管理阶段：结合工程建设管理需要，注重研究三维设计增值服务，探索将三维数字化价值向工程建设和运维管理延伸；创新性地提出水利水电工程数字化信息化管理理念，联合天津大学等单位开展工程项目建设与物联网、大物流、大数据、3S 集成技术、三维协同设计等技术的集成创新，创造了工程技术、质量、安全一体化信息化的管理模式，并在国内已建最高的糯扎渡心墙堆石坝（高 261.5m）成功实践。HydroBIM 全生命周期阶段：结合水利水电工程在项目周期中的业务特点和发展需求，将 BIM 与互联网、物联网、云计算技术、3S 等技术相融合，提出了 HydroBIM 完整的理论基础和技术体系，作为水利水电工程及大土木工程规划设计、工程建设、运行管理一体化解决方案，现已基本完成 HydroBIM 综合平台建设和系列技术规程编制，并经过工程实践，大幅度地提高了工程建设效率，保证了工程安全、质量和效益，有力地推动了工程建设技术迈上新台阶。中国电建昆明院 HydroBIM 团队于 2012 年、2016 年两获欧特克全球基础设施卓越奖，将我国水利水电行业数字化信息化技术应用推进到国际领先水平。

在全国工程设计大师张宗亮教授级高级工程师的领导下，中国电建昆明院 HydroBIM 团队 10 年来在信息技术领域取得了大量丰富扎实的成果及工程实践，《HydroBIM -水电工程设计施工一体化》一书即为 HydroBIM 在水电工程应用之精华概述。该书作者在阐述 HydroBIM 概念、体系架构与应用模式的同时，也结合了大量工程案例，论述了 HydroBIM 技术在典型水利水电工程前期勘测设计、传统模式设计施工一体化、EPC 总承包项目管理中的应用实践，具有很好的参考价值。鉴于此，我请中国电建昆明院继续丰富完善在国家科技支撑研究项目中开发的"水利水电云计算公用平台"是非常合适的。

虽说 BIM 技术已经在水利水电行业得到了应用，但还处于初步阶段，在实际过程中肯定会出现一些问题和挑战，不过不要惧怕，这是技术应用的必然规律，我们相信，经过不断的探索实践，BIM 技术肯定能获得更加完善的应用模式，也希望该书作者及广大水利水电同仁们，将这一项工作继续下去，为中国水利水电事业赶超世界一流水平作出贡献。

中国科学院院士

2016 年 7 月

我国目前正在进行着世界上最大规模的基础设施建设。建设工程项目作为其基本组成单元，涉及众多专业领域，具有投资大、工期长、建设过程复杂的特点。20 世纪 80 年代中期以来，计算机辅助设计（CAD）技术出现在建设工程领域并逐步得到广泛应用，极大地提高了设计工作效率和绘图精度，为建设行业的发展起到了巨大作用，并带来了可观的效益。社会经济在飞速发展，当今的工程项目综合性越来越强，功能越来越复杂，建设行业需要更加高效、高质地完成建设任务以保持行业竞争力。正当此时，建筑信息模型（BIM）作为一种新理念、新技术被提出并进入白热化的发展阶段，正在成为提高建设领域生产效率的重要手段。

BIM 的出现，可以说是信息技术在建设行业中应用的必然结果。起初，BIM 被应用于建筑工程设计中，体现为在三维模型上附着材料、构造、工艺等信息，进行直观展示及统计分析。在其发展过程中，人们意识到 BIM 所带来的不仅是技术手段的提高，而且是一次信息时代的产业革命。BIM 模型可以成为包含工程所有信息的综合数据库，更好地实现规划、设计、施工、运维等工程全生命期内的信息共享与交流，从而使工程建设各阶段、各专业的信息孤岛不复存在，以往分散的作业任务也可被其整合成为统一流程。迄今为止，BIM 已被应用于结构设计、成本预算、虚拟建造、项目管理、设备管理、物业管理等诸多专业领域中，国内一些大中型建筑工程企业已制定符合自身发展要求的 BIM 实施规划，积极开发面向工程全生命期的 BIM 集成应用系统。BIM 的发展和应用，不仅提高了工程质量、缩短了工期、提升了投资效益，也促进了产业结构的优化调整，是建筑工程领域信息化发展的必然趋势。

水利水电工程多具有规模大、布置复杂、投资大、开发建设周期长、参与方众多以及对社会、生态环境影响大等特点，需要全面控制安全、质量、进度、投资及生态环境。在日益激烈的市场竞争和全球化市场背景下，建立科学高效的管理体系有助于对水利水电工程进行系统、全面、现代化的决策与管理，也是提高工程开发建设效率、降低成本、提高安全性和耐久性的关键所在。水利水电工程的开发建设规律和各主体方需求与建筑工程极其相似，如果 BIM 在其中能够得以应用，必然将使建设效率得到极大提高。目前，国内部分水利水电勘测设计单位、施工单位在 BIM 应用方面已进行了有益的探索，开展了诸如多专业三维协同设计、自动出图、设计性能分析、5D 施工模拟、施工现场管理等应用，取得了较传统技术不可比拟的优势，值得借鉴和推广。

中国电建集团昆明勘测设计研究院有限公司（以下简称中国电建昆明院）1957 年正式成立，现已有近 60 年的发展历史，是世界 500 强中国电力建设集团有限公司的成员企业。自 2008 年接触 BIM，昆明院就开始着手引入 BIM 理念，已在 30 多个水利水电项目中应用 BIM，效果得到了业主和业界的普遍好评。与此同时，中国电建昆明院结合在 BIM 应用方面的实践和经验，将 BIM 与互联网、物联网、云计算技术、3S 等技术相融合，结合水利水电行业自身的特点，创立了 HydroBIM 技术解决方案。本书作者作为中国电建昆明院 BIM 应用的倡导者和实践者，在本书中对该解决方案进行了集中阐述。该解决方案将 BIM 引入水利水电工程总承包项目管理，强调 BIM 模型和管理流程在水利水电工程全生命期中的应用，并强调通过建立和应用项目全生命周期综合管理平台，提升项目的管理水平，对设计企业实施以设计为龙头的总承包业务有很好的指导与借鉴作用。《HydroBIM-水电工程设计施工一体化》一书是我见过的第一本出自实践、实际应用的设计院之手，以数字化、信息化技术给出了工程项目规划设计、工程建设、运行管理一体化完整解决方案的著作，对大土木工程亦有很好的借鉴价值。

现阶段 BIM 本身还不够完善，BIM 的发展还在继续，需要通过实践不断改进。水利水电行业是一个复杂的行业，整体而言，BIM 在水利水电工程方面的应用目前尚属于起步阶段。我相信，该书的出版对水利水电设计、施工企业实施基于 BIM 的数字化、信息化战略将起到有力的推动作用，同时将推进与 BIM 有机结合的新型生产组织方式在水利水电设计、施工等企业中的成功运用，并将促进水利水电产业的健康和可持续发展。

清华大学教授，BIM 专家

2016 年 7 月于清华园

前言

　　BIM 是建筑信息模型（building information modeling）的简称，最初由建筑行业提出，后逐渐拓展到整个工程建设领域。BIM 以三维数字技术为基础，集成了工程项目各种相关信息，最终形成工程数据模型，是对工程项目设施实体与功能特性的数字化表达。BIM 具有单一工程数据源，可解决分布式、异构工程数据之间的一致性和全局共享问题，支持建设项目全生命周期中动态的工程信息创建、管理和共享；同时又是一种应用于设计、建造、管理的数字化方法，这种方法支持工程项目集成管理环境，可以使工程项目在其整个进程中提高效率并减少风险。

　　目前，美国、新加坡、日本、韩国等多个国家已在建筑行业提出了 BIM 应用要求，并建立了相关的 BIM 企业级和行业级应用标准。我国建筑行业 BIM 应用相对成熟，已在全力推广 BIM 技术应用。同建筑行业相比，水利水电行业 BIM 技术应用还处于起步阶段，但目前中国电力建设集团有限公司已开始大力推动 BIM 技术在水利水电工程建设中的应用，并于 2014 年启动了集团重大科技专项"水电工程勘测设计施工一体化信息技术应用研究"，召集旗下水电设计院、工程局、软科公司共同开展 BIM 技术的应用研究和配套标准的建立工作。水利水电行业 BIM 技术应用将是未来发展的必然趋势。

　　在此背景下，中国电建集团昆明勘测设计研究院有限公司联合天津大学等单位开展了大量的 BIM 技术研究与应用工作，取得了一些成果，本书即为成果之一。本书由全国工程设计大师张宗亮教授级高级工程师总体策划、拟订大纲并组织编写。全书系统地介绍了 BIM 起源与发展、HydroBIM 技术与管理体系、HydroBIM－EPC 信息管理系统、DBB 模式及 EPC 模式下的 BIM 应用实践，目的是使读者了解 HydroBIM 技术以及 HydroBIM 技术在水电工程设计施工一体化中的应用内容及方法。

　　本书的出版得到了中国水电工程顾问集团公司科技项目"高土石坝工程全生命周期管理系统开发研究"和中国电力建设集团科技项目"水电工程规划设计、工程建设、运行管理一体化平台研究"的支持。

感谢马洪琪院士为本书题词；感谢陈祖煜院士为本书作序。在本书的写作过程中，著名 BIM 专家、清华大学马智亮教授，欧特克软件（中国）有限公司大中华区技术总监李和良先生和中国区工程建设行业技术总监罗海涛先生等分别以不同方式给予了指导和帮助，在此一并致谢！

在本书编写过程中，还参考了大量宝贵文献，特别是建筑行业知名 BIM 专家的相关论著，在此谨向原著作者们表示衷心的感谢！

由于作者水平有限，书中难免有疏漏之处，敬请读者批评指正。如有反馈意见，请联系 khidi@hydrobim.com。

编者

2016 年 5 月

目 录

第1章 绪　论

1.1　BIM 的起源与发展

1.1.1　BIM 的由来与概念

随着全球社会生产力的高速发展，建设工程规模的不断扩大，技术复杂程度的逐渐提升，如何提高信息数字化技术在工程上的应用得到了广泛的关注。20 世纪 60 年代中期，二维计算机辅助设计（computer aided design，CAD）应用软件的出现，将工程师从复杂繁琐的手工绘图工作中解放出来，极大地提高了绘图精度和工作效率。但是在当代，CAD 技术（包括 CAD 三维建模）已经不能够满足工程建设人员对参数化设计、协同设计、方案模拟优化等一系列新技术的需求。为解决上述问题，作为目前最先进的计算机信息数字化辅助设计技术——建筑信息模型（building information model，BIM）技术应运而生，见图 1.1。

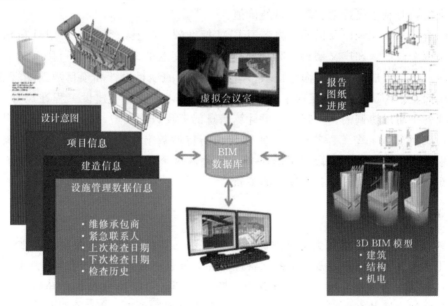

图 1.1　建筑信息模型（BIM）

BIM 理念的启蒙，受到了 1973 年全球石油危机的影响，美国全行业需要考虑提高行业效益的问题，1975 年 "BIM 之父" Charles Eastman 教授在其研究的课题 "Building Description System" 中提出 "a computer - based description of a building"，以便于实现

建筑工程的可视化和量化分析，提高工程建设效率。1982 年，Graphisoft 公司提出虚拟建筑模型（virtual building model，VBM）理念，并于 1984 年推出了 ArchiCAD 软件。1986 年，美国学者 Robert Aish 首先提出了 Building Modeling 的概念。1992 年，Building Information Model 这一术语开始出现，然而在随后的 10 年里，Building Information Model 抑或是 Building Information Modeling 并没有流行开来。直到 2002 年，Autodesk 发布了一篇标题为"Building Information Modeling"的白皮书，第一款 BIM 软件问世，其他厂商也纷纷加入。2003 年，Jerry Laiserin 把 BIM 这个术语宣传推广流行化、标准化，用 BIM 表述虚拟智能建模数字化建筑概念。如今，BIM 的研究和应用已取得突破性进展。

对于 BIM 的概念，很多机构和个人都对其进行了定义，但目前业内对 BIM 仍没有统一的定义。美国国家标准对 BIM 的定义是：BIM 是一个建设项目物理和功能特性的数字表达；BIM 是一个共享的知识资源，是一个分享有关这个设施的信息，为该设施从建设到拆除的全生命周期中的所有决策提供可靠依据的过程；在项目的不同阶段，不同利益相关方通过在 BIM 中插入、提取、更新和修改信息，以支持和反映其各自职责的协同作业。英国 BIM 研究院对 BIM 的定义是：一项综合的数字化流程，从设计到施工建设再到运营，提供贯穿所有项目阶段的可协调且可靠的共享数据。McGraw Hill 集团在 2009 年的一份 BIM 市场报告中将 BIM 定义为：BIM 是利用数字模型对项目进行设计、施工和运营的过程。国际标准组织设施信息委员会将 BIM 定义为：BIM 是利用开放的行业标准，对设施的物理和功能特性及相关的项目生命周期信息进行数字化形式的表现，从而为项目决策提供支持，有利于更好地实现项目的价值。

在综合了众多文献以及借鉴世界各国 BIM 标准的基础上，本书认为 BIM 概念具有广义和狭义两个层面：在广义层面上，BIM 是在相互交互的政策、过程和技术三方面共同作用的前提下，形成的一种面向建设项目全生命周期的项目设计和项目数据的管理方法；在狭义层面上，BIM 是以三维数字化信息技术为基础，集成了建设工程在设计、施工、运营管理各个阶段协调的、一致的、可计算信息的工程数据模型，核心在于协同设计与信息集成，BIM 作为一个工程项目设施实体与功能特性数字化表达的共享知识资源，成为建设工程全生命周期各个阶段决策的基础。因此从这个角度来看，BIM 不仅是工程技术上的革新，更是工程建设业务流程上的革新。

1.1.2 BIM 的特点与优势

BIM 技术特性可以细化为多个方面，包括富语义特性，面向生命周期，基于网络的实现，几何信息的存储，以及信息的完备性、关联性、一致性和可交互性等。

BIM 作为完善的信息模型，具有单一工程数据源，可解决分布式、异构工程数据之间的一致性和全局共享性问题，支持建设项目全生命周期阶段工程信息的创建、管理和共享。贯穿于规划设计、施工、运营三大建设阶段的 BIM 数字化信息技术的优势主要体现在以下几个方面：

（1）三维可视化设计。三维可视化功能是 BIM 的重要特征之一，BIM 三维可视化将过去的二维 CAD 图纸以三维模型的形式展现给用户，这不仅使建设方能直观地感受到整个建筑，同时也使设计者很清楚地发现自身设计存在的错误和不合理的地方。2009 年，McGraw Hill 做了一项关于 BIM 价值的调研研究，该调查的结果反映了 BIM 的可视化给企业带来的价值，见图 1.2。

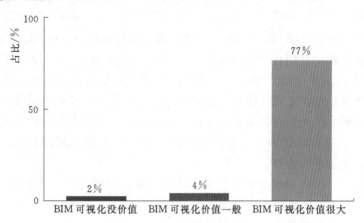

图 1.2　BIM 的可视化功能给企业带来的价值

对于建筑行业来说，可视化的真正运用在建筑业的作用是非常大的，例如经常拿到的施工图纸，各个构件的信息只是在图纸上采用线条绘制表达，但是其真正的构造形式就需要建筑业参与人员去自行想象。对于一般简单的结构来说，尚能轻松应对，但是近几年建筑业的建筑形式各异，复杂造型在不断地推出，光凭人脑想象已经不太现实。所以 BIM 提供了可视化的思路，将以往线条式的构件以三维立体实物模型的形式展示在人们的面前；同时 BIM 还能够将构件之间的互动性和反馈性进行可视化展现。因此 BIM 可视化的结果不仅可以用来进行效果图的展示及报表的生成，更重要的是，项目设计、建造、运营过程中的沟通、讨论、决策都在可视化的状态下进行，这种互动与反馈，大大地提高了决策的效率和正确性。

（2）三维参数化设计。三维参数化设计是将建筑构件的几何造型尺寸及其他各种真实属性通过参数的形式进行模拟，并进行相关数据统计和计算。在建筑信息模型中，一方面，许多构件具有较大的重复性，通过几何参数的改变即可快速生成新构件，可大大地提高模型及构件的重用性，减少了重复建模带来的时间成本问题；另一方面，建筑构件并不只是一个虚拟的视觉构件，而是可以模拟除几何形状以外的一些非几何属性，如材料的耐火等级、材料的传热系数、构件的造价、采购信息、重量、受力状况等。参数定义属性的意义在于可以进行各种统计和分析，例如常见的门窗表统计，在建筑信息模型中是完全自动化的，而参数化更为强大的功能是可以进行结构、经济、节能、疏散等方面的统计和计算，甚至可以进行建造过程的模拟、最终实现虚拟建造。

（3）关联性设计。关联性设计是参数化设计的衍生。当建筑模型中所有构件都是由参数加以控制时，如果将这些参数相互关联起来，那么就实现了关联性设计。换言之，当建筑师修改某个构件，建筑模型、模型视图以及统计数据将进行自动更新，而且这种更新是相互关联的。例如在实际工程中遇到修改层高的情况，在建筑信息模型中，只要修改每层的标高的数值，那么所有的墙、柱、窗门都会自动发生变化，因为这些构件的参数都与标高相关联，而且这种改变是三维的，并且是准确与同步的。设计师不再需要去修改平面、立面及剖面图纸，一处修改处处更新，实现了计算与绘图的融合。关联性设计不仅提高了设计师的工作效率，而且解决了长期以来图纸之间的错漏碰撞的问题，其意义是不言而喻的。

（4）协同化设计。运用基于 BIM 的设计方式，设计团队可以更准时、更高质量、更高效地完成项目任务，可以优化各专业团队的工作流程，提高各个设计专业（建筑、结构、MEP 等专业）成果质量。同时，BIM 软件能够将多专业模型连接，快速、准确地进行碰撞检查，确保多专业之间协作能更有效地进行。这样在多专业协同设计的过程中，设计人员将更多的精力投入到各自专业的设计上，提高工程设计质量。协同化设计的最终目的是使建筑设计各专业内和专业间配合更加紧密，信息传递更加准确有效，减少重复性劳动，最终实现设计效率的提升。

（5）碰撞检查。BIM 最基本的价值在于其可以实现三维可视化，利用 BIM 的可视化功能可以在施工前进行碰撞检查，从而在施工前发现问题，进而及时改正，减少建筑施工中的返工。在设计过程中各专业项目信息常出现"不兼容"现象。如管道与结构冲突，各个房间出现冷热不均，预留的洞口没留或尺寸不对等情况。通过碰撞检查，及时发现冲突部位，将设计错误在成为现实问题之前发现并锁定，见图 1.3。在 BIM 数据模型环境中对项目进行碰撞检查，目的就是在建筑工程的早期发现项目中存在的潜在问题，从而避免不必要的返工，既节约成本又节省时间。

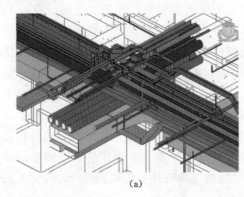　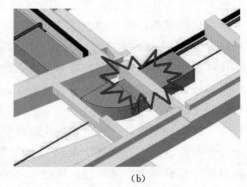

(a)　　　　　　　　　　　　　　　(b)

图 1.3　碰撞检查

（6）提高可施工性。BIM 设计可为客户提供多种高质量施工设计产品，包括零件装配图、三维模型、漫游视频文件。平面图、剖面图以及三维导视图共同组成工程施工详图。对于读图的施工人员，通过三维 BIM 模型，将大大提高读图效率和准确度。

（7）自动统计。BIM 自动统计功能的运用可以提高施工预算的准确性，对构件的预制加工提供支持，有效地提高设备参数的准确性和施工协调管理水平。利用已经搭建完成的 BIM 模型，直接自动统计生成主要材料设备的工程量，并生成报表，见图 1.4。同时工程量统计结果可导入工程造价软件以及工程辅助管理软件，有效地提高了概预算分析和工程管理的效率。

（8）性能分析。现代建设工程的复杂程度大多超过参与人员本身的能力极限，BIM

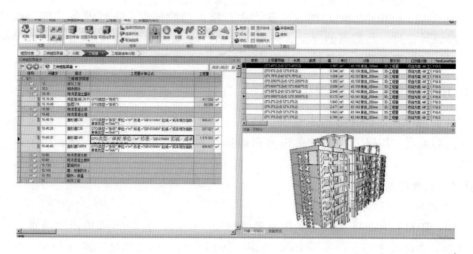

图 1.4 工程量自动统计

及配套的各种优化工具提供了对复杂项目进行优化的可能。通过性能分析，实现方案的优化。例如，利用四维施工模拟相关软件，根据施工组织安排进度计划安排，在已经搭建好的模拟的基础上加上时间维度，分专业制作可视化进度计划，即四维施工模拟，见图 1.5。

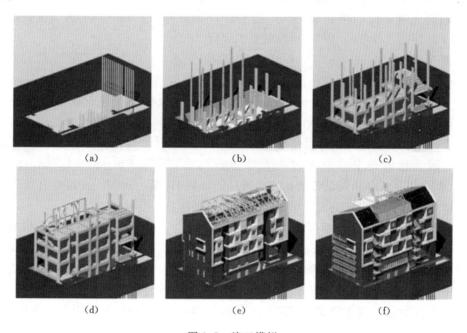

图 1.5 施工模拟

另外利用 BIM 技术可实现耗能与可持续发展设计与分析、结构安全分析等功能，为提高建筑物的性能提供了技术手段。

（9）三维设计交付。通过三维设计成果，可以轻松生成设计方案的三维视图、效果图、漫游、全景视图和项目图表等，为设计工作提供帮助。在竣工验收阶段，利用 BIM

竣工模型（As-built Model）作为设备管理与维护的数据库，方便设备管理与维护。总之，三维设计交付，在数据的完整、一致、关联、通用、可重用、轻量化等方面具有巨大优势，保证了数据资源的完整性，供使用者在全生命周期的不同阶段使用。

1.1.3　BIM 国内外应用研究现状

BIM 起源于美国，并得到了北美、欧洲、日本、韩国、新加坡等发达地区和国家的广泛认同和采用。BIM 正在被欧美国家积极推广和应用，并得到了政府和相关行业的大力支持。

1.1.3.1　国外应用现状

1. 北美地区

美国：BIM 应用始于美国，美国总务管理局（GSA）于 2003 年推出了国家 3D-4D-BIM 计划，并陆续发布了一系列 BIM 指南。美国联邦机构美国陆军工程兵团（USACE）在 2006 年制定并发布了一份 15 年（2006—2020）的 BIM 发展路线图。美国建筑科学研究院于 2007 年发布美国国家标准（NBIMS），旗下的 Building SMART 联盟负责 BIM 应用研究工作。2009 年，美国威斯康星州成为第一个要求州内新建大型公共建筑项目使用 BIM 技术的州政府，同年，德克萨斯州设施委员会也对州政府投资的设计和施工项目提出应用 BIM 技术的要求。根据 McGraw Hill 的调研，工程建设行业应用 BIM 的比例从 2007 年的 28% 增长至 2009 年的 49%，直至 2012 年的 71%。其中 74% 的承包商已经在实施 BIM 了，超过了建筑师（70%）及机电工程师（67%）。

2. 欧洲地区

（1）英国。与大多数国家相比，英国政府要求强制使用 BIM。英国政府内阁办公室在 2011 年 5 月发布了"Government Construction Strategy（政府建设战略）"文件，其中有整个章节介绍 BIM 的发展规划。该章节中明确要求，到 2016 年，政府要求全面实现协同 3D-BIM，并将全部的文件以信息化管理。英国的设计公司在 BIM 实施方面已经相当领先了，因为伦敦是全球众多领先设计企业的总部，如 Foster and Partners、Arup Sports，同时也是很多领先设计企业的欧洲总部，如 HOK、SOM。在这些背景下，一个政府发布的强制使用 BIM 的文件可以得到有效的执行。

（2）北欧。北欧国家包括挪威、丹麦、瑞典和芬兰，是一些主要的建筑业信息技术的软件厂商所在地，如 Tekla 和 Solibri，而且对发源于邻近国家匈牙利的 ArchiCAD 的应用率也很高。因此，这些国家是全球最先采用基于模型的设计的国家，也在推动建筑信息技术的互用性和开放标准。北欧国家冬季漫长多雪，这使得建筑的预制化非常重要，这也促进了包含丰富数据、基于模型的 BIM 技术的发展，使这些国家及早地进行了 BIM 的部署。

除了当地气候的要求以及先进建筑信息技术软件的推动，BIM 技术的发展主要是企业的自觉行为。如 Senate Properties 是一家芬兰国有企业，也是荷兰最大的物业资产管理公司。2007 年，Senate Properties 发布了一份建筑设计的 BIM 要求（Senate Properties' BIM Requirements for Architectural Design，2007）。自 2007 年 10 月 1 日起，Senate Properties 的项目仅强制要求建筑设计部分使用 BIM，其他设计部分可根据项目情况自行决定是否采用 BIM 技术，但目标是将全面使用 BIM。

3. 亚洲地区

（1）日本。2009 年被认为是日本的 BIM 元年。大量的日本设计公司、施工企业开始应用 BIM，而日本国土交通省也在 2010 年 3 月选择一项政府建设项目作为试点，探索 BIM 在设计可视化、信息整合方面的价值及实施流程。

2010 年秋，日经 BP 社调研了 517 位设计院、施工企业及相关建筑行业从业人士，了解他们对于 BIM 的认知度与应用情况。结果显示，BIM 的知晓度从 2007 年的 30.2％提升至 2010 年的 76.4％。2008 年的调研显示，采用 BIM 的最主要原因是 BIM 绝佳的展示效果，而 2010 年人们采用 BIM 主要用于提升工作效率。仅有 7％的业主要求施工企业应用 BIM，这也表明日本企业应用 BIM 更多是企业的自身选择与需求，见图 1.6。日本 33％的施工企业已经应用 BIM 了，在这些企业当中，近 90％是在 2009 年之前开始实施的。

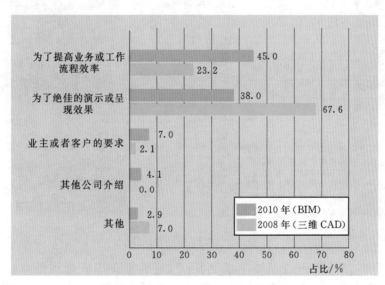

图 1.6 日本企业应用 BIM 的原因

日本软件业较为发达，在建筑信息技术方面也拥有较多的国产软件，日本 BIM 相关软件厂商认识到，BIM 需要多个软件来互相配合，而数据集成是基本前提，因此多家日本 BIM 软件商在 IAI 日本分会的支持下，以福井计算机株式会社为主导，成立了日本国国产解决方案软件联盟。

此外，日本建筑学会于 2012 年 7 月发布了日本 BIM 指南，从 BIM 团队建设、BIM 数据处理、BIM 设计流程、应用 BIM 进行预算、模拟等方面为日本的设计院和施工企业应用 BIM 提供了指导。

（2）韩国。韩国在运用 BIM 技术上十分领先。多个政府部门都致力于制定 BIM 的标准，例如韩国虚拟建造研究院、韩国调达厅、韩国公共采购服务中心和韩国国土交通海洋部。

韩国公共采购服务中心（Public Procurement Service，PPS）是韩国所有政府采购服务的执行部门。2010 年 4 月，PPS 发布了 BIM 路线图，见图 1.7，内容包括：2010 年，在 1～2 个大型工程项目应用 BIM；2011 年，在 3～4 个大型工程项目应用 BIM；2012—2015 年，超过 500 亿韩元大型工程项目都采用 4D BIM 技术（3D＋成本管理）；2016 年前，全部公共工程应用 BIM 技术。2010 年 12 月，PPS 发布了《设施管理 BIM 应用指南》，针对设计、施工图设计、施工等阶段中的 BIM 应用进行指导，并于 2012 年 4 月对其进行了更新。

	短期（2010—2012 年）	中期（2013—2015 年）	长期（2016 年—）
目标	通过扩大 BIM 应用来提高设计质量	构建 4D 设计预算管理系统	设施管理全部采用 BIM，实行行业革新
对象	500 亿韩元以上交钥匙工程及公开招标项目	500 亿韩元以上的公共工程	所有公共工程
方法	通过积极的市场推广，促进 BIM 的应用；编制 BIM 应用指南，并每年更新；BIM 应用的奖励措施	建立专门管理 BIM 发包产业的诊断队伍；建立基于 3D 数据的工程项目管理系统	利用 BIM 数据库进行施工管理，合同管理及总预算审查
预期成果	通过 BIM 应用提高客户满意度；促进民间部门的 BIM 应用；通过设计阶段多样的检查校核措施，提高设计质量	提高项目造价管理与进度管理水平；实现施工阶段设计变更最少化，减少资源浪费	革新设施管理并强化成本管理

图 1.7　韩国 BIM 路线图

2010 年 1 月，韩国国土交通海洋部发布了《建筑领域 BIM 应用指南》。该指南为开发商、建筑师和工程师在申请四大行政部门、16 个都市以及 6 个公共机构的项目时，提供采用 BIM 技术必须注意的方法及要素的指导。指南应该能在公共项目中系统地实施 BIM，同时也为企业建立实用的 BIM 实施标准。目前，土木领域的 BIM 应用指南也已立项，暂定名为《土木领域 3D 设计指南》。

韩国主要的建筑公司已经都在积极采用 BIM 技术，如现代建设、三星建设、空间综合建筑事务所、大宇建设、GS 建设、Daelim 建设等公司。其中，Daelim 建设公司将 BIM 技术应用到桥梁的施工管理中，BMIS 公司利用 BIM 软件的 Digital Project 对建筑设计阶段以及施工阶段的一体化研究和实施等。

（3）新加坡。新加坡负责建筑业管理的国家机构是建筑管理署（Building and Construction Authority，BCA）。2011 年，BCA 发布了新加坡 BIM 发展路线规划（BCA's Building Information Modelling Roadmap），规划明确推动整个建筑业在 2015 年前广泛使用 BIM 技术。为了实现这一目标，BCA 分析了面临的挑战，并制定了相关策略，见图 1.8。清除障碍的主要策略，包括制定 BIM 交付模板以减少从 CAD 到 BIM 的转化难度，

2010 年 BCA 发布了建筑和结构的模板，2011 年 4 月发布了 M&E 的模板；另外，与 buildingSMART 新加坡分会合作，制定了建筑与设计对象库，并明确在 2012 年以前合作确定发布项目协作指南。

图 1.8　新加坡 BIM 发展策略

为了鼓励早期的 BIM 应用者，BCA 于 2010 年成立了一个 600 万新币的 BIM 基金项目，任何企业都可以申请。基金分为企业层级和项目协作层级，公司层级最多可申请20000 新元，用以补贴培训、软件、硬件及人工成本；项目协作层级需要至少 2 家公司的 BIM 协作，每家公司、每个主要专业最多可申请 35000 新元，用以补贴培训、咨询、软件及硬件和人力成本。而且申请的企业必须派员工参加 BCA 学院组织的 BIM 建模/管理技能课程。

在创造需求方面，新加坡决定政府部门必须带头在所有新建项目中明确提出 BIM 需求。2011 年，BCA 与一些政府部门合作确立了示范项目。BCA 强制要求提交建筑 BIM模型（2013 年起）、结构与机电 BIM 模型（2014 年起），并且最终在 2015 年前实现所有建筑面积大于 $5000m^2$ 的项目都必须提交 BIM 模型的目标。

在建立 BIM 能力与产量方面，BCA 鼓励新加坡的大学开设 BIM 的课程，为毕业学生组织密集的 BIM 培训课程，为行业专业人士建立了 BIM 专业学位。

4. 大洋洲地区

（1）澳大利亚。在 2009 年公布了其国家的数字模型指引。该指引指出，由于将 BIM真正地应用于建筑业是需要做出不少修改和适应的，所以将会是一项重大的挑战。眼见及此，澳洲政府通过制定数字模型指引，致力于推广 BIM 在建筑各阶段的运用，从项目规划到设施管理，都运用 BIM 的模拟技术，改善建筑项目的实施与协作，从而发挥最大的生产力。

（2）新西兰。新西兰建筑行业在 BIM 应用方面遥遥领先于该地区其他国家。美国和英国都在 BIM 理论发展、推广利用建模和流程标准的 BIM 应用方面取得了显著的进展，新西兰"汲取并调整"了欧美成果并进行了本土化应用。新西兰商业、创新和就业部（MBIE）雷厉风行，在有了发布 BIM 政策的意向后，迅速出台指导方针，并在全国范围内开展试点培育计划；同时主要政府客户要求在重大方案或大型项目中使用 BIM。这些措施并举，使得新西兰在纵向和横向同时推进了 BIM 的发展和应用。

1.1.3.2　BIM 国内应用现状

（1）香港。香港的 BIM 发展主要靠行业自身的推动。早在 2009 年香港便成立了香港

BIM 学会。2010 年，香港 BIM 学会主席梁志旋表示，香港的 BIM 技术应用已经完成从概念到实用的转变，处于全面推广的最初阶段。香港房屋署自 2006 年起，已率先试用建筑信息模型；同时为了成功地推行 BIM，该机构自行订立 BIM 标准、用户指南、组建资料库等设计指引和参考。这些资料有效地为模型建立、管理档案，以及用户之间的沟通创造了良好的环境。2009 年 11 月，香港房屋署发布了 BIM 应用标准。香港房屋署副署长冯宜萱女士提出，在 2014 年到 2015 年，BIM 技术将覆盖香港房屋署的所有项目。

（2）台湾。早在 2007 年，台湾大学与 Autodesk 签订了产学合作协议，重点研究建筑信息模型（BIM）及动态工程模型设计。2009 年，台湾大学土木工程系成立了"工程信息仿真与管理研究中心（Research Center for Building & Infrastructure Information Modeling and Management，简称 BIM 研究中心）"，建立技术研发、教育训练、产业服务与应用推广的服务平台，促进 BIM 相关技术与应用的经验交流、成果分享、人才培训与产学研合作。此外，台湾交通大学、台湾科技大学、高雄应用科技大学、淡江大学等对 BIM 进行了广泛的研究，极大地推动了台湾对于 BIM 的认知与应用。台湾的政府层级对于建筑产业界 BIM 的推动并没有强制的政策和奖励措施，但对于其拥有者为政府单位，工程发包监督都受政府的公共工程委员会管辖，则要求在设计阶段与施工阶段运用 BIM 技术。另外，台北市政府又牵头邀请产官学各界的专家学者齐聚一堂，召开座谈研讨会，从不同方面就台北市政府的研究专案说明、推动环境与策略、应用经验分享、工程法律与产权等课题提出专题报告并进行研讨，极大地推动了 BIM 在台湾的发展。

（3）大陆。近年来 BIM 在国内建筑业形成一股热潮，除了前期软件厂商的大声呼吁外，政府相关单位、各行业协会与专家、设计单位、施工企业、科研院校等也开始重视并推广 BIM。"十一五"国家科技支撑计划重点项目"现代建筑设计与施工关键技术研究"中，已明确提出将深入研究 BIM 技术，完善协同工作平台以提高工作效率、生产水平与质量。2011 年 6 月，住房和城乡建设部颁布了《2011—2015 年建筑业息化发展纲要》，明确表示将"加快建筑信息模型（BIM）、基于网络的协同工作等新技术在工程中的应用，推动信息化标准建设，促进具有自主知识产权然间的产业化，一批信息技术应用达到国际先进水平的建筑企业"列入总体目标，在政策层面正式推动 BIM 的发展。2011 年，清华大学 BIM 课题组联合中国建筑设计单位、施工企业以及 BIM 软件供应商，发布了第一个与国际标准接轨并符合中国国情的开放的中国建筑信息模型标准 CBIMS（Chinese Building Information Modeling Standard）框架。与此同时出现了一批商业化的 BIM 应用软件，如广联达公司的 BIM 造价估算、BIM 算量、BIM5D、鲁班 BIM View、BIM Works 鲁班进度计划等。在国家重大工程中，BIM 的研究也逐渐深入。从最初的北京奥运会"水立方""鸟巢"工程，到上海世界博览会的国家电网企业馆，再到上海中心大厦，BIM 的应用为项目的成功实施带来了巨大的保障，缩短项目周期，节约更多成本，为项目设计、施工、运营提供了便利。同时绿色、环保、节能、可持续的理念持续深入，显著地提高了项目的整体效益。在产业界，前期主要是设计院、施工单位、咨询单位等对 BIM 进行一些尝试。最近几年，业主对 BIM 的认知度也在不断提升，SOHO 已将 BIM 作为 SOHO 未来三大核心竞争力之一；万达、龙湖等大型房产商也在积极探索应用 BIM。国内大中小型设计院、大型建筑企业也竞相发展企业内部的 BIM 应用，中国电建集团下属企业如昆明勘测设计研究院、华东勘测设计研究院、成都勘测设计研究院等已经开始推广使用 BIM 技术应用。目前，大中型设计企业基本上拥有了专门的 BIM 团队，有一定的 BIM 实施经验；施工企业起步略晚于设计企业，但也有很多大型施工企业开始应用 BIM，并积累了一定的成功案例；运维阶段 BIM 的应用还处在探索研究阶段。

2015 年 7 月，住房和城乡建设部发布了《关于推进建筑信息模型应用的指导意见》，强调了 BIM 在建筑领域应用的重要意义，提出了推进建筑信息模型应用的指导思想与基本原则，同时明确提出"十三五"期间推进 BIM 应用的发展目标。这一时期内，各地也纷纷出台关于推广建筑信息模型（BIM）的指导意见，如北京、上海、广东、山东、四川等。

1.1.3.3 BIM 总体研究现状

目前国内外关于 BIM 的研究主要集中在以下四个方面：

（1）相关标准及其扩展研究。目前国际上关于 BIM 数据标准——IFC 标准的研究已日趋成熟，在此基础上，研究者们又进行了扩展。如创建了用于分析钢结构桥梁设计的信息模型和用于结构分析的信息模型；在已开发的物业管理框架的基础上，通过扩展 IFC 标准，构建物业管理信息模型等。其他相关标准如视图标准定义（MVD）等，也在不断地补充和完善，许多国家和地区也都纷纷加入了 buildingSMART 联盟，共同推动 BIM 理论走向成熟。

（2）nD 模型的研究。运用 nD 技术辅助工程项目管理是非常必要和可行的，通过 BIM 技术建立 nD 系统模型来实现工程项目集成化管理是解决问题的关键。学者们研究了 nD 模型的发展，以及实现 nD 模型的技术，并提出了 nD 模型未来发展的蓝图。其中英国的索尔福德大学开发的 nD 模型集成了进度、成本、建筑节能、性能分析等各个方面的信息。

（3）基于 BIM 的项目协同管理。项目设计阶段 BIM 的应用主要集中在多专业协同设计。协同设计过程中的支撑技术，特别是支持远程协同设计的 3D 虚拟技术、图形用户接口技术、客户端-服务器及 P2P 网络技术，共同建立了异步协作平台，主要用于 BIM 模型的建立。同时基于 BIM 的存储和交换机制，以模型为基础的同步协作模式也随之出现。数据交换与共享作为项目管理的核心至关重要，一些研究者也开始研究 BIM 作为项目协同中心的详细细节。出现了如基于 IFC 的模型服务器以支持 BIM 数据交换；基于 IFC 的 4D 项目管理系统，通过 B/S 网络结构实现了建筑、进度、概算数据的交互与共享。欧洲 InPro 项目详细研究了 BIM 协同中心的架构、关键技术和功能特性。此外还出现了一些商用和开源的 BIM 数据服务器，如 Graphisoft ArchiCad BIM Server、EuroSTEP Share - A - Space Model Server、EDM server、Open BIM server 及 Onuma BIMstroms 等。

（4）基于 BIM 技术集成扩展。国内外的许多研究学者已经开始研究 BIM 与其他高科技技术的结合。通过整合 BIM 与先进的数据获取技术，如 3D 激光扫描和 RFID 技术，来研究实时建设项目信息管理；通过 BIM 数据仓库的数据挖掘，用大数据来实现项目的知识管理；通过 BIM 和 GIS 集成，研究宏微观条件下建筑信息的集成问题；通过整合云技术，引入云计算，云存储，解决 BIM 高成本问题，引领 BIM 向 SaaS 转型等。这些都为以 BIM 为核心的项目信息化管理的发展提供了更好的支持。

1.1.4　BIM 技术标准现状

1.1.4.1　国际 BIM 标准

1. 北美 BIM 标准

美国建筑科学研究院（National Institute of Building Sciences）分别于 2007 年、2012 年和 2015 年发布了美国国家 BIM 标准第一版［United States National Building Information Modeling Standard™（NBIMS）Version 1 - Part 1（V1P1）：Overview，Principles and Methodologies］、美国国家 BIM 标准第二版［National BIM Standard - United States®（NBIMS - US™）Version2］和美国国家 BIM 标准第三版［National BIM Standard - United States®（NBIMS - US™）Version 3］，旨在制定公开通用的 BIM 标准为建筑工程整个生命周期的工作提供统一操作指导。其他一些国家，包括北美、欧洲和亚洲部分地区，基本上都采用了美国国家 BIM 标准可用的部分作为其发展本国 BIM 标准的基础。

2011 年，加拿大 BIM 委员会（Canada BIM Council）曾考虑将美国 BIM 标准（NBIMS）第二版引入加拿大建筑业。加拿大 BIM 委员会的副主席、技术委员会主席 Allan Partridge 先生说："由 buildingSMART 联盟组织开发的 NBIMS 标准，亦能成为其他国家（包括加拿大）的 BIM 实施标准的基础。"2014 年，加拿大 BIM 学会发布了 BIM 合同语言文本指南，2015 年，加拿大 BIM 学会和 buildingSMART Canada 开始联合开发加拿大 BIM 实践手册（Canadian Practice Manual for BIM），手册共包含三卷，致力于反映 BIM 在国际上的最佳实践以及在加拿大的应用，是一个全面的指南。

2. 欧洲 BIM 标准

2006 年丹麦 NAEC 部门推出了 Digital Construction 标准，该标准最初是旨在促进工程建设程序改革的 BIM 模板，后结合案例工程修改，正式成为国家标准。

同年，德国的智能建筑联盟（Building Smart GS）也推出了自己的 BIM 检验标准及认证指标——"User Handbook Data Exchange BIM/IFC"。

2007 年，芬兰的 Senate Properties 部门发布了 BIM Requirements 2007 标准。

挪威于 2007 年发布了信息交付手册（Information Delivery Manual），2009 年发布了 BIM 手册 1.1 版本（BIM Manual 1.1），并于 2011 年发布了 BIM 手册 1.2 版本（BIM Manual 1.2）。

英国于 2009 年发布了"AEC（UK）BIM Standard"；2010 年进一步发布了基于 Revit 平台的 BIM 实施标准——"AEC（UK）BIM Standard for Autodesk Revit"；2011 年又发布了基于 Bentley 平台的 BIM 实施标准——"AEC（UK）BIM Standard for Bentley Building"。

3. 澳大利亚 BIM 标准

澳大利亚 CRC Construction Innovation 于 2009 年发布了"National Guidelines for Digital Modeling"，2012 年又发布了一份国家 BIM 行动方案（National Building Information Modeling Initiative）。

4. 亚洲 BIM 标准

日本建筑学会（JIA）于 2012 年 7 月发布了日本 BIM 指南，从 BIM 团队建设、BIM 数据处理、BIM 设计流程、应用 BIM 进行预算、模拟等方面为日本的设计院和施工企业应用 BIM 提供了指导。

新加坡建设局（BCA）于 2012 年 5 月和 2013 年 8 月分别发布了新加坡 BIM 指南 1.0 版（Singapore BIM Guide Version 1.0）和 2.0 版（Singapore BIM Guide Version 2.0）。新加坡 BIM 指南是一本参考性指南，由 BIM 说明书和 BIM 建模及协作流程一同构成，概括了团队成员在项目不同阶段使用建筑信息模型（BIM）时承担的角色和职责。该指南可作为制定 BIM 执行计划的参考指南。

在韩国，多家政府机构制定了 BIM 应用标准。韩国公共采购服务中心于 2010 年 4 月发布了《设施管理 BIM 应用指南》和 BIM 应用路线图；韩国国土交通海洋部也于 2010 年 1 月发布了《建筑领域 BIM 应用指南》；2010 年 3 月，韩国虚拟建造研究院制定了《BIM 应用设计指南——三维建筑设计指南》；2010 年 12 月，韩国调达厅颁布了《韩国设施产业 BIM 应用基本指南书——建筑 BIM 指南》。

1.1.4.2 国内 BIM 标准

1. 中国建筑信息模型标准框架（CBIMS）

2011 年 12 月，由清华大学 BIM 课题组主编的《中国建筑模型标准框架研究》（CBIMS）第一版正式发布。框架主要包括技术标准和实施标准两部分。2012 年又发布了《设计企业 BIM 实施标准指南》。

2. 国家 BIM 标准

2012 年 1 月，住房和城乡建设部印发建标〔2012〕5 号文件，将五本 BIM 标准列为国家标准制定项目。五本标准分为三个层次：第一层为最高标准，建筑工程信息模型应用统一标准；第二层为基础数据标准，建筑工程设计信息模型分类和编码标准，建筑工程信息模型存储标准；第三层为执行标准，建筑工程设计信息模型交付标准，制造业工程设计信息模型交付标准。2014 年 12 月 30 日，中国铁路 BIM 联盟在北京召开会议，以联盟名义发布铁路工程实体结构分解指南（EBS）1.0 版和铁路工程信息模型分类与编码标准（IFD）1.0 版。

3. 地方 BIM 标准

2009 年，香港房屋署发布了"建筑信息模拟（BIM）应用标准"；2014 年，北京市质量技术监督局和北京市规划委员会共同发布了 DB11/T 1069—2014《民用建筑信息模型设计标准》；2015 年 5 月 4 日，深圳市建筑工务署发布了政府公共工程 BIM 实施纲要及标准——《深圳市建筑工务署政府公共工程 BIM 应用实施纲要》和《深圳市建筑工务署 BIM 实施管理标准》；2015 年 5 月 14 日，上海城乡建设和管理委员会发布了《上海市建筑信息模型技术应用指南（2015 版）》；2015 年 8 月 24 日，四川省住房和城乡建设厅发布了工程建设地方标准——DBJ51/T 047—2015《四川省建筑工程设计信息模型交付标准》。

1.1.4.3 BIM 标准体系

目前 BIM 标准体系主要包含三类基础标准，即建筑信息组织标准、信息交付手册标准和数据模型表示标准。其中建筑信息组织标准用于分类编码标准和过程标准的编制，信息交付手册标准用于过程标准的编制，数据模型表示标准用于数据模型标准的编制。各标准间的关系见图1.9。

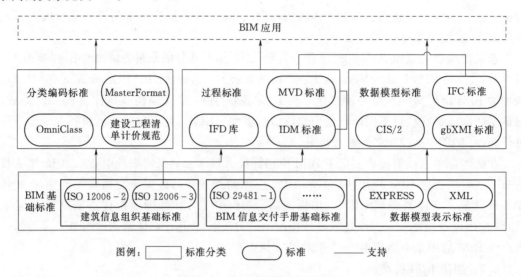

图例：☐ 标准分类　◯ 标准　—— 支持

图1.9　BIM标准关系示意图

建筑信息组织标准规定用于组织建筑信息的框架。主要体现为国际标准化组织颁布的两个标准，即 ISO 12006.2 "建筑施工-施工工程信息组织 第2部分：信息分类框架"和 ISO 12006.3 "建筑施工-施工工程信息组织 第3部分：面向对象的信息框架"。

建筑信息分类编码标准的编制可追溯到20世纪60年代。1963年，美国施工规范协会开发了 MasterFormat 标准，在北美地区一直以来都有较大的影响。1989年，美国建筑师协会和美国政府总务管理局联合开发了 UniFormat 标准，采用了与 MasterFormat 标准不同的分类角度。ISO 12006.2颁布后，美国和加拿大共同开发了 OmniClass 标准，力求涵盖建设项目全方位信息。英国建设项目信息学会参考 ISO 12006.2 与 ISO/PSA 12006.3 开发了 UniClasses 分类标准，作为英国的国家 BIM 参考标准。我国现行的建筑专业分类编码标准分别是 JG/T 151—2003《建筑产品分类和编码》和 GB 50500—2013《建设工程清单计价规范》。2014年，我国又发布了《建筑工程设计信息模型分类和编码标准》征求意见稿。

信息交付手册（IDM）标准用于规定有关过程、通过每个过程各参与方交付的信息内容以及各参与方可获得的信息内容。作为基础标准，ISO 29481.1 "建筑信息模型-信息交付手册 第1部分：方法论和格式"规定了 BIM 信息交付手册标准的编制方法和格式。信息交付手册标准的整体架构主要包含过程图、信息交换需求、功能部件、业务规则和验证试验5部分内容。

过程标准除包含上述信息交付手册（IDM）标准外，还包括模型试图定义（MVD）标准和国字典框架（IFD）。IDM标准中，信息交换需求是用自然语言定义的。对于计算机而言，只有将这些自然语言基于数据模型标准"翻译"成机器能读懂的语言才具有实际应用价值。模型试图定义（MVD）就是对应于这些信息交换需求的、机器能读懂的"语言"。IFD库实际上是一个统一的建设术语字典，以满足多国家、多语言的国际化环境。

数据模型表示标准规定用以交换的建筑信息的内容及其结构，是建筑工程软件交换和共享信息的基础。用于表示数据模型标准的主要有 Express 语言和 XML。目前国际上获得广泛认可的数据模型标准包括 IFC 标准、CIS/2 标准和 gbXML 标准。2007 年，中国建筑标准设计研究院编制了行业标准 JG/T 198—2007《建筑对象数字化定义》。该标准部分采用了 IFC 标准的平台部分，规定了建筑对象数字化定义的一般要求，资源层，核心层及交互层。2008 年，由中国建筑科学研究和中国标准化研究院等单位编制了 GB/T 25507—2010《工业基础类平台规范》。该标准等同采用 IFC 标准，在技术内容上与 IFC 标准完全保持一致。

1.1.5　BIM 应用软件

BIM 的应用离不开软件的支持。当前 BIM 软件的使用者主要是个人、企业和政府机构，用于规划、设计、建设、运营和维护不同的基础设施。由于 BIM 涉及建筑工程的整个生命周期，因此问题的解决不是一个软件或一类软件的事。目前常见的 BIM 软件类型见图 1.10。

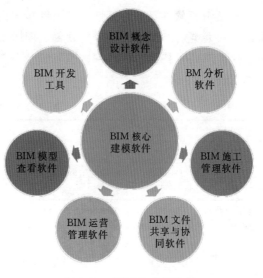

图 1.10　BIM 软件的类型

1. BIM 核心建模软件

BIM 核心建模软件英文通常叫"BIM Authoring Tools"，是 BIM 的基础，换句话说，正是因为有了这些软件才有了 BIM，也是从事 BIM 专业的人员首先要接触的软件。常用的 BIM 核心建模软件主要有建筑、结构、机电管道和暖通消防四大类，见图 1.11。

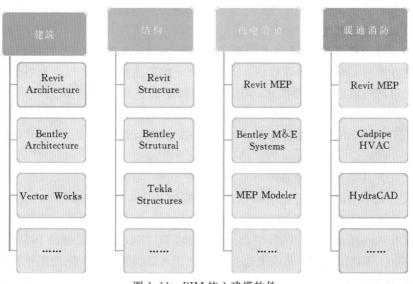

图 1.11　BIM 核心建模软件

2.BIM 概念设计软件

BIM 概念设计软件用在设计初期,主要用于快速生成项目建议方案,项目利益相关方从而可快速地进行评估与决策。BIM 概念设计软件能帮助用户创建出真实再现自然和建筑环境的模型,在一个模型中可评估多种项目概念设计方案,并将方案的整体规划以形象逼真的视觉效果传达给相关决策者,为初步方案和概念的决定提供可视化的数据分析。目前主要的 BIM 概念设计软件有 Autodesk InfraWorks、SketchUp、Vectorworks Designer、Affinity 等。

3.BIM 分析软件

BIM 分析软件是其协调性、模拟性和优化性的基础。目前常见的 BIM 分析软件主要有以下六大类别:BIM 结构分析软件、BIM 机电分析软件、BIM 模型检查和碰撞检查分析软件、BIM 可持续分析软件、BIM 造价分析软件和 BIM 模拟分析软件。BIM 分析软件汇总见表 1.1。

表 1.1　　　　　　　　　　**BIM 分 析 软 件 汇 总**

类别	国外产品	国内产品	主要用途
结构分析	ETABS、STAAD、Robot	PKPM	结构分析
机电分析	Designmaster、IES Virtual Environment、Trane Trace	鸿业、博超	水暖电等设备和电气分析
模型检查与碰撞检查分析	Solibri Model Checker、Autodesk Navisworks、Bentley Project wise Navigator	鲁班、广联达	检查模型本身的质量和完整性,以及模型综合碰撞
可持续分析	Echotect、IES、Green Building Studio	PKPM、天正、清华斯维尔	光照、空气流动、热能、声学等方面的分析
造价分析	Innovaya、Solibri	鲁班、清华斯维尔、广联达、神机妙算	工程量统计及造价分析
模拟分析	Autodesk Navisworks、Pathfinder、Pyrosim、Building Exodus		施工模拟、火灾模拟和应急疏散模拟等

4.BIM 施工管理软件

BIM 施工管理软件是 BIM 技术与施工管理技术结合的成果,基于 BIM 施工管理软件,可以更方便地实现施工进度计划、工程造价、施工质量安全、施工资料等的管理,从而实现施工管理的信息化、可视化、集成化和智能化。国外这方面的产品有 Autodesk Navisworks、RIB iTWO、Vico Office、EcoDomus PM、GALA Construction Software,国内产品有 PKPM BIM 施工综合管理平台、广联达 5D BIM、理正 P - BIM 施工集成软件等。

5.BIM 文件共享与协同软件

BIM 文件共享与协同软件主要是整合权限控制、版本控制、Web 和云技术等,提供文件管理与共享,3D 模型的整合浏览与显示,云端协同,智能移动端支持等功能。常见的国外产品有 Autodesk BIM 360、Autodesk BIM360 Glue、Graphisoft BIMcloud、Bentley ProjectWise 等,国内的产品有北京互联立方、北京鹏宇成等。除此之外还有一些专门的 BIM 模型服务器,如 BIM Collaboration Hub、BIMserver、Constructivity Model Server、EDMserver 等。

6. BIM 运营管理软件

BIM 应用于运营管理的根本目的还是在于对空间和资产设施及运营维护计划的管理。国外的 ArchiBUS 是运营管理领域的全球领导者，其他的产品有 ACTIVe3D Facility Server、DaluxFM、EcoDomus FM、TRIRIGA Facilities 等。

7. BIM 模型查看软件

BIM 模型查看软件主要是为了对各专业模型及总模型等进行直观、流畅的三维展示，便于进行施工技术交底和协调沟通等工作。国内产品有鲁班、广联达等，国外产品有 Constructivity Model Viewer、DDS - CAD Viewer、FZK Viewer、Solibri Model Viewer 等。

8. BIM 开发工具

尽管 BIM 软件产品已经十分繁多，但是对于建设工程全生命周期而言，面对不同应用方、不同专业、不同项目阶段等，当前仍然不能满足所有的需求。BIM 开发工具可以帮助建筑工程人员根据自己专业的需求，开发定制专属的 BIM 应用，以提高工作效率。常见的 BIM 开发工具有 IFC Engine DLL、IFC SDK、IFC Toolbox、IFCsvr ActiveX Component、IfcOpenShell 等。

1.2 德国"工业 4.0"与基础设施建设

1.2.1 工业革命对基础设施工程的影响

基础设施是指为社会生产和居民生活提供公共服务的物质工程设施，是用于保证国家或地区社会经济活动正常进行的最基础的公共服务系统。世界银行（1994）在《1994 年世界发展报告——为发展提供基础设施》中，将基础设施定义为"永久性的成套工程构筑、设备、设施和它们所提供的为所有企业生产和居民生活共同需要的服务"。它包括交通运输、水资源、通信、能源和废弃物的处理等若干系统，为经济和社会提供了非常重要的基础性的功能，是保证人类福利水平和生活质量的基础性的服务。因此，基础设施对社会生活的发展有重要的意义，它作用于经济、社会、环境建设等各个方面，也是政府工作的重要内容和责任。

纵观历史上的前三次工业革命，均对基础设施工程产生了深远的影响。

（1）第一次工业革命以工作机的诞生为开始，以蒸汽机作为动力机被广泛使用为标志，它使工厂代替了手工工场，机器代替了手工劳动。在基础设施领域，规模宏大的工业革命，为工程建设提供了多种性能优良的建筑材料及施工机具，也对建设提出新的需求，从而促使基础设施工程以空前的速度向前迈进。其间，蒸汽机逐步应用于抽水、打桩、挖土、轧石、压路、起重等作业，水泥的诞生也极大地促进了基础设施的建设。

（2）第二次工业革命以电器的广泛应用为标志，自此人类社会逐渐进入电气时代，主要特点是电力代替了蒸汽动力，发电机和内燃机代替了外燃的蒸汽机，钢质机械代替了铁质机械，工厂完全机械化，城市交通已经由电车、汽车代替了马车。在基础设施领域，各类的起重运输、材料加工、现场施工专用的设备和配套机械应运而生，钢材等以往难以加工的材料也被广泛使用。不仅推动了基础设施建设的进程，同时也增强了基础设施工程的质量。

（3）第三次工业革命以计算机技术、空间技术等的发明和应用为主要标志，社会生产力出现了新的飞跃。现代科学技术突飞猛进，促进基础设施建设进入一个新时代。计算机的出现为专业预算员提供概预算软件编制施工概预算，为生产计划员提供网络计划软件安排施工进度，为设计人员提供图形设计软件绘制施工图纸等。通过信息化软件的使用，基础设施建设工作的质量和效率有了显著提高。

1.2.2　"工业 4.0" 核心内容概述

2011 年，德国举办了汉诺威工业博览会，并在此博览会上提出了"工业 4.0"的概念。随后，德国政府、产业界和科研院所不断加大投入精力，并于 2013 年 4 月发布了《实施"工业 4.0"战略建议书》，同年 12 月，德国又发布了"工业 4.0"标准化路线图，德国"工业 4.0"成为德国政府面向 2020 年的国家战略。之所以被称为"工业 4.0"，是因为德国认为迄今为止人类已经经历了三次工业革命：18 世纪末引入机械制造设备的"工业 1.0"；20 世纪初以电气化为基础导入大规模生产方式的"工业 2.0"；始于 20 世纪70 年代建立在 IT 技术和信息化之上的"工业 3.0"。而支撑"工业 4.0"的则是以信息物理系统（Cyber - Physical System，CPS）为核心，高度数字化、网络化的智能生产。工业文明的发展见图 1.12。

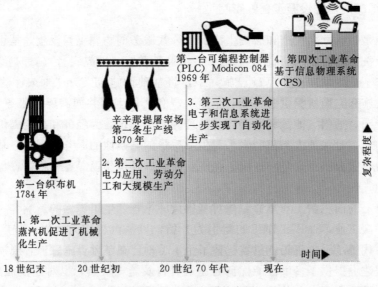

图 1.12　工业文明的发展

1. 工业 4.0 核心内容

工业 4.0 的核心内容可以归纳为一个网络、两大主题、三项集成、八项计划。

一个网络是指信息物理系统，该系统强调虚拟和现实的联系和融合，使用连接、云存储、虚拟网络、内容、社区的方式，将一切可以利用的生产资源采用个性化的手段整合在一起，从而创造出一个生产高度智能化的智能工厂。

两大主题是指智能工厂和智能生产。智能工厂是强调智能化生产系统及生产过程,以及网络化分布式生产设施的实现;智能生产侧重点在于将人机互动、智能物流管理、3D打印等先进技术应用于整个工业生产过程,从而形成高度灵活、个性化、网络化的产业链。

三项集成是企业在价值链上的横向集成、制造系统网络化中的纵向集成以及生产过程中的端对端集成。由于不同企业在同一价值链上可能处于不同生产阶段,价值链上的横向集成就是促使处于同一价值链上的企业通过 IT 技术相互沟通,促使不同企业间的资源互动,提高生产效率。这样可以促进不同的企业更好地创造价值,实现端对端的集成。在横向集成的基础之上就需要网络的链接,从而形成了纵向的制造系统网络化集成。

八项计划是指:①标准化和参考架构。不同企业按照统一标准进行网络建设,否则就不能进行网络连接。②管理复杂系统。工业 4.0 为企业管理提出了更高的要求,建立管理系统。③工业宽带体系建设。建立可靠、全面、高品质的工业专用网络。④安全与保障。网络安全是工业 4.0 的核心。⑤工作组织和设计。工业 4.0 对企业组织结构提出了新要求。⑥培训和职业发展。通过建立终身学习计划,不断地为工业发展提供足够的优秀人才。⑦监管体系。需要建立全方位的监管体系。⑧资源利用体系。考虑环境制约因素,提高资源利用效率。

2. 工业 4.0 的目的与实施意义

工业 4.0 的重点是创造智能产品、程序和过程。其中,智能工厂构成了工业 4.0 的一个关键特征。智能工厂能够管理复杂的事物,不容易受到干扰,能够更有效地制造产品。在智能工厂里,人、机器和资源如同在一个社交网络里一般,自然地进行相互沟通协作。智能产品包含丰富的信息,例如被制造的细节,它们能够积极协助生产过程,回答诸如"我是什么时候被制造的""哪组参数应被用来处理我""我应该被传送到哪里"等问题。其与智能移动性、智能物流和智能系统网络相对接,使智能工厂成为未来的智能基础设施中的一个关键组成部分。这将导致传统价值链的转变和新商业模式的出现。

综上所述,德国"工业 4.0"就是通过信息技术把产品、机器、资源和人进行有机地集合,从而创出一个高度智能化、数字化、个性化的制造模式。工业 4.0 的主要目的在于确保德国制造业的国际竞争力,推动德国制造业从单纯的围绕产品生产,向数据分析与应用基础的智能模式上的转变。

1.2.3 基础设施 4.0

2013 年 9 月和 10 月,习近平总书记分别提出建设"新丝绸之路经济带"和"21 世纪海上丝绸之路"的战略构想,进而形成了"一带一路"的国家顶级战略,为国际基础设施建设带来的新机遇和新挑战;2015 年 6 月举行的"第六届国际基础设施投资与建设高峰论坛"中,首次向业界提出"建设 4.0"概念,认为基础设施建设行业与其他制造业一样,在先后经历了机械时代、电子时代、信息时代后,正面临跨入智能时代的机遇,也为"智能建设"提供了广阔的发展平台,见图 1.13。

工业革命为基础设施建设的发展提供了技术基础,德国"工业 4.0"的提出也同样为当代基础设施工程的建设提供了借鉴和启示,本节结合工业 4.0 的核心理念,从内涵、特

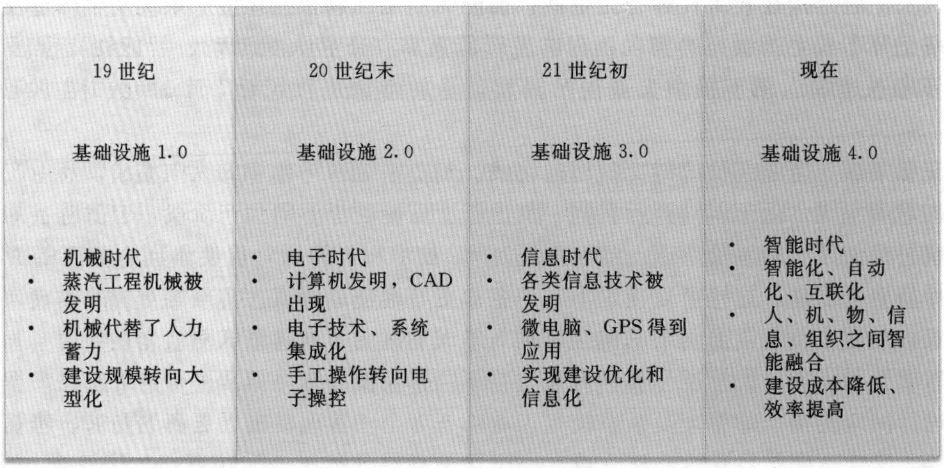

19 世纪	20 世纪末	21 世纪初	现在
基础设施 1.0	基础设施 2.0	基础设施 3.0	基础设施 4.0
· 机械时代 · 蒸汽工程机械被发明 · 机械代替了人力畜力 · 建设规模转向大型化	· 电子时代 · 计算机发明，CAD出现 · 电子技术、系统集成化 · 手工操作转向电子操控	· 信息时代 · 各类信息技术被发明 · 微电脑、GPS得到应用 · 实现建设优化和信息化	· 智能时代 · 智能化、自动化、互联化 · 人、机、物、信息、组织之间智能融合 · 建设成本降低、效率提高

图 1.13　基础设施行业的发展

点、战略目标、实施意义四个方面对基础设施 4.0 进行解释，并指出在基础设施 4.0 实施过程中应优先行动的领域。

1. 基础设施 4.0 的内涵

从技术形式看，基础设施 4.0 是指以工程信息技术资源的开发利用为核心，以网络技术、通信技术等高科技手段为依托的一种新技术扩散的过程，通过实现基础设施信息的在线与共享，可以随时、随地、互动地提供基础设施信息支持和完整的问题解决方案。

从行业影响看，基础设施 4.0 是一个利用智能化、数字化技术对基础设施工程建设与管理水平整体提升的过程。它涵盖了政府监管、企业管理、教育培训、勘测、设计、施工、监理、质量监督等诸多领域，尤其是针对我国实际，有效地解决了工程建设量大、面广与信息知识资源分布严重不均的矛盾，促使了整体的技术进步。

从实现过程来看，基础设施 4.0 是一个包含三个层面、六大要素的动态过程。所谓三个层面，一是基础设施工程信息技术的开发和应用过程，主要指在互联网等信息技术的基础上，制定工程信息在软件、硬件方面的网络传输标准，同时大力开发研制工程信息的传输终端，这是实施基础设施 4.0 的基础；二是工程资源的开发和利用过程，这是实施基础设施 4.0 的核心与关键；三是基础设施工程建设是一个不断发展的过程，主要指应发展一批与工程技术开发制造相关的科研机构和企业，这是实施基础设施 4.0 的重要支撑。所谓六大要素即指网络、资源、技术、产业、政策与人才。

2. 基础设施 4.0 的特性

（1）互联性。基础设施 4.0 的核心是连接，以互联网为工具，将基础设施建设的各类资源从产生、存储到传输、应用紧密地联系在一起。

（2）数据性。基础设施 4.0 的最基本要素是工程的各类数据，包括建设数据、运营数据、管理数据、设备数据等。

（3）集成性。基础设施 4.0 将无处不在的传感器、嵌入式系统、智能控制系统、通信设施通过 CPS 形成一个智能网络。通过这个智能网络，使人与人、人与机器、机器与机器以及服务与服务之间形成互联,从而实现横向、纵向和端到端的高度集成。

(4)创新性。基础设施 4.0 的实施过程是也是创新发展的过程,诸如技术、形式、组织管理等方面的创新将会层出不穷,从技术创新到形式创新再到组织管理模式创新等。

(5)网络性。基础设施 4.0 必须以网络为基础,能够在任何时间、任何地方都可互动地为基础设施工程界提供服务,打破时间、地域等的限制。

3. 基础设施 4.0 的战略目标

(1)通过利用现代智能化、数字化等高科技技术改造提升传统基础设施工程,实现信息互通、互联与共享,优化产业结构,促使资源配置更加合理。

(2)通过网络办公、远程政务、信息公开等现代化管理理念的推广,有利于形成一个廉洁、高效、透明的监管体系。可提高各级建设行政管理部门的决策水平、管理水平和为公众、为企业的服务水平,这对最终催生一个公平公正的建设市场具有极大的现实意义。

(3)通过利用现代信息化技术武装基础设施工程建设企业,提高企业的综合实力和核心竞争力。尤其在中国经济融入世界的今天,基础设施工程信息化更为国内工程建设企业走出国门、与国际接轨提供了物质保障。

(4)通过促使工程建设进步,以带动相关产业发展,培育新的经济增长点,更好地为国家经济建设服务。

4. 基础设施 4.0 的实施意义

实施基础设施 4.0,是我国基础设施工程建设实际的现实需求,也是其未来发展的战略任务,具有以下深远意义:

(1)从国家发展战略上看,实施基础设施 4.0 是提升我国综合国力、实现富国富民理想的一大支柱。

(2)基础设施 4.0 是整体提高工程行业建设科技水平的有力手段,并将工程建设变为一个新兴、有活力的产业。

(3)从政府管理的角度看,基础设施 4.0 是政府改革和建立高效、透明管理机制的催化剂。

(4)从工程建设企业的角度看,基础设施 4.0 的实施,能够提升企业的综合竞争力,加速企业在宏观以及微观上管理模式的创新,并极大地提高企业的工作效率。

(5)从工程从业人员个体的角度来看,基础设施 4.0 的实施,将会深刻影响其工作形式和思维方式,使工程管理与技术人员与时俱进,在信息时代更好地发挥创造力。

5. 优先行动领域

(1)CPS 技术及产品。基础设施建设涉及各类环境和设施状态的监测以及设备、物资及人员的调拨等,目前广泛使用 3S 和 BIM 技术来解决这些问题。在基础设施 4.0 中,所有的机械、应用系统、生产设施和工程人员都将融入到虚拟网络——CPS 中。CPS 中的所有对象能够相互独立地自动交换信息、触发动作和控制。这有利于从根本上改善包括设计、施工、资源利用和生命周期管理在内的建设过程,使得建设过程向智能化的方向发展。在智能的基础设施建设形式中,所有对象可以在任何时候被定位、并能知道其自身的历史、当前状态和为了实现其目标状态的方法路线。

(2)基础设施工程信息技术。基础设施工程信息技术以互联网、信息收发终端、通信网络等现代信息技术为基础，考虑工程的特殊性及工程信息化的特点、目的，旨在构建工程信息化实施建设的技术平台。它包括以下几个方面：

1) 基于服务和实时保障的 CPS 平台。同工业 4.0 一样，基础设施 4.0 的实施将迫切需要一个基于服务和实施保障的 CPS 平台，使之更加适应具有互联性特点的连接工程全生命周期各方面的基建网络，同时跟上集成性特点突出的基础设施建设进程。这些平台应提供业务服务和实际应用，并且能联系到所有参与的人员、物体和系统。

2) 基于 CPS 平台的应用系统。基于 CPS 的应用系统是实施基础设施 4.0 的功能保障，这些应用系统必须满足以下条件：

- 灵活性，可以提供迅速和便捷的服务及应用。
- 在基础设施进程中能够实现快速的调配和部署。
- 可提供综合性强、安全可信的业务流程支持。
- 保障从传感器到应用系统再到与工作人员交流所有环节的安全和可靠系统。
- 支持移动端设备。
- 支持工作网络中实现互相协助的生产、服务、分析和预测。

3) 工程信息收发终端。在现有电子产品生产通用标准的基础上，根据工程信息的特殊要求，制定信息收发终端在硬件、软件等方面的标准，其目的是保证 CPS 系统具有一致的兼容性。其形式包括台式终端和手持式终端两种形式，但手持式终端是发展方向，其基本功能是工程人员可通过它随时与 CPS 平台进行信息交换，获取服务和技术支持。

4) 工程信息的网络传输标准。这是基础设施 4.0 的在 CPS 平台下实现互联性和数据性的基础性研究工作。在现有信息技术通用标准的基础上，针对工程的特殊性，对其所涉及的文字、图形、表格、公式、程序等信息进行分类，并对每类信息制定其传输的实现格式与标准。其目的是一方面保证工程信息可与电信移动通信网络相兼容；另一方面是保证不同 CPS 平台之间、CPS 平台与信息收发终端之间以及信息收发终端之间能够顺畅地进行信息交换。

(3) 基础设施工程信息化产业。CPS 技术的广泛应用必将引起整个工程产业结构的重新调整与资源的重新整合，有效地解决制约工程发展的若干矛盾，使粗放型的产业结构得以整体优化，优先发展信息化产业能够使基础设施行业更快速地适应这一变化。以下从几个方面阐述了基础设施工程信息化产业的作用：

1) 传统的工程建设由于信息网络技术的大量渗透，其工作模式、思维方式发生了深刻变化，极大地提高了工程建设的劳动生产率。

2) 形成工程建设信息技术服务这一新行业，作为工程信息化的基础产业，承担工程信息生产、维护、传输的任务，为整个基础设施行业的智能化提供技术支持。

3) 工程建设市场的信息化、透明化，为工程建设提供公平公正的市场环境。

4) 促使形成工程信息化的政府监管体系，形成为工程信息化发展提供坚实后盾的法律法规环境和信息人才培训教育体制。

(4) 基础设施工程信息学科。该学科是将传统工程与现代信息技术相结合而形成的一个边缘交叉学科，在信息技术发展的基础上，整合社会资源，进行学科建设，从技术、政治、经济、法制等角度对工程信息化进行全方位研究，为工程信息化的建设提供学科支撑，并培养基于 CPS 的专业应用人才，形成新的任职资格。同时为保证老员工能保持自身的就业能力，需开发相应的培训策略、分析方法和管理模式。总的来说，这将会存在许多重大挑战，包括需要全面持续的职业发展条款和至少部分培训系统的改进。

1.3 BIM 助力水电工程设计施工一体化

传统的工程建设管理模式存在着参建方协同性差、信息丢失、不连续、模型重用率低、整体性不强等问题，解决这些问题须实现设计施工一体化，建筑信息模型 BIM 便是这样一个提供协同管理、资源共享的得力工具平台，能有效地提高工程建设项目全生命期各参建方的协同性，集成优势技术，整合优势资源，实现工程建设精细化管理，保证产品的质量和品质，提升企业的价值创造能力和发展质量效益。

1.3.1 传统工程建设管理模式存在的问题

水电工程是我国国民经济中的基础性设施，具有规模大且布置复杂、投资大、开发建设周期长、参与方众多以及对社会、生态环境影响大等特点。在目前工程建设模式下，设计、施工有一定的结合，但大多数仍属于不同的专业，由不同单位承担。这种传统的模式下带来众多问题，主要表现如下：

(1) 在长期设计、施工分开招标影响下，设计与施工单位进入时间、需求不同，设计、施工阶段不能很好地搭接。一方面，设计方案的可施工性存在问题，导致设计变更频繁；另一方面，设计缺陷和施工失误带来的责任权限划分不清，引起纠纷。

(2) 信息分散于主体维、空间维、时间维，传统以文档、图纸等为媒介传递信息方式，点对点、效率低，信息数据重用率低，各单位犹如一个个"信息孤岛"难以组成整体，信息丢失、不连续现象严重，难以集成与协同。

这两方面问题使得工程建设生产效率低下，造成资源、成本的极大浪费。众多研究提出解决整个工程建设行业低效率的主要方案是把设计-施工-管理过程集成在一起，形成设计施工一体化，加强项目全生命周期中最重要的两阶段的联系，减少设计变更，节约成本。

1.3.2 水电工程设计施工一体化的应用问题

设计施工一体化是将设计、施工的分工与合作进行平衡、交叉，达到互动、互补和优化。设计施工一体化可以理解为：一是从企业角度看，设计施工一体化是一种公司运营的模式，是设计、施工单位提升产业链纵向一体化管控能力、加快企业由传统建筑业向现代化建筑业转型升级的重大举措；二是从工程承包管理模式看，设计施工一体化是设计、施工单位实行设计施工总承包的一种方式，如目前水电行业采用较多的 EPC 模式（设计、采购、施工总承包）等。工程承包市场能更好地体现设计施工一体化，但由于我国长期设计、施工的不同专业划分，DBB 模式（设计-招标-建造）仍是应用最多的，使得设计施工一体化建设困难重重。

(1) 承包模式下设计施工一体化发展制约。在众多研究中，传统机制问题被认为是总承包模式中设计施工一体化发展的主要制约因素。我国工程建设领域设计、施工分包模式的弊端日益凸显,需推进工程建设组织实施方式的改革,加快改变设计施工彼此分割的局面。不管设计施工一体化采用何种模式,都要建立一个有效的沟通协调机制,加强设计与施工的协作。

(2)设计方案的可施工性问题。设计方案的可施工性是传统模式下的重要问题,设计与施工分离是造成设计方案可施工性问题的直接原因。只有设计与施工的一体化才能从根本上解决建设项目的可施工性。设计施工总承包中,设计的基础性、先导性和决定性的主导地位,只有通过设计、施工的合理搭接,将施工经验运用到项目的早期,才能落实设计的可施工性。

(3)设计施工一体化与信息化问题。工程建设项目生产过程的本质是面向信息和物质的协作过程,项目实施过程中,进度、质量、安全、费用等关键目标的控制直接依赖于项目信息的可获取性、可用性及可靠性。随着现代工程建设项目规模的扩大,施工技术的难度与要求不断提高,各参建方、各专业间的信息量不断扩大,信息的交流与传递更加频繁,虽然目前我国工程建设项目施工现场的网络建设虽然有所加强,但各参建方、各专业间仍然缺乏一个系统的协同工作信息交流平台用来沟通,"信息孤岛"现象仍然存在。设计施工联合体双方要有充分的信息交流,建立信息网络,才能充分利用联合体资源优势。

目前最大的问题是设计、施工两个阶段的工作不能真正地融合,集成优势不明显,综合效益难以体现。要实现设计与施工的有效融合,需要建立有效的沟通协调机制解决工程承包模式的制约,开展设计施工一体化数字化、信息化关键技术研究解决资源信息的集成与协同。

1.3.3　水电行业数字化与信息化发展现状

1. 水电设计企业

经历了二维 CAD 设计时代,目前水电设计企业普遍应用三维数字化、信息化技术,围绕水电工程三维协同设计开展了系统、深入的研究工作,基本形成了基于 Autodesk、CATIA 和 MicroStation 三个不同平台的水电工程三维协同设计系统,覆盖了水电工程勘测设计全过程全专业。

一些领先的设计单位,如中国电建集团昆明院、成都院、华东院等,结合自身产业链延伸及市场和业主的需求,在工程建设阶段和运行管理阶段也做了有益的尝试,持续推进水电工程全生命周期管理研究及系统研发工作,在三维协同设计、PDM 工程量管理、虚拟建造、工程建设精细化管控等方面取得了阶段性研究成果,实现了多设计软件在平台级下的整合、多专业协同方式确定、多设计软件的插件开发、BIM 与 CAD/CAE 桥技术的无缝对接、三维地质建模系统开发、工程边坡三维设计系统、大体积三维钢筋绘制辅助系统开发、虚拟仿真施工交互、文档协同编辑系统开发、三维数字化移交系统开发等,为水电工程勘测设计、工程建设一体化信息化管理项目的开展奠定了良好基础。

2. 水电施工企业

由于水电项目施工阶段的信息技术应用科技项目研究,受施工工艺和工序影响,多围绕某一工程项目的具体施工过程进行研究,包括施工机械设备应用、洞室监测、混凝土制备等，主要实现了"信息化机械施工"技术应用与研究、基于三维 GIS 的地下洞室群安全监测信息管理与分析预报系统、隧道监控量测信息管理系统、水工混凝土生产匀质性在线监测和网络化管理系统及涉及施工全过程的矿场工程数字化综合管理系统等，经工程实践应用效果良好，效益明显。此外，当前一些水电施工单位正在积极实施施工企业项目管理信息化方案和系统建设工作，这有助于提升水电施工企业信息技术研究和项目管理水平，为建设设计施工一体化项目提供了良好的信息化、数字化环境。

1.3.4 水电工程设计施工一体化解决方案

虽然信息化、数字化已经在水电行业中蓬勃发展，拥有了较为深厚的基础，但由于工程建设各阶段对信息模型用途和细节要求不同，各阶段实施主体间数字化、信息化技术水平存在一定的差异。现阶段，业内主要采用"分布式"信息模型，如设计信息模型、施工仿真模型、进度信息模型、费用控制模型及质量监控模型等，这些模型往往由相关设计企业、施工企业、科研院所或者建管公司根据各自生产需要单独建立，信息的载体仍然以二维图纸和报告为主，协同性差、"信息孤岛"、效率低等问题未能得到解决。

工程建设和信息处理是两个不可分割的过程，推行设计施工一体化，实现的是工程建设过程的集成；BIM 技术促进的是项目信息处理过程的集成。基于 BIM 的设计施工一体化建设，通过信息处理过程的集成实现生产过程的有效改进和重组，为不同参建方提供协作平台，实现信息共享，能很好地为目前设计施工一体化的困境提供出路。BIM 作为一种全新的建筑信息化工具，在建筑行业得到了飞速的发展，许多研究成果得到了实践的检验。一些水电企业逐渐认识到 BIM 在链接设计与施工信息方面的优势，将其视为破解水电工程设计施工一体化困境的出路，纷纷开展 BIM 与水电领域的融合研究。

（1）BIM 促进设计、施工分离向设计施工一体化发展。目前我国水电行业主要采用以 DBB 为主的设计、施工分离模式进行工程项目管理。设计过程一般是在方案设计、初步设计获得批准后，实施施工图设计。施工图设计不分阶段，由设计院"一竿子到底"，完成全部图纸（包括方案设计、初步设计和施工图设计）的设计。这种模式下，与施工最紧密相连的施工图都是由设计单位来完成。由于设计和施工的长期完全分离，导致出现了设计人员对施工具体细节了解得不是很清晰，施工又不甚了解设计规范和流程。

引入 BIM 理念，在设计阶段进行设计方案的优化和选择、建筑结构的数值仿真；在施工阶段，以设计完成的图纸和 BIM 模型为基础，建立施工技术 BIM 三维模型，并复核检查，进行模拟分析优化，成本预算部门进行三维算量、成本预算；工程部门利用 BIM 的模拟、可视化进行质量安全控制、机电设备等的碰撞检测，图 1.14 所示为设计、施工分离模式下 BIM 应用技术路线图。

虽然 BIM 在信息方面具有优势，但将 BIM 应用到传统模式下，只能改善项目信息的连续性，一定程度上增强设计与施工单位间的信息交互，并不能从根本上解决设计施工阶段的信息流失，只有选择适合 BIM 信息共享路径的建设模式才能更好地发挥信息技术的作用。

（2）BIM 实现设计施工一体化模式的应用。通过采用设计施工一体化模式，集成工程建设过程，可解决水电建设领域传统的设计、施工分离模式造成的设计、施工过程中协

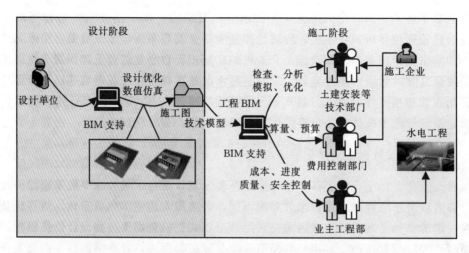

图 1.14 设计、施工分离模式下 HydroBIM 应用技术路线图

调性差、整体性不强等问题；而 BIM 的技术核心是计算机三维模型所形成的工程信息数据库，不仅包含了设计信息，而且可以容纳从设计到建成使用，甚至是使用周期终结的全过程信息。通过 BIM 集成项目信息处理过程，可为实现设计施工一体化提供良好的技术平台和解决思路。

基于 BIM 的设计施工一体化建设，通过信息处理过程的集成实现生产过程的有效改进和重组，同时借助 BIM，使施工方介入水电项目施工图设计阶段，共同商讨施工图是否符合施工工艺和施工流程的要求，加强设计方与施工方的交流，在项目设计阶段就植入可施工性概念，为解决设计施工一体化困境提供了出路，图 1.15 所示为设计施工一体化模式下 BIM 应用技术路线图。

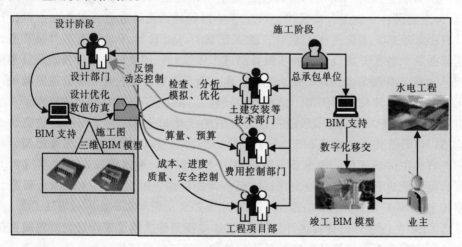

图 1.15 设计施工一体化模式下 BIM 应用技术路线图

第 2 章　HydroBIM 概念、体系架构与应用模式

2.1　HydroBIM 概念及优势

2.1.1　HydroBIM 起源与发展

中国电建集团昆明勘测设计研究院有限公司（以下简称中国电建昆明院）是国内水利水电行业较早开展三维数字化技术应用的单位。在秉承"解放思想、坚定不移、不惜代价、全面推进"的三维设计指导方针和"面向工程，全员参与"的三维设计理念下，经过多年的应用、研发与项目实践，中国电建昆明院三维设计已经实现多设计软件在平台级下的整合、多专业协同方式确定、多设计软件的插件开发、BIM 与 CAD/CAE 桥技术的无缝对接、三维地质建模系统开发、工程边坡三维设计系统、大体积三维钢筋绘制辅助系统开发、虚拟仿真施工交互、文档协同编辑系统开发、三维数字化移交 IBIM 系统开发等。打造自有 HydroBIM -水电站综合勘测设计平台及技术规程体系，实现了全流程、全专业三维协同设计，并提供三维施工详图和云交付以指导施工建设。在测绘、地质、水工、施工、机电、监测等主要水电设计专业中，年度三维设计产品达 3000 余件，中青年工程师三维设计普及率达 70%～90%。三维数字化设计技术已成功应用在糯扎渡、梨园、阿海、观音岩、黄登、夏洒江、曲孜卡、印尼 Kluet -1、老挝北本、缅甸腊撒、滇中引水、红石岩堰塞湖整治工程等几十个国内外大中型水电水利工程，设计产品质量保障率达 99% 以上。

虽然中国电建昆明院三维设计起步在业内并非是最早的，但结合工程建设管理需要，注重研究三维设计增值服务，探索将三维数字化价值向工程建设和运维管理延伸，却是最早的。针对高土石坝安全质量控制关键难题，在马洪琪院士、钟登华院士、张宗亮设计大师领导下，在充分总结天生桥一级面板堆石坝工程实践的基础上，提出了超高土石坝工程数字化管理理念，集成互联网、大物流、大数据、物联网、3S 集成技术等综合技术创新，创造了工程技术、质量、安全一体化的管理模式，并成功在国内建设了最高的糯扎渡心墙堆石坝（高 261.5m），见图 2.1。

2011 年初，中国电建昆明院针对水电工程在项目周期中的业务特点（图 2.2）和发展需求（图 2.3），充分总结糯扎渡工程实践，凝练出了 HydroBIM® 综合平台，作为水电工程规划设计、工程建设、运行管理一体化、信息化的最佳解决方案，见图 2.4。HydroBIM® 即水电工程三维信息模型（Hydroelectrical Engineering Building Information Modeling），是学习借鉴建筑业 BIM 和制造业 PLM 理念和技术，引入"工业 4.0"和"互联网＋"概念和技术，发展起来的一种多维（3D、4D -进度/寿命、5D -投资、6D -质量、

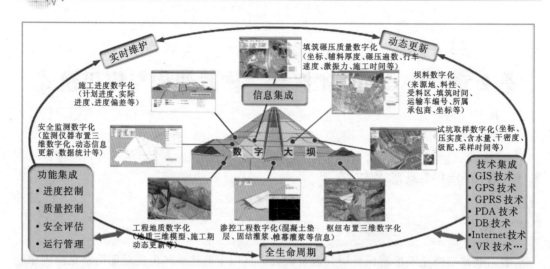

图 2.1　糯扎渡数字大坝

7D-安全、8D-环境、9D-成本/效益……）信息模型大数据、全流程、智能化管理技术，是以信息驱动为核心的现代工程建设管理的发展方向，是实现工程建设精细化管理的重要手段。中国电建昆明院 HydroBIM® 已正式获得由国家工商行政管理总局商标局颁发的商标注册证书。HydroBIM® 与公司主业最贴切，具有高技术特征，易于全球流行和识别。

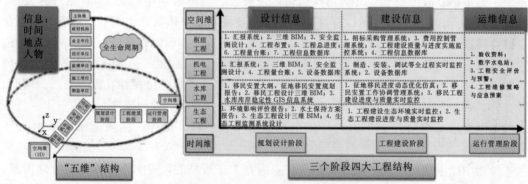

（a）水电工程全生命周期管理的"五维"结构　　（b）水电工程全生命周期三个阶段四大工程架构

图 2.2　水电工程项目周期业务特点

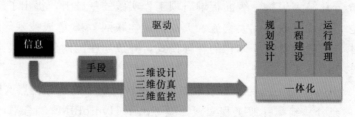

图 2.3　水电水利工程项目周期发展需求

HydroBIM® 的核心理念是：①一个平台：HydroBIM 综合平台；②两种手段：常规分析和云计算；③三个阶段：规划设计阶段、工程建设阶段、运行管理阶段；④四大工程：枢纽工程、机电工程、水库工程、生态工程；⑤五位一体：设计质量、工程质量、建

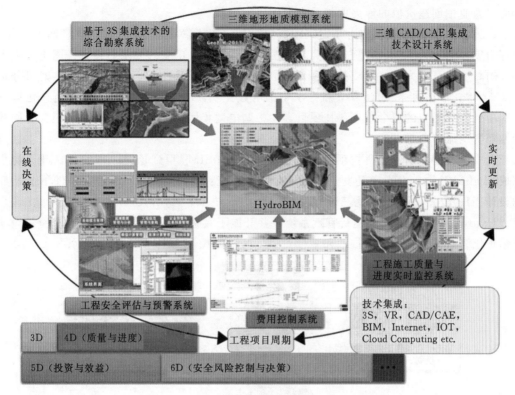

图 2.4　规划设计、工程建设、运行管理一体化解决方案 HydroBIM®

设管理、工程安全、综合效益；⑥六方和谐：政府机构、发包人单位、设计单位、监理单位、施工单位、制造单位。HydroBIM® 核心理念详见图 2.5。

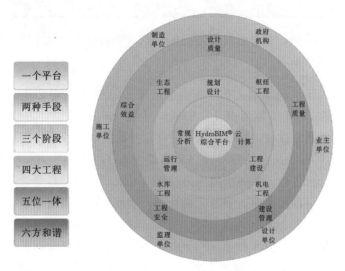

图 2.5　HydroBIM® 核心理念

　　HydroBIM® 是中国电建昆明院在三维数字化协同设计基础上，持续推进数字化、信息化技术在水电工程建设和运维管理中的集成创新应用的结晶，使设计企业为工程服务的能力、为业主创造价值的能力取得重大突破。

　　HydroBIM®响应中国电力建设集团有限公司（以下简称中国电建集团）"履约为先、管理为重、创效为本"的管理理念和"抓两场，强两部"的管理要求，得到中国电建集团领导的高度认可。为更好地支持中国电建昆明院 HydroBIM 的落地，中国电建集团分别于 2012 年、2014 年和 2015 年，批准了中国电建昆明院关于设计施工一体化信息化提升工程项目管控能力的三个重点科技项目，在中国电建集团批准的同类科技项目中，合同数量及经费均居首位。

　　在中国电建集团重点科技项目的支持下，HydroBIM®得到了进一步发展，现已初步完成 HydroBIM®综合平台开发，重点包括四大系统：HydroBIM®-乏信息条件下前期勘测设计、HydroBIM®-3S 及三维 CAD/CAE 集成技术、HydroBIM®-EPC 信息管理系统、HydroBIM®-工程安全运行管理系统，并开展了大量工程应用实践，可为工程建设项目精细化管理提供强有力的技术和平台支持，见图 2.6。

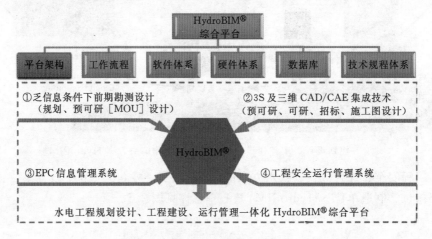

图 2.6　HydroBIM®综合平台构成

　　（1）HydroBIM®-乏信息条件下前期勘测设计。服务于规划、预可研［MOU］设计阶段，主要应用于国际水利水电工程、国内藏区项目及应急抢险工程等，如印度尼西亚 Lariang 河流域梯级水电开发规划设计、Kluet-1 及 Paleleng 水电站预可和可研勘测设计，泰王国克拉运河规划设计，红石岩堰塞湖应急排险等。

　　（2）HydroBIM®-3S 及三维 CAD/CAE 集成技术。服务于预可研、可研、招标、施工图设计的勘测设计全阶段，主要应用于国内外水电水利工程及新能源工程，如澜沧江黄登、古水、曲孜卡，金沙江梨园、阿海、观音岩，缅甸腊撒，老挝北本等水电工程勘测设计；牛栏江滇池补水工程、滇中引水工程、牛栏江红石岩堰塞湖整治工程等水利工程勘测设计；李子箐风电场、大龙山风电场、天子山并网光伏电站等新能源工程勘测设计。

　　（3）HydroBIM®-EPC 信息管理系统，主要用于国内外水电水利工程及新能源工程，如戛洒江一级、轩秀、觉巴、圣何塞、黄桷树等水电站 EPC 项目管理，雅砻江杨房沟水电站设计施工总承包投标设计，大中山、对门梁子、清溪、石梁山、吉丹、茨柯山、对门山、小菁山等风电场 EPC 项目管理。

（4）HydroBIM®-工程安全运行管理系统，主要用于国内水电水利工程及市政工程等，如澜沧江小湾高拱坝安全监测智慧服务平台、澜沧江糯扎渡高堆石坝安全评价及预警系统以及北京、昆明、玉溪等城市地下管网智能管理系统等。

2.1.2　HydroBIM 优势

引入 HydroBIM 技术后，将从建设工程项目的组织、管理和手段等多个方面进行系统的变革，实现理想的建设工程信息积累，从根本上消除信息的流失和信息交流的障碍。理想的建设工程信息积累变化见图 2.7。

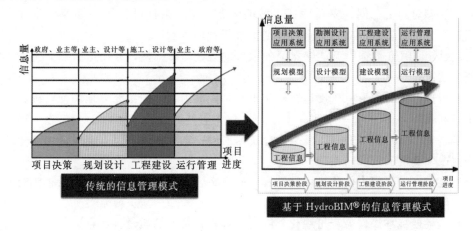

图 2.7　引入 HydroBIM 后理想的建设项目信息积累变化示意

HydroBIM 中含有大量的工程信息，可为工程提供强大的后台数据支持，可以使业主、设计单位、咨询单位、施工总包、专业分包、材料供应商等众多单位在同一个平台上实现数据共事，使沟通更为便捷、协作更为紧密、管理更为有效，从而弥补传统的项目管理模式的不足。HydroBIM 引入后的工作模式转变见图 2.8。

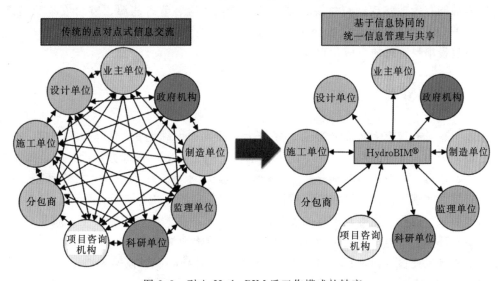

图 2.8　引入 HydroBIM 后工作模式的转变

31

基于 HydroBIM 的管理模式是创建信息、管理信息、共享信息的数字化方式，其具有很多优势，具体如下：

（1）通过建立 HydroBIM 模型，能够在设计中最大限度地满足业主对设计成果的细节要求。业主可在线以任何一个角度观看设计产品的的构造，从而使精细化设计成为可能。

（2）工程基础数据如量、价等数据可以实现准确、透明及共享，能完全实现短周期、全过程对资金风险以及盈利目标的控制。

（3）能够对投标书、进度审核预算书、结算书进行统一管理，并形成数据对比。

（4）能够对施工合同、支付凭证、施工变更等工程附件进行统一管理，并对成本测算、招投标、签证管理、支付等全过程造价进行管理。

（5）HydroBIM 数据模型能够保证各项目的数据动态调整，方便追溯各个项目的现金流和资金状况。

（6）根据各项目的形象进度进行筛选汇总，能够为领导层更充分地调配资源、进行决策提供有利条件。

（7）基于 HydroBIM 的 4D 虚拟建造技术能够提前发现在施工阶段可能出现的问题，并逐一修改，提前制定应对措施。

（8）能够在短时间内优化进度计划和实施方案，并说明存在问题，提出相应的方案用于指导实际项目施工。

（9）能够使标准操作流程可视化，随时查询物料及产品质量等信息。

（10）利用虚拟现实技术实现对资产、空间管理以及建筑系统分析等技术内容，从而使用于运行管理阶段的运维应用。

（11）能够对突发事件进行快速应变和处理，快速准确掌握建筑物的运营情况，如对火灾等安全隐患进行及时处理，减少不必要的损失。

综上，采用 HydroBIM 技术可使整个工程建设项目在规划设计、工程建设和运行管理等阶段都能有效地实现制订资源计划、控制资金风险、节省能源、节约成本及提高效率。应用 HydroBIM 技术，能改变传统的项目管理理念，引领信息技术走向更高层次，从而提高建设项目管理的集成化程度。

2.2　HydroBIM 体系架构

水电工程具有规模大且布置复杂、投资大、开发建设周期长、参与方众多以及对社会、生态环境影响大等特点，是一个由主体维（政府、业主、管理方、设计方、施工方、监理方等，还可按专业进一步细分）、空间维（枢纽、水库、生态环境、社会环境、机电等）及时间维（规划阶段、勘察设计阶段＜预可研、可研、招标、施工图＞、施工阶段、运行维护阶段、退役报废等）构成的复杂的系统工程，要求全面控制安全、质量、进度、投资及生态环境。水电工程全生命周期的"五维"结构图见图 2.2（a）。根据主体维各方需求和工程开发建设规律，将水电工程全生命周期管理核心内容概况为"三个阶段四大工程"，见图 2.2（b）。水电工程勘测设计、工程建设、运行管理一体化 HydroBIM，通过集成勘测设计、施工、运营各个阶段的工程信息，实时准确地反映工程进度或运行状态，各阶段主体方共享集成信息实现协同设计，达到缩短工程开发周期、降低成本及提高工程安全和质量的目的。

2.2.1 HydroBIM 平台框架

以工程主体方需求和工程开发建设规律为依据，借助物联网技术、3S 技术、BIM 技术、三维 CAD/CAE 集成技术、云计算与存储技术、工程软件应用技术以及专业技术等，开发以工程安全和质量管理为中心，以 BIM＋GIS 为核心平台，以协同管理为控制平台的水电工程规划设计、工程建设、运行管理一体化 HydroBIM 综合平台。采用三维数字模型及数据库，关联工程建设过程中的进度、质量及枢纽水库环境信息，关联设计文件、相关会议纪要、设备资料等，通过多维信息模型可查询、管理所有工程信息、即时施工信息以及工程运行期实时安全监测信息，实现施工期施工质量和进度的监控及运行期工程安全的监测；通过提供一个跨企业（行政主管机构、业主、建管、勘测设计、施工、监理等）的合作环境，来控制全生命周期工程信息的共享、集成、可视化和标记，实现工程建设实施过程及运行管理过程的设计质量、工程质量、建设管理、工程安全、综合效益"五位一体"的有效管理，为工程各阶段验收提供准确、全面、可信的数据资料。

根据水电工程 HydroBIM 综合平台的建设目标及功能要求，结合先进的软件开发思想，设计了四层体系架构：分别由数据采集层、数据访问层、功能逻辑层、表现层组成，见图 2.9。四层体系架构使得各层开发可以同时进行，并且方便各层的实现更新，为系统的开发及升级带来便利。

（1）数据采集层。建立数据采集系统和数据传输系统实现对工程项目自然资源信息（包括水文、地质、地形、移民、环保等相关信息）的收集工作。

（2）数据访问层。建立数据库建设与维护系统实现对 BIM 中的数据进行直接管理及更新。

（3）功能逻辑层。该层是系统架构中体现系统价值的部分。根据水电工程全生命周期安全质量管理系统软件的功能需要和建设要求，功能逻辑层设计以下五个子系统和两个平台：①工程勘测系统；②枢纽工程系统；③机电工程系统；④生态工程系统；⑤水库工程系统；⑥枢纽信息管理及协同工作平台；⑦水电工程信息可视化管理分发平台。

（4）表现层。该层用于显示数据和接收用户输入的数据，为用户提供一种交互式操作的界面。

从体系框架图中可以看出，功能逻辑层中的枢纽信息管理及协同工作平台隔离了表现层直接对数据库的访问，这不仅保护了数据库系统的安全，更重要的是使得功能逻辑层中的各系统享有一个协同工作环境，不同系统的用户或同一系统的不同用户都在这个平台上按照制定的计划对同一批文件进行操作，保证了设计信息的实时共享，设计更改能够协同调整，极大地提高了设计效率，为 BIM 的数据互用及协同管理的实现奠定了基础，故该平台是系统软件安装的必需基础组件。

由于系统软件涉及系统较多，考虑到在水电工程规划设计、工程建设、运行管理一体化管理中有些系统功能在某些阶段可能应用不到，故系统软件采用组件式分块安装模式，

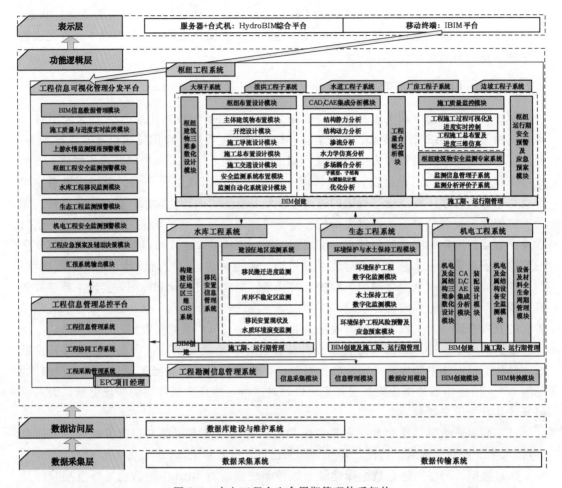

图 2.9　水电工程全生命周期管理体系架构

除了枢纽信息管理及协同工作平台必须安装以外，用户可根据实际情况自行决定是否安装其他系统，提高了系统的使用灵活性。结合水电工程阶段划分及业务功能需求，将 HydroBIM® 综合平台划分为四大系统：HydroBIM®-乏信息条件下前期勘测设计系统、HydroBIM®-3S 及三维 CAD/CAE 集成设计系统、HydroBIM®-EPC 信息管理系统、HydroBIM®-工程安全运行管理系统，系统功能框架见图 2.10～图 2.13。

2.2.2　HydroBIM 工作流程

数据采集层利用 3S、物联网等技术架构工程信息（勘测设计信息、施工过程信息及运行管理信息等）自动/半自动采集、传输系统；数据采集层获取的数据自动进入数据访问层的数据库建设与维护系统，通过数据库管理技术分类整理、标准化管理后录入指定的信息数据库中；然后由功能逻辑层中建立的枢纽信息管理及协同工作平台对信息数据库进行调用，并结合四大功能系统实现信息共享，协同工作，建立包含勘测设计、工程建设和运行管理阶段在内的 HydroBIM 信息模型，并在过程中实时控制数据访问层，将信息数据库更新为 HydroBIM 数据库；由各系统协同工作建立的各系统 HydroBIM，最终构成

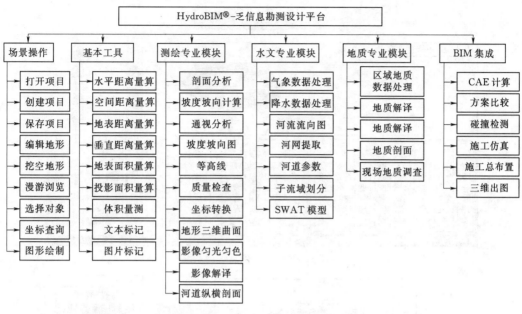

图 2.10 HydroBIM®-乏信息条件下前期勘测设计系统功能框架

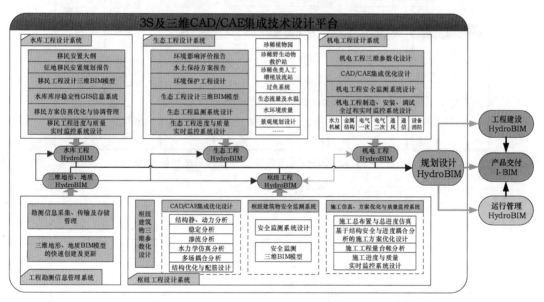

图 2.11 HydroBIM®-3S 及三维 CAD/CAE 集成设计系统功能框架

总控 HydroBIM，其为工程信息可视化管理分发平台提供了核心数据；工程信息可视化管理分发平台重点负责工程项目运行期管理，用于弥补枢纽信息管理及协同工作平台对工程运行期管理的不足，两者所管理的 HydroBIM 实时一致，且保证与 HydroBIM 相关信息的变动会实时引发 HydroBIM 及 HydroBIM 数据库的更新；最后功能逻辑层输出投资、进度、质量控制成果，安全、信息管理成果，以及 HydroBIM 和汇报系统等成果，服务于投资方、设计方、施工方和管理方，体现水电工程全生命周期管理的全方位价值。HydroBIM 工作流程见图 2.14。三维协同设计工作流程见图 2.15。

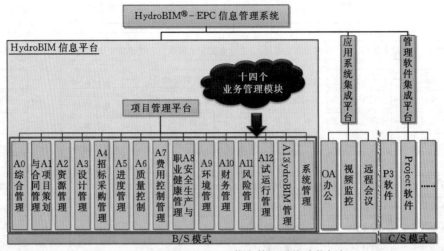

图 2.12　HydroBIM‐EPC 信息管理系统功能框架

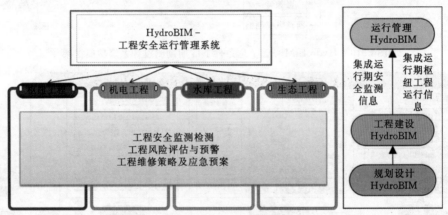

图 2.13　HydroBIM‐工程安全运行管理系统功能框架

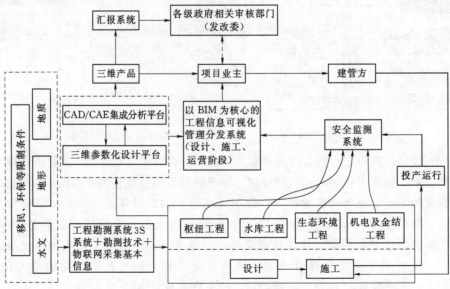

图 2.14　水电工程 HydroBIM 工作流程

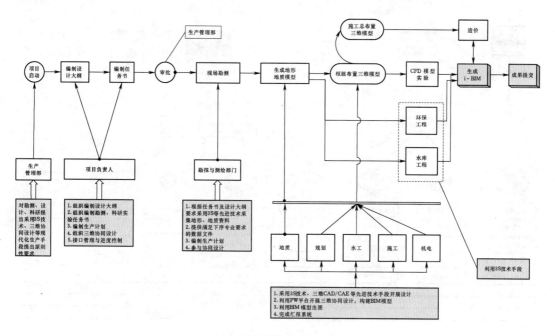

（a）三维协同设计总体流程

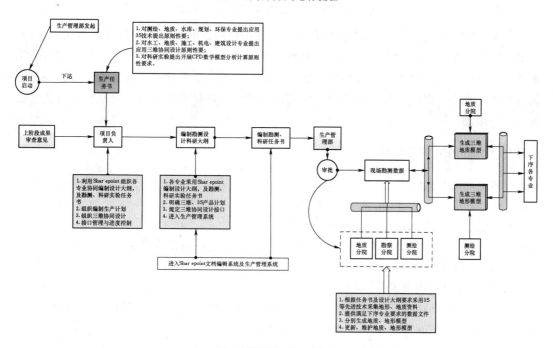

（b）三维协同设计子流程-1

图 2.15（一）　三维协同设计工作流程

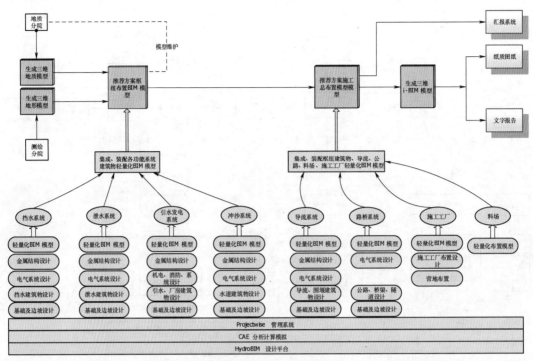

（c）三维协同设计子流程-2

图 2.15（二）　三维协同设计工作流程

基于 BIM 的项目系统能够在网络环境中，保持信息即时刷新，并可提供访问、增加、变更、删除等操作，使项目负责人、工程师、施工人员、业主、最终用户等所有项目系统相关用户可以清楚、全面地了解项目的实时状态。这些信息在建筑设计、施工过程和后期运行管理过程中，促使加快决策进度、提高决策质量、降低项目成本，从而使项目质量提高，收益增加。

2.2.3　HydroBIM 软硬件构成

中国电建昆明院已投入 4000 多万元为全专业三维协同设计配备了先进、齐备的三维设计软、硬件环境，见图 2.16。其中三维设计及 BIM 应用软件以 Autodesk 公司软件为核心，CAE 软件以大型通用有限元软件和专业工程分析软件为主，文档协同办公基于 Sharepoint 平台开发。同时，为了满足专业级三维设计及 BIM 应用，还投入数百万元资金，自主或联合软件商、软科公司及高校科研机构合作开发专业数字化、信息化应用系统软件。

1. 核心 BIM 应用软件

美国 buildingSMART 联盟主席 Dana K. Smith 先生在其 2009 年出版的 BIM 专著"Building Information Modeling：A Strategic Implementation Guide for Architects，Engineers，Constructors and Real Estate Asset Managers"中下了这样一个论断："依靠一个软件解决所有问题的时代已经一去不复返了"。BIM 是一种成套的技术体系，BIM 相关软件也要集成建设项目的所有信息，对建设项目各阶段实施建模、分析、预测及指导，从而将应用 BIM 技术的效益最大化。

图 2.16 中国电建昆明院 HydroBIM 软硬件构成

　　其实 BIM 不止不是一个软件的事，准确地来说 BIM 不是一类软件的事，而且每一类软件的选择不止一个产品，这样充分发挥 BIM 价值为工程项目创造更大的效益所涉及的常用 BIM 软件数量就有十多个甚至几十个之多。结合水电工程特点及发展需求，历经多年实践经验，编者团队以 Autodesk BIM 软件作为 HydroBIM 核心建模与管理软件。

　　Autodesk 公司作为一家在工程建设领域领先的软件供应商和服务商，其产品在技术特点和发展理念上有许多地方都与水电行业的当前需求不谋而合。Autodesk 公司的产品在产品线数据的兼容能力、专业覆盖的完整性、企业管理与协同工作以及企业标准化、信息化、一体化等方面都具有明显的优势。图 2.17 为 Autodesk BIM 解决方案总体构架示意图。

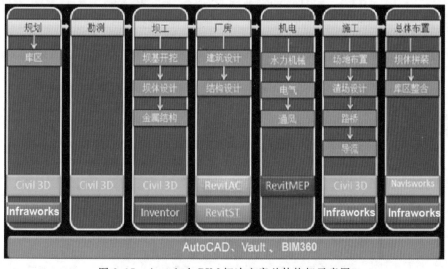

图 2.17　Autodesk BIM 解决方案总体构架示意图

Autodesk 建筑设计套件（BDS）和基础设施设计套件（IDS）及平台产品在设计施工一体化流程中相应的功能和解决方案见表 2.1。

表 2.1 Autodesk 套件产品功能和解决方案

套件	平台产品	设计施工一体化流程中的相应解决方案
BDS	BDS	支持项目全生命周期的项目设计（传统设计流程及 BIM 流程）、分析、可视化、协同检查、施工模拟、节点详图设计、点云功能及运维数据准备等工作
	Revit	专业的建筑信息模型（BIM）协同设计和建模平台，集成了多种面向建筑设计、结构工程设计和水暖电设计的特性。在 Revit 设计模型的基础上，可通过零件和部件的功能，根据施工工序和工作面的划分，将设计模型中的梁、板、柱等构件拆分为（或成组为）可进行计划、标记、隔离的单个实体，用于施工阶段的 4D、5D 模拟及相关应用
	Inventor	用于三维机械设计、仿真、模具创建和设计交流。支持水电工程中金属结构专业的设计，验证设计的外形、结构和功能，以满足预制加工的需要
	Navisworks	支持多平台、多数格式的模型整合。与 Revit 平台之间有双向更新的协同机制，用于施工阶段的冲突管理、碰撞检查、管线综合、施工工艺仿真、施工进度模拟、工程算量、模型漫游等工作
	ReCap	支持将无人机、手持设备、激光扫描仪等设备的数据导入到 ReCap 中，生成点云模型，可直接捕捉点进行绘制，生成几何体。在施工阶段可用于老建筑改造，新建建筑对周边已有建筑的影响分析，施工质量检测等方面
IDS	IDS	支持项目全生命周期的项目设计（传统设计流程及 BIM 流程）、分析、可视化展示、GIS 可视化集成、地质、桥梁、河网洪水分析、铁路模块、路线路基、协同检查、施工模拟、点云功能及运维数据准备等工作
	Civil 3D	提供了强大的设计、分析及文档编制功能，广泛应用于勘察测绘、岩土工程、交通运输、水利水电、城市规划和总图设计等领域。具体包含测量、三维地形处理、土方计算、场地规划、道路和铁路设计、地下管网设计等功能。用户可结合项目的实际需求，将 Civil 3D 用于分析测量网格、平整场地并计算土方平衡、进行土地规划、设计平面路线及纵断面、生成道路模型、创建道路横断面图和道路土方报告等
	Infraworks 360	针对基础设施行业的方案设计软件，支持工程师和规划者创建三维模型并基于立体动态的模型进行相关评估和交流，通过身临其境的工作环境让专业和非专业人员迅速地了解和理解设计方案。基于 Infraworks 360 模型生成器获取的地形数据，可在施工阶段进行场地布置、快速布置施工道路、平整场地、计算区域内坡度和高程等一系列工作
BIM 360	BIM 360	新一代的云端 BIM 协作平台，帮助用户获取虚拟的无限计算能力，通过移动终端或网络端获取最新的项目信息，对项目进行规划、设计、模拟、可视化、文档管理和虚拟建造，让每个人在任何时间任何地点获取信息。BIM 360 的四个产品：Glue、Schedule、Layout、Field 可以实现从办公室的施工准备工作到施工现场的执行与管理的全部流程
	Glue	支持基于云端的高效直观的模型整合、浏览、展示、更新、管理、碰撞检查，并能协助项目团队在任何时间、任何地点、任何接入方式基于模型进行协同工作和沟通
	Field	支持基于云端的图纸文档浏览和同步；在施工现场进行质量管控和现场拍照，并自动生成记录报告；可对图纸进行问题记录；工作追踪，并通过邮件即时发送给相应问题的责任人；设备属性参数调取、安装与调试；Field 能对施工现场质量、安全、文档进行高效管理
	Layout	与智能的全站仪相结合，通过在 BIM 模型中创建、编辑及管控放样点数据，将放样点数据传递给全站仪，知道现场放样及收集竣工状态，实现设计与竣工数据的相互印证
Vault Professional		用于协同及图文管理，支持文档图纸管理、族库管理、权限管理、版本管理、变更管理、文件夹维护、Web 客户端远程访问等功能。便于施工单位和业主在施工阶段及时地获取最新版本的模型和图纸信息，而不受硬件设备条件的限制。加快各方的沟通和变更

2. HydroBIM 硬件配置

HydroBIM 模型带有庞大的信息数据，因此，在 HydroBIM 实施的硬件配置上也要有严格的要求，并在结合项目需求以及节约成本的基础上，需要根据不同的用途和方向，对硬件配置进行分级设置，即最大限度地保证硬件设备在 HydroBIM 实施过程中的正常运转，最大限度地控制成本。

在项目 HydroBIM 实施过程中，根据工程实际情况搭建 BIMServer 系统，方便现场管理人员和 IBIM 中心团队进行模型的共享和信息传递。通过在项目部和 Hydro-BIM 中心各搭建服务器，以 HydroBIM 中心的服务器作为主服务器，通过广域网将两台服务器进行互联，然后分别给项目部和 HydroBIM 中心建立模型的计算机进行授权，就可以随时将自己修改的模型上传到服务器上，实现模型的异地共享，确保模型的实时更新。

（1）项目投入多台服务器，如，项目部：数据库服务器、文件管理服务器、Web 服务器、HydroBIM 中心文件服务器、数据网关服务器等；公司 HydroBIM 中心：关口服务器、Revit Server 服务器等。

（2）若干台 NAS 存储，如，项目部：10 T NAS 存储；公司 BIM 中心：10 T NAS 存储。

（3）若干台 UPS。

（4）若干台图形工作站。系统拓扑结构见图 2.18。

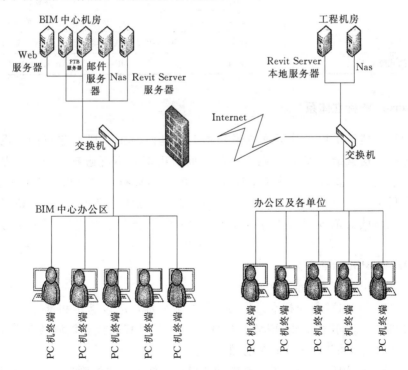

图 2.18　硬件与网络示意图

常见 HydroBIM 硬件设备见表 2.2。

表 2.2 　　　　　　　　　　　常见 HydroBIM 硬件设备

工 作 任 务	硬 件 配 置 建 议	
	名称	性能指标
常规 BIM 设计工作：创建专业 BIM 模型、创建族库等	操作系统	Microsoft® Windows® 7 SP1 64 位 或 Microsoft® Windows® 8 64 位 或 Microsoft® Windows® 8.1 64 位
	CPU	英特尔酷睿 i3 或 i5 系列或同等 AMD 处理器
	内存	8GB
	显示器	1680×1050 真彩色
	显卡	Nvidia Quadro K600 或更高
	硬盘	500 GB SATA 硬盘（7200r/min）
大模型应用：大模型整合、漫游、渲染等	操作系统	Microsoft® Windows® 7 SP1 64 位 或 Microsoft® Windows® 8 64 位 或 Microsoft® Windows® 8.1 64 位
	CPU	英特尔至强或酷睿 i7 系列或同等 AMD 处理器
	内存	16GB 或更高
	显示器	1920×1200 真彩色
	显卡	Nvidia Quadro K4000 或更高
	硬盘	500 GB SATA 硬盘（7200r/min）或另配固态硬盘
便携式查看及交流	iPad	iPad 4/iPad Air/iPad Air2

2.2.4　HydroBIM 标准体系

BIM 起源于建筑工程，其标准体系基本上都是面向工业民用建筑的，没有针对水电工程的标准，这就给 BIM 在水电工程的全面应用带来不可逾越的障碍。鉴于水电工程领域所涵盖的专业要远大于建筑工程领域，并且 BIM 技术本身也在不断发展过程中，因此，参考借鉴国内外建筑领域相关 BIM 标准，建立水电工程 HydroBIM 标准体系，以在水电工程领域大范围开展 HydroBIM 应用时统一指导、规范应用是十分必要和重要的。

2.2.4.1　HydroBIM 标准序列

水电行业 HydroBIM 标准序列应分为以下三个层次。

第一层，HydroBIM 行业标准。作为一种行业标准，应该满足和遵守国家 BIM 标准的相关要求和规定。同时 HydroBIM 标准体系内一些对其他行业领域具有强制要求、指导或借鉴意义的规定可以上升为国家标准。

第二层，HydroBIM 企业标准。水电行业设计、施工、建设管理、运营企业，在国家 BIM 标准、行业标准、地方标准的约束指导下，为实施本单位 BIM 项目制定的实施指南或技术规程。

第三层，企业项目团队针对具体的建设项目制定，具有高度项目相关性的项目 BIM 工作原则，即×××项目 BIM 工作手册或作业指导书。

水电行业 HydroBIM 标准序列与中国国家 BIM 标准、地方 BIM 标准和相关行业领域间的关系见图 2.19。

2.2.4.2 HydroBIM 标准框架

水电工程 HydroBIM 标准框架包括技术标准和实施标准两大部分，见图 2.20。

技术标准分为数据存储标准、信息语义标准、信息传递标准，是为了实现水电建设项目全生命周期内不同参与方与异构信息系统间的互操作性，制定面向 IT 开发领域详细具体的技术规则，用于指导和规范 HydroBIM 软件开发。

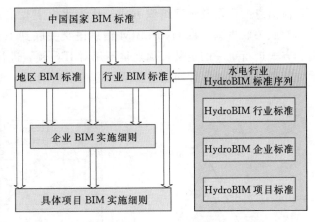

图 2.19 水电行业 HydroBIM 标准序列之间的关系

实施标准主要是从资源、行为、交付物三方面指导和规范水电工程设计、施工、运维及投资等阶段的要求和使用规则。技术标准和实施标准之间的关系见图 2.21。

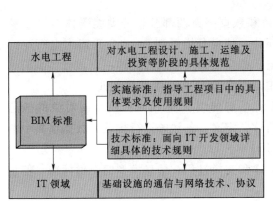

图 2.20 水电工程 HydroBIM 标准框架

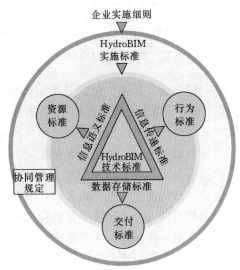

图 2.21 技术标准与实施标准之间的关系

1. 技术标准

技术标准的主要目标是为了实现水电建设项目全生命周期内不同参与方与异构信息系统间的互操作性，并为 BIM 实施标准的制定提供技术依据。主要用于指导和规范水电工程 HydroBIM 软件开发。依据 CBIMS 和 NBIMS 方法论，HydroBIM 标准体系的技术标准可分为数据存储标准、信息语义标准、信息传递标准，见图 2.22。

（1）数据存储标准。主要研究 BIM 模型数据存储格式、语义扩展方式、数据访问方法、一致性测试规范等内容。

一种可行的方案是采用对建筑领域通用的 IFC（工业基础类）标准进行扩展的方式实现 HydroBIM 数据存储标准。借用 IFC 中资源层和核心层定义的对信息模型几何信息和非几何信息的逻辑及物理组织方式，作为水电工程信息模型数据格式；使用 IFC 现有的外部参照关联机制，将 HydroBIM 信息语义关联到 IFC 模型。该方案需要对语义扩展规则和方式进行统一的定义，优点是不用对 IFC 领域进行大量扩展，不会对现有 HydroBIM 软件带来过多的兼容性问题。扩展水电工程后的 IFC 框架见图 2.23。

图 2.22　技术标准构成

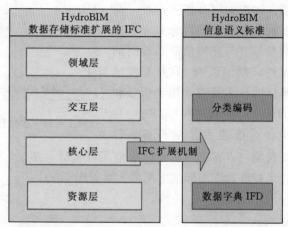

图 2.23　扩展水电工程后的 IFC 框架

（2）信息语义标准。包括分类编码体系和数据字典两部分。分类编码体系可以参照 ISO 12006.2《施工工程信息的组织 第 2 部分：信息分类框架》，结合我国水电行业的情况建立。将是一个采用面分类法，面向水电工程全生命周期的分类体系。该分类编码体系的设计应考虑与水电工程建设管理模式、中国国家 BIM 标准等的协调性。

数据字典可参照 ISO 12006.3《施工工程信息的组织 第 3 部分：面向对象的信息框架》建立，对行业中的概念语义，如完整名称、定义、备注等进行规范，数据字典中的每一个概念都对应一个全球统一标识符（GUID）。

（3）信息传递标准。主要研究信息的传递和交换过程，信息模型的交付标准、信息安全与信息模型的知识产权等问题。

1）信息的传递。分析和定义水电建设项目全生命周期内信息流动的过程、规则和场景。信息的传递一般发生在两个维度：全生命周期内设计、施工、运维各阶段之间；业主、设计方、施工方、运营方等各参建方之间，或参建方内部各专业之间，见图 2.24。

2）信息模型的交付标准。结合我国水电工程建设管理规定，定义预可行性研究、可行性研究、招标设计、施工图设计、竣工验收等主要成果节点的信息模型几何信息和非几何信息的精度要求。

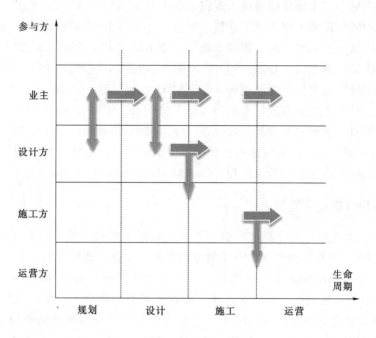

图 2.24 信息传递维度

3）信息安全。作为国家重大基础性设施，水电工程 HydroBIM 信息模型在信息交换的过程中不可避免地要涉及基础地理信息等一些关系国家安全的敏感信息，如何在保证信息安全的前提下，最大限度地发挥 HydroBIM 信息模型的效益是一项需要研究的内容。

4）信息模型的知识产权。BIM 应用离不开 BIM 软件，要想高效地使用 BIM 软件，就离不开 BIM 模型库（族库）。BIM 模型库的丰富程度在很大程度上决定了 BIM 应用的推广程度。BIM 模型库（族库）的建立需要持续不断的积累和大量的人力投入，因此 BIM 信息模型应该具有知识产权。BIM 信息模型知识产权的界定和使用规则需要研究。

2. 实施标准

实施标准是技术标准的使用规范，企业可根据实施标准对自身的工作程序、管理模式、资源搭建、环境配置以及成果交付物进行规范化。

2.2.4.3 水电设计企业 HydroBIM 技术规程体系

基于本节以上两部分的介绍，在水电行业 HydroBIM 标准框架下，为规范、固化三维设计及 BIM 应用生产流程、提高工作效率、保障产品质量，中国电建昆明院制定了综合专业规范/标准、IT 工具规则及工程师习惯的企业级 HydroBIM 技术规程系列，并于近两年陆续发布实施。中国电建昆明院 HydroBIM — 水利水电工程技术规程系列如下：

- HydroBIM®-乏信息勘察设计技术规程（Q/KM HydroBIM®-02.2016）
- HydroBIM®-3S 集成应用技术规程（Q/KM HydroBIM®-01.2016）

- HydroBIM®-三维地质建模技术规程（Q/KM HydroBIM®-01.2015）
- HydroBIM®-混凝土坝枢纽工程技术规程（Q/KM HydroBIM®-04.2015）
- HydroBIM®-土石坝枢纽工程技术规程（Q/KM HydroBIM®-02.2015）
- HydroBIM®-地下厂房技术规程（Q/KM HydroBIM®-04.2016）
- HydroBIM®-地面厂房技术规程（Q/KM HydroBIM®-03.2015）
- HydroBIM®-施工总布置技术规程（Q/KM HydroBIM®-05.2015）
- HydroBIM®-工程安全监测技术规程（Q/KM HydroBIM®-06.2015）
- HydroBIM®-EPC 信息管理技术规程（Q/KM HydroBIM®-05.2016）
- HydroBIM®-引水工程技术规程（Q/KM HydroBIM®-03.2016）

2.2.5　HydroBIM 数据库框架

基于 BIM、大数据、云计算与存储、移动互联等工程数字化、信息化技术，架构了包含 BIM 模型库、工程量清单库、施工质量信息库、安全监测信息库、工程知识资源库、数字移交库等的 HydroBIM 统一数据库，以其为支撑，通过数字移交、招标采购管理、建设质量实时监控、安全评价与预警及工程知识资源管理等服务，实现规划设计 Hydro-BIM 向工程建设和运行管理 HydroBIM 扩充，为水电工程全生命周期管理提供强大的数据支持。HydroBIM 数据库构成见图 2.25，数据库支持下的 HydroBIM 核心应用见图 2.26。

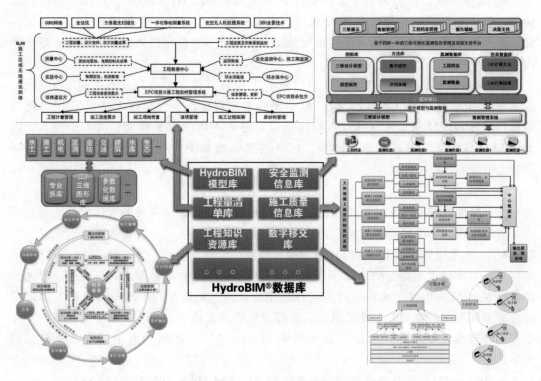

图 2.25　HydroBIM 数据库构成

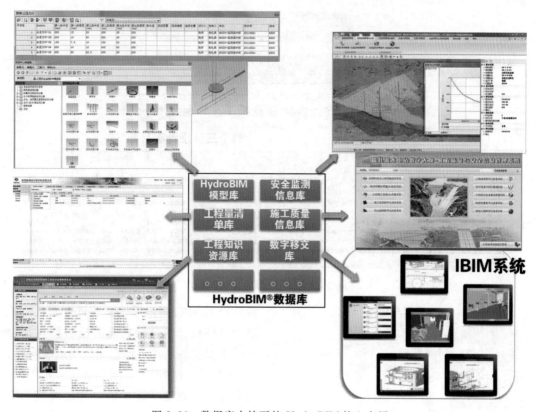

图 2.26　数据库支持下的 HydroBIM 核心应用

2.3　HydroBIM 保障措施

（1）重视顶层设计和总体规划。三维设计及 BIM 技术应用是水电行业的一次变革，会遇到观念、习惯、新技术投入等各种阻力和困难，中国电建昆明院技术决策层伊始就下定了决心，提出"解放思想、坚定不移、不惜代价、全面推进"的指导方针和"面向工程，全员参与"的行动指南，并统筹制定了相关规划和实施方案，有效地把握三维设计及 BIM 应用实施的方向与策略。

（2）组织机构完善合理，研发模式合理。中国电建昆明院设置三维设计督导部，主要负责院三维协同设计、软硬件引进、应用培训、骨干人才培养、技术团队建设、标准化建设、成果推介等。实施机构见图 2.27，成立了 21 个三维项目部，并聘任三维数字化设计骨干员工兼任项目部经理，实现了上层管理与设计生产实际的结合，搭建起各专业之间数字化设计的交流平台，从而解决了多专业数字化设计的人员保障及协同管理保障，其研发模式见图 2.28。

（3）购置、搭建先进、齐备的 HydroBIM 软硬件环境。中国电建昆明院已投入 4000多万元为全专业三维协同设计配备了先进、齐备的三维设计软硬件环境。其中三维设计及 BIM 应用软件以 Autodesk 公司软件为核心，CAE 软件以大型通用有限元软件和专业工程分析软件为主，文档协同办公基于 Sharepoint 平台开发。同时，为了满足专业级三维

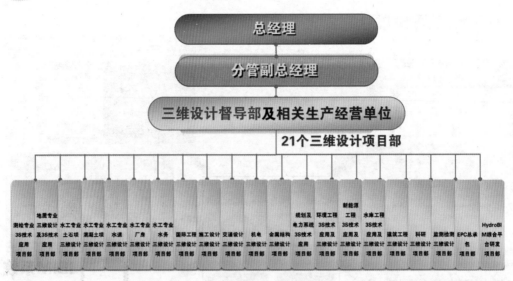

图 2.27　HydroBIM 实施机构

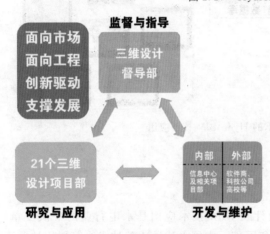

图 2.28　HydroBIM 研发模式

设计及 BIM 应用，还投入数百万元自主或联合软件商、软科公司及高校科研机构合作开发专业数字化、信息化应用系统软件。

（4）完善的考核管理办法及奖励机制。为有序、高效地推进中国电建昆明院三维设计及 BIM 应用工作，实现协同设计管理的普及化、常态化，把三维设计及 BIM 应用能力和成果转化为市场竞争能力，院制定了《三维设计督导及考核管理办法》。办法要求新增工程全面采用 HydroBIM 三维协同设计；将三维出图率及出图质量、员工三维普及率等作为重要考核指标；强调过程督导，全过程、全方位督促、检查和支持；规定各生产部门、各专业应掌握的三维数字化技术手段及开发任务等。

中国电建昆明院在人力资源、激励及分配制度等方面向三维设计工作进行一定的倾斜，建立良好的青年人才培养、提升通道；同时在总经理基金中专门列支三维设计及 3S 创新应用奖励基金，用于表彰在三维设计技术创新和应用有重大成绩的中青年技术人才，见图 2.29。

（5）制定 HydroBIM 技术规程体系，规范三维数字化生产流程。综合考虑专业规范/标准、IT 工具规则及工程师习惯，由各三维设计项目部青年骨干亲自操刀，制定了 HydroBIM 系列技术规程，以规范、固化三维设计及 BIM 应用生产流程，提高工作效率，保障产品质量。

（6）加强对管理人员和技术人员关于三维设计及 BIM 技术的教育培训。中国电建昆明院与欧特克软件（中国）有限公司签署《战略合作框架协议》，共同培养 BIM 技术人

图 2.29　三维设计及 BIM 应用表彰奖励

才。截至目前，已培养 20 余名 Autodesk BIM 软件全球认证讲师（图 2.30），并于 2015 年 3 月，成功申请 Autodesk 授权培训中心（Authorized Training Center，ATC）的资质，可以独立开展正规化和专业化的技术培训。近两年，面向全国共举办 5 期专业 BIM 培训（图 2.31），近 400 名工程技术人员通过 Autodesk 认证考试，获得了 Autodesk 相应 BIM 软件全球认证工程师证书。

图 2.30　Autodesk ATC 授权证书及全球认证讲师证书

图 2.31　三维设计及 BIM 应用教育培训

（7）强化"产学研用"紧密结合，促进数字化技术创新及应用。中国电建昆明院已同欧特克软件（中国）有限公司、天津大学、清华大学、北京华科软科技有限公司、昆明安泰得软件股份有限公司、上海金慧软件有限公司、昆明英泰立科技有限公司、浪潮通用软件有限公司等 8 家单位签署了战略合作框架协议，形成水利水电工程及大土木工程一体化、信息化"产、学、研、用"联合体，促进数字化技术创新和推广应用。

2.4　HydroBIM 在水电工程项目管理中的应用模式

水电工程建设项目一般具有投资巨大、投资回收期长、技术复杂程度高等特点，传统上采用的是 DBB（设计-招标-建造）项目管理模式。但随着社会技术经济水平的发展以及建设工程业主需求的不断变化，传统模式日益显示出其勘察、设计、采购、施工各主要环节之间的互相分割与脱节，建设周期长，效率低，投资效益差等缺点。水电工程建设中实行设计施工一体化模式，可以克服传统模式投资大、工期长、设计和施工单位协调困难等缺点，从整体上实现对工程进度、投资与质量的有效控制，有利于提高我国水电工程建设的管理水平和国际竞争力。水利水电建筑信息模型（Hydroelectrical Engineering Building Information Modeling）作为一种集成的全生命周期管理的建筑信息化工具，不仅可实现设计阶段的协同设计、施工阶段的建造全过程一体化和运营阶段对建筑物的智能化维护及设施管理，同时还能打破从业主到设计、施工运营之间的隔阂界限，实现对水电工程全生命周期管理，从而为实现工程总承包管理提供良好的技术平台和解决思路。以下通过 HydroBIM 在水电工程项目管理模式中的全面介绍，对 HydroBIM 技术在传统 DBB 模式以及设计施工一体化模式的应用进行探讨，以期推动 HydroBIM 在水电工程的应用。

2.4.1　传统设计-招标-建造模式

设计-招标-建造模式（Design - Bid - Build，DBB）是最常见的传统项目管理模式，也是被我国水电工程广泛采用的项目管理模式。DBB 工程采购模式是指业主与工程设计方签订专业服务合同，设计方根据合同中业主方要求提供设计服务，提供的服务包括项目前期可行性研究及对项目评估立项后进行设计；设计阶段包括施工招标文件准备、工程设计方案和项目施工方案。然后业主自行或委托代理人根据设计单位向业主交付的项目设计文件组织招标。非工程主要部分的分包和设备、材料的采购，经业主同意，由承包商和专业分包商、设备供应商分别独立签订合同并组织实施。因此 DBB 建设工程采购模式包含两份合同，两次采购。项目施工过程中，业主请监理单位对工程进行监督，确保承包商安装设计图纸和技术要求施工。承包商承担各分包商的总体协调和监督作用。发包人代表、施工总承包人、监理人员共同监督项目成本、质量、进度。DBB 建设工程采购模式下对业主的管理水平要求较高。

DBB 建设工程采购模式是使用时间最长，使用范围最广泛的建设工程采购模式，管理方法比较成熟，与该模式有关的各种操作规则及管理标准，如招标、投标程序，选择施工承包商的标准与具体规定，业主、设计和施工方各自的责任、权利和义务关系，以及通行的合同文本等，都已发展得十分完善，也被各方所广为熟悉。因此 DBB 建设工程采购模式的特点是具有清晰的定义：①各参与方关系明晰，任务分配明确；②线性参与过程，各参与方之间工作独立，设计与施工没有重复、交叉；③业主在设计完成后进行招标，固定总价施工合同的工程造价对于业主有很高的确定性。

同时该模式也有许多缺点：①整个过程缺乏灵活性，无法边设计边施工，线性工作顺序使建设总周期变长；②设计与施工分离，限制信息交流，设计方案可施工性较差，施工过程中工程变更较多，由于业主与设计方、承包商分别签订合同，导致设计方和承包商协调困难。

2.4.2 HydroBIM 在传统 DBB 项目中的应用模式

由于 DBB 模式下各个阶段的参与方之间缺乏沟通与交流，一个新的阶段开始时，大量信息需要重新生成或复制，如施工方常常需要根据设计方给出的施工图重新绘制其可用以指导施工与安装的细节图，这种高度分离的工作模式给 BIM 的应用带来了重重阻碍。

因而业主需要更大限度地参与到促进 BIM 的应用之中，如在合同中规定 BIM 模型的创建格式与相关信息、要求各参与方利用 BIM 技术加强交流等。这种业主驱动模式更有利于 HydroBIM 在 DBB 项目中的实施。

HydroBIM 理念强调各参与方的尽早参与，而 DBB 模式下施工单位在设计阶段无法介入。因此，业主驱动模式的理念，就是聘请有经验的施工咨询公司作为 BIM 方案制定及设计阶段的施工方顾问，并聘请 BIM 咨询服务方负责整个项目的 BIM 策划与实施。在设计开始之前成立 BIM 方案实施小组，由业主、BIM 咨询服务方、设计方和有经验的施工咨询师组成，招投标结束后施工单位也加入其中。

在项目建设前期，BIM 实施小组的主要任务是根据拟建项目的特点，明确 BIM 项目实施的范围和预期的质量目标，在此基础上进行可行性分析，论证全过程实施的必要性和可行性，包括技术路线的选择、平台的选择和系统兼容性等内容。初步制定 BIM 项目预算和计划进度，落实 BIM 项目所需资金。在准备阶段，以业主的项目管理和 BIM 咨询服务方为主，设计方和施工方辅助论证。

设计阶段以设计方和 BIM 咨询服务方为主，设计方构建三维模型并集成设计信息。根据项目需求进行模型分析，模型分析的内容主要包括可实施性分析、安全分析、冲突检测、成本分析等。在这一阶段，BIM 咨询方和施工咨询方也参与其中，提前就施工阶段可能出现的问题给出建议和解决方案。

在招标阶段开始前，关于对承包商有关 BIM 方面的要求已由施工咨询方写入招标文件。因此在资格审查时不仅要考查承包商的资质和施工经验，还要重点考查其以往应用 BIM 的情况。在资格预审阶段，施工咨询工程师和 BIM 咨询服务方的意见将被充分考虑，施工单位中标后随即加入 BIM 实施小组，在施工的同时参与 BIM 项目实施。

施工阶段信息的加载以施工方和 BIM 咨询服务方为主要参与方，包括进度信息、组织信息、成本信息。在施工阶段，设计变更对模型的修改由设计方和 BIM 咨询方共同完成，最终形成与设计、建造过程相同的设计施工全信息模型。HydroBIM 应用于 DBB 的主要内容及流程见图 2.32。

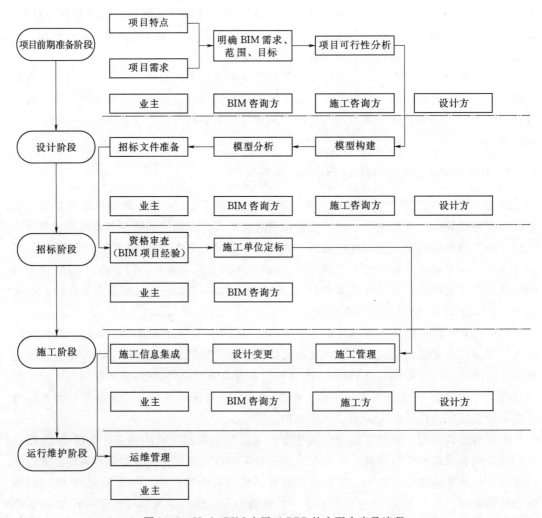

图 2.32　HydroBIM 应用于 DBB 的主要内容及流程

2.4.3　设计施工一体化模式

设计施工一体化模式可以看成是设计和施工相融合的工程总承包模式。美国土木工程师协会（ASCE）、建筑师协会（AIA）、设计-建造学会（DBIA）、英国合同审定委员会（JCT）以及国际工程师联合会（FIDIC）等对于将设计与施工融合的总承包模式名称包括：Turnkey、Design－Build、Design－Construct、EPC（Engineering，Procurement and Construction）等，其分类见表 2.3。

表 2.3　　　　　　　　　　　　设计施工一体化模式分类

工程总承包类别	工程项目建设程序					
	项目咨询	初步设计	施工图设计	材料设备采购	施工	试运行
设计＋施工总承包（Design－Build）		√	√		√	

52

续表

工程总承包类别	工程项目建设程序					
	项目咨询	初步设计	施工图设计	材料设备采购	施工	试运行
设计-采购-施工总承包（Engineering – Procurement – Construction）		√	√	√	√	√
交钥匙总承包（Turnkey）	√	√	√	√	√	√

1. DB 总承包模式

（1）含义与特点。设计-建造（Design – Build，DB）模式，也称为设计-施工（Design – Construct）模式或单一责任主体（Single Responsibility）模式。在这种模式下，集设计与施工方式于一体，由一个实体按照一份总承包合同承担全部的设计和施工任务。建设部发布的《关于培育发展工程总承包和工程项目管理企业的指导意见》（建市〔2003〕30 号）中设计-施工总承包是指：工程总承包企业按照合同约定，承担工程项目设计和施工，并对承包工程的质量、安全、工期、造价全面负责。这类合同通常包括在设计、施工和设备安装等阶段，其中涉及土木、机械、水、电、气等综合工程以及建筑安装工程等。这种承包模式及合同结构见图 2.33。

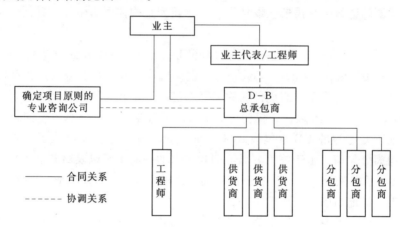

图 2.33 DB 承包模式

DB 总承包模式是将设计与施工发包给一个总承包商的项目管理模式，所以它具有自身的特点。

1）单一责任制。因为业主只和设计-施工总承包商签订合同，使得工程出现质量事故责任明确，避免项目施工过程中或者建成后的扯皮现象发生。

2）缩短了建设项目的建设工期。因为业主可以较早地进行招标，确定总承包商。这样承包商就能够"边设计、边施工"，项目可在较短的时间内完成。

3）由于设计-施工总承包模式一般都采用固定总价合同，有助于业主对工程总造价的控制，也有利于建设单位对施工方案、工艺以及工程材料的创新，从而实现全面降低建设项目总造价。

4）总承包商在进行施工设计时，会考虑到设计的可施工性，减少不必要的工程变更，有利于建设项目的顺利进行。

5）增加了设计-施工总承包商的风险，索赔的机会相应降低，业主承担的风险相应减少。

6）业主对设计和施工的控制难度相对传统模式有很大改变，不必花费大量的精力协调设计与施工之间的问题，有利于业主集中精力对项目重大问题进行决策。

7）招标与评标相对于传统模式复杂得多，这要求业主在前期筹划阶段要做好充分的准备。

（2）优点。DB 模式通过整合设计与施工的关系，创造新的合作氛围。参与者为了共同的项目目标而工作，信息共享，没有隔离；设计者与施工方互相支持，共享最终成果；利用参与者集体的技能和经验更准确地设计、计划并预测时间和成本；成员构成灵活，能在项目早期对生命期里可能的变革做出反应；参与者有平等的机会优化设计和施工；彼此互相尊重，关系平等，对抗减少。整合后，各参与者在项目建设早期就能很好介入，并为项目的设计和后续计划做出贡献，有利于提高设计的可建造性、可运营性、可更新改造性，能够将信息集合与共享，减少管理界面，降低交易费用。

DB 模式通过整合来降低项目建设成本，缩短工期，是提高组织管理效率和项目效益的一个很好思路，也有利于提高项目社会效益。同时，设计与施工整合也有利于实现建筑工业化。构建新的建筑体系需要从设计入手，以新型结构体系为依托，并同时考虑施工工艺问题。

（3）基本形态。根据 DB 承包商不同的组织形态可将 DB 模式分为以下 4 种基本形态：①联合体形态的 DB 模式（Joint - Venture）。设计机构与施工单位以某种程度的伙伴关系或联合承揽关系，结合为单一组织并成为 DB 承包商的形态。②设计机构主导的 DB 承包模式（Designer - Led）。即以设计机构为 DB 承包商与业主签订总承包合同，施工单位为分包商。③施工方主导的 DB 承包模式（Constructor - Led）。即以施工单位为 DB 承包商，设计机构为分包商。由于施工方对工期和成本的控制水平以及财务能力普遍较高，该类型的 DB 模式目前最为流行。④单一承包商形态的 DB 模式（Integrated Firm）。即以兼具设计与施工业务能力的厂商为 DB 承包商。

设计与施工整合的原因可归纳为：克服分离的缺陷，发挥整合的优势，适应不断加剧的竞争，满足业主的要求，带来效率和效益的提高。本书主要介绍设计施工联合体模式。

所谓设计施工联合体是指由设计单位和施工单位组成的联合体，其中一方作为联合体的牵头方，共同进行投标，中标后凭借各自在设计和施工领域的优势，分别承担设计和施工任务，在项目上共同向业主负责。设计施工联合体与传统模式相比的优势如下：

1）设计-施工联合体是一个“强-强”组合，设计施工双方的优势互补，克服了设计和施工间缺乏足够的交流的弊端，减少了中间环节，加快了信息反馈，减少了处理问题的时间，提高了技术攻关和技术革新的能力，有利于优化设计和合理地进行工程变更。

2）设计施工联合体充分体现了设计与施工的紧密结合对质量、进度和费用控制的优越性。

3）施工单位参与设计阶段工作，使得施工单位的一些合理化建议能被设计单位采用，保证了设计单位的施工可行性，使得设计方案更经济、更合理。

4）设计人员参与施工管理和关键工序的控制，使得设计意图能比较彻底地贯彻于整个施工过程中，能够比较透彻地分析和预测施工中一些可能发生的技术问题，保证了重大技术问题的及时解决。

2. EPC 总承包模式

（1）含义。EPC 是设计（engineering）、采购（procurement）、施工（construction）的英文缩写，是总承包商按照合同约定，完成工程设计、材料设备的采购、施工、试运行（试车）服务等工作，实现设计、采购、施工各阶段工作合理交叉与紧密融合，并对工程的进度、质量、造价和安全全部负责的项目管理模式，见表2.4。

表 2.4　　　　　　　　　　EPC 模式涵义和任务

工　作	涵　义	具　体　任　务
设计（engineering）	基本设计、详细设计、加工设计	不仅包含图纸的具体设计工作，还要对建筑工程相关的内容作出总体策划以及整个建设工程组织管理进行策划
采购（procurement）	材料采办、设备采办、施工分包与设计分包	专业设备、材料采购而非一般意义上的建筑施工设备材料采购
施工（construction）	工程施工、设备安装调试	施工、安装、试车、技术培训等

（2）优点。在水电项目中，相较于传统的 DBB 模式，运用 EPC 总承包的优势主要表现在以下五个方面：

1）全过程控制并同步和统筹策划、组织、指挥和协调工程设计、原料采购、项目施工。

2）工程设计、原料采购以及项目施工三者之间的交叉进行达到合理性、有序性和深入性，在保证各阶段、各分项任务各自合理周期的大前提下最大限度地减短了工程项目的工期时间。

3）因为 EPC 管理模式从系统和整体的角度对工程设计、原料采购项目和施工进行系统整体优化，所以大大地提高了项目的经济效益。

4）该管理模式把原料采购纳入到工程设计程序中，在进行工程设计和项目施工可行性分析时，保证了工程设计和建设的高质量水平。

5）严格按照约定的要求进行工程设计、原料采购和项目施工，以及全过程的进度、成本、材料和质量的控制，从而保证实现项目经济效益和既定目标。

很显然，上述五个优点是 E－P－C 被分割开来难以完整做到的。

（3）基本形态。水电工程 EPC 管理一般采用以下三种管理模式：

1）总承包商为设计单位。总承包商一般由具有独立设计能力且具备相应工程设计资质的水利水电设计院或工程咨询公司承担，总包商一般均独立完成工程的设计任务而不是对外分包。总包商除直接承担工程设计及重要机电设备的采购之外，把项目的施工任务分包给各施工分包商。工程材料及设备中除重要建筑材料和设备由总包商指定（供应）外，其他非核心材料及设备由分包商独立采购使用。

2）总承包商为施工单位。总承包商一般为施工能力强、有相应资质的水电施工企业或公司承担。在工程中标后，设计任务采用对外分包的形式分包给有相应资质的水电设计单位完成，而施工任务则由总承包商的内部子公司完成。

3）设计施工联合体模式。设计机构与施工单位以合同关系约束其行为，通常情况下，进行项目时，又以设计单位为主体单位进行项目策划和管理。

3. Turnkey 总承包模式

在国际上对 Turnkey（交钥匙）总承包还没有公认的定义。Turnkey 模式可以说是具有特殊含义的 D−B 模式，它的承包范围往往更广，即承包商为业主提供包括项目融资、设计、设备采购、土建施工、设备安装、调试、技术服务、技术培训、试生产、直至整个项目竣工移交的全过程服务。特别对于大型复杂项目，Turnkey 模式涵盖的范围更广，Turnkey 模式项目实施过程见图 2.34。

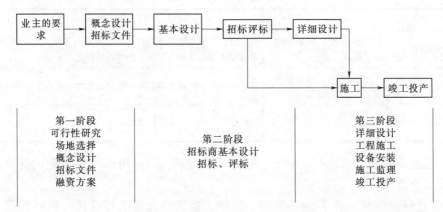

图 2.34　Turnkey 模式项目实施过程

在 Turnkey 管理模式中，业主和承包商默契合作，完成项目的规划、设计、成本控制、进度安排等工作，甚至负责土地购买和项目融资。使用一个承包商对整个项目负责，避免了设计和施工的矛盾，可显著地降低项目的成本和缩短工期。同时，在选定承包商时，把设计方案的优劣作为主要的评标因素，可保证业主得到高质量的工程项目。

对水电工程而言，Turnkey 模式一般与 EPC 模式类似，后面阶段可包含调试、技术服务、技术培训、试生产、直至整个项目竣工移交的全过程服务，但一般承包商不承担项目融资的责任。

4. 模式分析

分析以上总承包的各种定义，可以发现 DB 模式、EPC 模式与 Turnkey 模式的基本特征相近，只是在承包人提供服务范围的界定上存在一定的差别，以 DB 模式的服务范围最小，承包人一般只负责工程的设计与施工。而 Turnkey 模式与 DB 模式相比，承包人提供的服务范围最广，除了设计和施工外，还可能包含项目的融资、规划以及工程完工之后的营运与维修等工作。本章探讨的设计施工一体化模式主要是指狭义上的 DB 模式，即承包人负责工程的设计与施工，以及当需要 DB 承包人提供设备采购服务时的 EPC 模式。

2.4.4　HydroBIM 在设计施工一体化中的应用模式

为发挥 HydroBIM 的主要功能，即基本实现 HydroBIM 在水电项目全生命周期中的应用，继而为设计施工一体化的进一步推广提供工具支持，提出了在一体化中专门针对 HydroBIM 应用分析模式，见图 2.35。

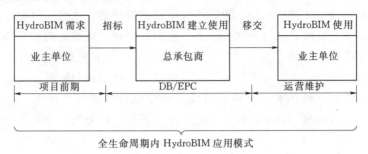

图 2.35　HydroBIM 在设计施工一体化中的应用模式

2.4.4.1　价值驱动模式分析

1. 业主要求

根据供求理论分析，需求是形成有效市场的动因，建设单位是推动 HydroBIM 技术在总承包中应用的主导方、需求方。若建设单位有需求，承包商即使没有总承包能力和 HydroBIM 应用积极性，也会尽快响应建设单位的需求，发展这方面能力；反之，若建设单位无需求，即使承包商有总承包能力和 HydroBIM 应用积极性，也不能形成有效市场。

2. 总承包单位主动发展

理论和实践证明设计施工一体化是一种有效的工程承包模式，水电市场的国际环境和国内发展客观上要求水电企业适应并发展总承包业务。设计施工总承包的总价合同特点，必将调动承包商成本控制的积极性，并使方案设计和投标报价更具竞争力，HydroBIM 作为一种先进的辅助投标和辅助设计施工管理工具，也应被结合采用。

2.4.4.2　总承包管理各阶段的 HydroBIM 应用分析

1. 在可行性研究阶段（E 之前）

HydroBIM 对于可行性研究阶段建设项目在技术和经济上可行性论证提供了帮助，提高了论证结果的准确性和可靠性。在可行性研究阶段，业主需要确定建设项目方案在满足类型、质量、功能等要求下是否具有技术与经济可行性。但是，如果想得到可靠性高的论证结果，需要花费大量的时间、金钱与精力。HydroBIM 可以为业主提供概要模型对建设项目方案进行分析、模拟，从而使整个项目的建设降低成本、缩短工期并提高质量。

2. 规划设计阶段（E）

对于传统 CAD 时代存在于建设项目设计阶段的 2D 图纸冗繁、错误率高、变更频繁、协作沟通困难等缺点，HydroBIM 所带来的价值优势是巨大的。

（1）保证概念设计阶段决策正确。在概念设计阶段，设计人员需对拟建项目的选址、方位、外形、结构形式、耗能与可持续发展问题、施工与运营概算等问题做出决策，HydroBIM 技术可以对各种不同的方案进行模拟与分析，且为集合更多的参与方投入该阶段提供了平台，使做出的分析决策早期得到反馈，保证了决策的正确性与可操作性。

（2）快捷与准确地绘制 3D 模型。不同于 CAD 技术下 3D 模型需要由多个 2D 平面图共同创建，BIM 软件可以直接在 3D 平台上绘制 3D 模型，并且所需的任何平面视图都可以由该 3D 模型生成，准确性更高且直观快捷，为业主、施工方、预制方、设备供应方等项目参与人的沟通协调提供了平台。

（3）多个系统的设计协作进行、提高设计质量。对于传统水电项目设计模式，各专业包括水工建筑、水力机械、电气一次及二次、通信、暖通、金属结构等设计之间的矛盾冲突极易出现且难以解决。而 HydroBIM 整体参数模型可以对建设项目的各系统进行空间协调、消除碰撞冲突，大大缩短了设计时间且减少了设计错误与漏洞。同时，结合运用与 BIM 建模工具具有相关性的分析软件，可以对拟建项目的结构合理性、空气流通性、光照、温度控制、隔音隔热、供水、废水处理等多个方面进行分析，并基于分析结果不断完善 HydroBIM 模型。

（4）可以灵活应对设计变更。HydroBIM 整体参数模型自动更新的法则可以让项目参与方灵活应对设计变更，减少像施工人员与设计人员所持图纸不一致的情况。例如对于施工平面图的一个细节变动，Revit 软件将自动在立面图、截面图、3D 界面、图纸信息列表、工期、预算等所有相关联的地方做出更新修改。

（5）提高可施工性。设计图纸的实际可施工性（construct ability）是国内建设项目经常遇到的问题。由于专业化程度的提高及国内绝大多数建设工程所采用的设计与施工分别承发包模式的局限性，设计与施工人员之间的交流甚少，加之很多设计人员缺乏施工经验，极易导致施工人员难以甚至无法按照设计图纸进行施工。HydroBIM 可以通过提供 3D 平台加强设计与施工的交流，让有经验的施工管理人员参与到设计阶段，早期植入可施工性理念，可以更深入地推广新的工程项目管理模式（如 DB/EPC 总承包项目管理模式）以解决可施工性的问题。

（6）为精确化预算提供便利。在设计的任何阶段，HydroBIM 技术都可以按照定额计价模式根据当前 HydroBIM 模型的工程量给出工程的总概算；随着初步设计的深化，项目各个方面如建设规模、结构性质、设备类型等均会发生变动与修改，HydroBIM 模型平台导出的工程概算可以在签订招投标合同之前给项目各参与方提供决策参考，也为最终的设计概算提供基础。

（7）利于低能耗与可持续发展设计。在设计初期，利用与 HydroBIM 模型具有互用性的能耗分析软件就可以为设计注入低能耗与可持续发展的理念，这是传统的 2D 工具所不能实现的。传统的 2D 技术只能在设计完成之后利用独立的能耗分析工具介入，这就大大减少了修改设计以满足低能耗需求的可能性。除此之外，各类与 HydroBIM 模型具有互用性的其他软件都在提高建设项目整体质量上发挥了重要作用。

3. 招标采购阶段（P）

HydroBIM 技术的推广与应用，极大地促进了水电项目招投标管理的精细化程度和管理水平。在招投标过程中，招标方根据 HydroBIM 模型可以编制准确的工程量清单，达到清单完整、快速算量、精确算量，有效地避免漏项和错算等情况，最大限度地减少施工阶段因工程量问题而引起的纠纷。投标方根据 HydroBIM 模型快速获取正确的工程量信息，与招标文件的工程量清单比较，可以制定更好的投标策略。

（1）HydroBIM 在招标控制中的应用。在招标控制环节，准确和全面的工程量清单是核心关键。而工程量计算是招投标阶段耗费时间和精力最多的重要工作。HydroBIM 是一个富含工程信息的数据库，可以真实地提供工程量计算所需要的物理和空间信息。借助这些信息，计算机可以快速对各种构件进行统计分析，从而大大地减少根据图纸统计工程量带来的繁琐的人工操作和潜在错误，在效率和准确性上得到显著提高。

1）复用设计阶段的 HydroBIM 模型。在招投标阶段，各专业的 HydroBIM 模型建立是 HydroBIM 应用的重要基础工作。HydroBIM 模型建立的质量和效率直接影响后续应用的成效。复用和导入设计软件提供的 HydroBIM 模型，生成 HydroBIM 算量模型，可以避免重新建模所带来的大量手工工作及可能产生的错误。

2）基于 HydroBIM 的快速、精确算量。基于 HydroBIM 算量可以大大提高工程量计算的效率。基于 HydroBIM 的自动化算量方法将人们从手工繁琐的劳动中解放出来，节省更多时间和精力用于更有价值的工作，如询价、评估风险等，并可以利用节约的时间编制更精确的预算。

基于 HydroBIM 算量提高了工程量计算的准确性。工程量计算是编制工程预算的基础，但计算过程非常繁琐，造价工程师容易因各种人为原因而导致很多的计算错误。HydroBIM 模型是一个存储项目构件信息的数据库，可以为造价人员提供造价编制所需的项目构件信息，从而减少根据图纸人工识别构件信息的工作量以及由此引起的潜在错误。因此，HydroBIM 的自动化算量功能可以使工程量计算工作摆脱人为因素影响，得到更加客观的数据。

3）HydroBIM 与采购的对接。物资采购管理是企业运行、生产、科研的重要保障，在当今科学技术飞速发展，物资产品种类繁多，物资产品更新加快，市场经济环境瞬息万变的形势下，企业特别是大中型企业对物资采购管理都实行了科学化、信息化管理。提高物资采购管理水平，优化物资采购模式，降低物资综合成本，已成为企业提高竞争能力的持续改进课题。

HydroBIM 与采购的对接应该从供应商入手，与供应商建立一种长期 BIM 合作模式。可是当前应用 BIM 的公司毕竟只有少数，如何与供应商达成一致，真心地去建立 BIM 需要一定过程。对于物资采购中企业可以在招标条款上加一些对于供应商关于 BIM 的要求，只有真正做到了这些要求才有资格进入招标范围。市场瞬息万变，以信息和网络技术实现企业的快速反应，已成为企业采购管理一个不可缺少的条件和手段。利用网络缩短与供应商的距离，足不出户就可以货比三家，从而提高采购效率和采购透明度，减少暗箱操作的概率。而且，企业可以通过互联网和历史数据建立强大的 BIM 资源数据库，通过整合分类考察评比从而快速地确认供应商，保质保量地完成招标任务。

（2）HydroBIM 在投标过程中的应用。

1）基于 HydroBIM 的施工方案模拟。借助 HydroBIM 手段可以直观地进行项目虚拟场景漫游，在虚拟现实中身临其境般地进行方案体验和论证。基于 HydroBIM 模型，对施工组织设计方案进行论证，就施工中的重要环节进行可视化模拟分析，按时间进度进行施工安装方案的模拟和优化。对于一些重要的施工环节或采用新施工工艺的关键部位、施工现场平面布置等施工指导措施进行模拟和分析，以提高计划的可行性。在投标过程中，通过对施工方案的模拟，直观、形象地展示给甲方。

2）基于 HydroBIM 的 4D 进度模拟。水电施工是一个高度动态和复杂的过程，当前水电工程项目管理中经常用于表示进度计划的网络计划，由于专业性强、可视化程度低，无法清晰描述施工进度以及各种复杂关系，难以形象表达工程施工的动态变化过程。通过将 HydroBIM 与施工进度计划相链接，将空间信息与时间信息整合在一个可视的 4D（3D＋Time）模型中，可以直观、精确地反映整个水电项目的施工过程和虚拟形象进度。4D施工模拟技术可以在项目建造过程中合理制订施工计划、精确掌握施工进度，优化使用施工资源以及科学地进行场地布置，对整个工程的施工进度、资源和质量进行统一管理和控制，以缩短工期、降低成本、提高质量。此外，借助 4D 模型，施工企业在工程项目投标中将获得竞标优势，HydroBIM 可以让业主直观地了解投标单位对投标项目主要施工的控制方法、施工安排是否均衡、总体计划是否基本合理等，从而对投标单位的施工经验和实力做出有效评估。

3）基于 HydroBIM 的资源优化与资金计划。利用 HydroBIM 可以方便、快捷地进行施工进度模拟、资源优化，以及预计产值和编制资金计划。通过进度计划与模型的关联，以及造价数据与进度关联，可以实现不同维度（空间、时间、流水段）的造价管理与分析。

将三维模型和进度计划相结合，模拟出每个施工进度计划任务对应所需的资金和资源，形成进度计划对应的资金和资源曲线，便于选择更加合理的进度安排。

通过对 HydroBIM 模型的流水段划分，可以按照流水段自动关联快速计算出人工、材料、机械设备和资金等的资源需用量计划，见图 2.36。所见即所得的方式，不但有助于投标单位制订合理的施工方案，还能形象地展示给甲方。

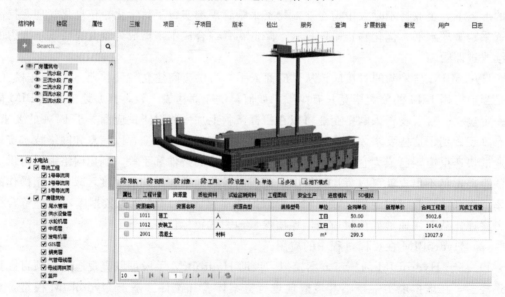

图 2.36　人工、材料、机械设备和资金等的资源需求分析

总之，HydroBIM 对于水电项目生命周期内的管理水平提升和生产效率提高具有不可比拟的优势。利用 HydroBIM 技术可以提高招标投标的质量和效率，有力地保障工程量清单的全面和精确，促进投标报价的科学、合理，加强招投标管理的精细化水平，减少风险，进一步促进招标投标市场的规范化、市场化、标准化的发展。可以说 HydroBIM 技

术的全面应用，将为水电行业的科技进步产生无法估量的影响，大大提高水电工程的集成化程度和参建各方的工作效率。同时，也为水电行业的发展带来巨大效益，使规划、设计、施工乃至整个项目全生命周期的质量和效益得到显著提高。

4. 工程建设阶段

对于传统 CAD 时代存在于水电项目施工阶段的 2D 图纸可施工性低、施工质量不能保证、工期进度拖延、工作效率低等缺点，HydroBIM 所带来的价值优势是巨大的。

(1) 施工前改正设计错误与漏洞。在传统 CAD 时代，各系统间的冲突碰撞极难在 2D 图纸上识别，往往直到施工进行了一定阶段才被发觉，不得已返工或重新设计；而 HydroBIM 模型将各系统的设计整合在了一起，系统间的冲突一目了然，在施工前改正解决，加快了施工进度、减少了浪费，甚至很大程度上减少了各专业人员间起纠纷的不和谐情况。

(2) 4D 施工模拟、优化施工方案。HydroBIM 技术将与 HydroBIM 模型具有互用性的 4D 软件、项目施工进度计划与 HydroBIM 模型连接起来以动态的三维模式模拟整个施工过程与施工现场，能及时发现潜在问题和优化施工方案（包括场地、人员、设备、空间冲突、安全问题等）。同时，4D 施工模拟还包含了临时性建筑如起重机、脚手架、大型设备等的进出场时间，为节约成本、优化整体进度安排提供了帮助。

(3) HydroBIM 模型为预制加工工业化的基石。细节化的构件模型（Shop model）可以由 HydroBIM 设计模型生成，可用来指导预制生产与施工。由于构件是以 3D 的形式被创建的，这就便于数控机械化自动生产。当前，这种自动化的生产模式已经成功地运用在钢结构加工与制造、金属板制造等方面，进行生产预制构件、玻璃制品等的生产。这种模式方便供应商根据设计模型对所需构件进行细节化的设计与制造，准确性高且缩减了造价与工期；同时，消除了利用 2D 图纸施工由于周围构件与环境的不确定性导致构件无法安装甚至重新制造的尴尬境地。

(4) 使精益化施工成为可能。HydroBIM 参数模型提供的信息中包含了每一项工作所需的资源，包括人员、材料、设备等，所以其为总承包商与各分包商之间的协作提供了基石，最大化地保证资源准时制管理（Just-in-time），削减不必要的库存管理工作，减少无用的等待时间，提高生产效率。

2.4.5　HydroBIM 在设计施工一体化中应用的优越性

通过以上分析可以看到，DB/EPC 总承包模式和 HydroBIM 模型在投资、质量、进度控制和建筑信息化方面存在明显优势，但现实应用均不理想。

DB/EPC 总承包应用不理想主要因为业主对项目掌控过多（或风险预期较高），对 DB/EPC 总承包的认识不足；水电企业的组织机构设置、人才队伍、管理水平、承接能力不能达到 DB/EPC 总承包要求等。HydroBIM 应用不理想主要因为现阶段 HydroBIM 模型集中应用在项目设计阶段，用于展示、优化规划设计成果和辅助施工进度安排，其在施工和运营管理阶段的功能得不到充分发挥，主要原因是工程各阶段的割裂，使 HydroBIM 功能延续发挥的渠道受阻或承接成本过高。

通过以上分析，可得出 DB/EPC 总承包模式和 HydroBIM 技术互适性优势如下：

（1）HydroBIM 技术可使 DB/EPC 总承包商向业主呈现项目从设计、采购到施工阶段的全过程模拟，使业主降低对项目的风险预期、提高对 DB/EPC 总承包方能力的信任；同时，DB/EPC 总承包企业参照模型制定机构设置、人员配备、资金、施工计划等，辅助提高整体管理水平。

（2）DB/EPC 总承包模式为 HydroBIM 发挥全生命周期服务功能提供设计、施工阶段的承接渠道，避免了设计方和施工方对 HydroBIM 的开发应用仅局限在满足自身利益需求，打通了项目移交前的承接应用环节。

第3章 HydroBIM‑EPC 信息管理系统

本章内容旨在将 HydroBIM 的技术、思想、架构等运用于 EPC 总承包项目管理系统中，形成基于 HydroBIM 的 EPC 项目的策划与合同、进度、质量、费用、招标采购等高效统一、规范协调的全过程、全方位信息管理和控制体系，为决策层提供分析决策所必需的准确而及时的信息，从而提高 EPC 项目管理整体水平，实现工程安全、节省工期、降低工程造价的目的。

3.1 HydroBIM‑EPC 信息管理系统概述

3.1.1 系统开发原则

系统以 Internet 和 Intranet 作为信息基础设施构架，以信息广泛共享为目标，以工程数据库为数据组织和处理的形式，利用网络数据库技术创建工程数据库，并建立友好用户界面以显示控制结果。全部软件开发工作密切结合工程建设实际，针对水电 EPC 总承包工程的特点，满足以下原则：

（1）总体规划、分层实施原则。在开始设计之前对系统进行总体设计，并在总体设计指导下分步开发。开发使用的 ThinkPHP 框架具有三层架构模式：表现层、业务层、数据层。在适应系统需求的准则下，设计低耦合的分层结构，有利于团队成员的分工协作，提高开发效率，降低项目风险，实现各个模块的功能设计，完成整个系统的开发。

（2）实用性原则。满足工程建设管理是本系统设计的根本目标，系统根据施工组织设计和建设管理来设计，针对管理要求，解决实际问题。实施过程应始终贯彻面向应用，围绕应用，依靠应用部门，注重实效的方针。

（3）网络化原则。系统利用网络数据库技术快速创建工程数据库，实现数据的共享和快速传递，帮助相关工作人员快速完成大部分手工劳动，减少施工数据交换环节，简化审核程序，有利于做出正确的决策，从而及早发现问题并及时采取积极的预防措施。

（4）适应性和可扩展性原则。系统所选主体产品的技术架构可以跨平台应用或配置，充分考虑了系统今后的延伸，能适应于多种运行环境以及应对未来变化的环境和需求等情况。采用系统结构模块化设计技术搭建系统框架，使其具有较强的可扩展性和技术先进性。

（5）数据兼容性原则。系统在数据结构上充分考虑对特殊数据格式的兼容性，支持既定 Excel、Project 等格式文件的导入和导出，减轻繁琐的数据录入工作，并满足各部门的数据打印要求，增强了系统运用的灵活性。

（6）实时性原则。系统的网络数据传输技术可实时反映施工状态，完全能够满足水电

EPC 工程建设各方（尤其总承包商）实时了解和控制施工进度的要求。

（7）可靠性原则。系统运行可靠，在出现异常的时候有人性化的异常信息提醒，方便用户理解原因，一般的人为和外部的异常事件不会引起系统的崩溃；同时，系统有较高的可用性，当系统出现问题后能在较短的时间内恢复，而且系统的数据是完整的，不会引起数据的不一致。主机系统能够保持 $7 \times 24h$ 稳定不间断运行，这从系统软硬件平台及网络等方面保证了系统的稳定性；对于所采用的主备服务器的功能，若主服务器宕机时，可实时地切换到备用服务器上，用户的应用不受影响。

（8）可维护性和可管理性原则。系统设有一个完善的管理机制，通过对系统后台管理模块简单的设置，即可实现系统的权限维护、数据库维护、系统日志维护、工作流程维护等功能，从而使系统具有可维护性和可管理性两个重要特性。

（9）安全性原则。系统采用五层安全体系，即网络层安全、系统安全、用户安全、用户程序的安全和数据安全。系统同时具备高可靠性，对使用信息进行严格的权限管理，在技术上应采用严格的安全与保密措施，保证系统的可靠性、保密性和数据一致性等。

3.1.2　系统技术框架

系统采用 N 层计算结构。从逻辑角度看，系统分成客户端、Web 服务器、应用服务器、数据库服务器、P6 服务器、HydroBIM 服务器、工作流服务器；从物理角度看，应用服务器可以视用户并发数从 1 到 N 台进行扩充，以保证客户端用户的响应要求。

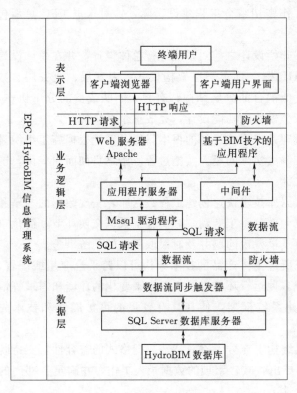

系统工作模式从逻辑上划分为三层：表示层（客户端）、业务逻辑层和数据层。表示层的应用程序与服务端的应用程序是相对独立的。

第一层，表示层：包括管理界面、客户端、统计报表界面等。表现层将系统的操作界面与系统的功能实现分离开来。

第二层，业务逻辑层：包括 Web 服务器和应用服务器。应用系统的业务逻辑实现层，是系统的核心部分，它接收来自表现层的功能请求，是实现各种业务功能的逻辑实体，这些逻辑实体在实现上表现为数据库的触发器、存储过程及各种功能组件。

第三层，数据层：存放并管理各种信息，实现对各种数据库和数据源的访问，也是系统访问其他数据源的统一接口。

图 3.1　HydroBIM - EPC 系统的工作模式

系统工作模式见图 3.1。

3.1.3 系统的功能需求分析

HydroBIM - EPC 信息管理系统的创建旨在解决分布式、异构的工程数据之间的一致性和全局共享问题，实现水电项目全生命周期的信息集成、存储和管理，最终通过一系列接口及引擎将信息导入到 HydroBIM 模型中并进行发布，使项目各参与方能够实时查看、及时决策，该项功能是面向水电项目全生命周期工程信息管理的管理支撑。

有鉴于此，通过对总包项目管理总部以及施工项目管理部进行调研，挖掘出系统总体功能需求，分述如下：

（1）提供 IFC 运行时对象库。IFC 运行时对象库是 IFC 对象模型在计算机中的实现，是进行 IFC 信息交换的数据载体，通过其可实现对 IFC 数据即 HydroBIM 信息的访问。

（2）ifc 文件格式和 ifcZip 文件格式的访问。这两种文件格式是 IFC 数据文件形式的重要存储格式，需要实现对这两种格式文件的读取与输出功能。

（3）为满足多个工程项目参与方基于 HydroBIM 的工程信息交换与共享，需提供用于存储 HydroBIM 数据的 HydroBIM 数据库。HydroBIM 数据库是实现信息集成的数据存储基础，需同时满足结构化的 IFC 数据和非结构化的文档数据的存储。

（4）需提供 HydroBIM 数据的访问功能，包括支持面向阶段及应用的 HydroBIM 子模型的信息交换、子模型视图的定义以及 HydroBIM 模型正确性验证等功能。

（5）在具有多个工程参与方的分布式环境中，提供用户管理、权限控制等功能，从而确保用户在权限范围内访问、交换数据，并保证数据的一致性、完整性，避免数据冲突，减少数据冗余。

（6）建筑三维几何信息是贯穿于建筑全生命周期的核心数据，需在 3D 环境中提供建筑三维几何模型的查看、选择，属性编辑等功能。另外，由于不同阶段及应用对几何模型数据的要求不同，例如：建筑设计应用主要处理实体几何模型，结构分析应用主要处理线框模型，施工阶段的虚拟现实应用则主要处理表面模型。因此，需要在重用已有数据的基础上针对不同阶段及应用，提供 HydroBIM 几何模型的创建功能。

（7）由于 BIM 应用仍处于初级阶段，尚未形成完整的 BIM 软件体系，在 EPC 管理阶段的信息交换过程中不可避免地涉及不完全支持 IFC 标准的专业软件。因此，需要针对这些专业软件开发相应的 IFC 数据转换接口，从而实现基于 HydroBIM 的信息交换与共享功能。

（8）集成管理要求。EPC 总承包工序强调项目的集成化管理，同时对管理信息系统的要求也越来越高。将项目的目标设计、可行性研究、决策、设计和计划、供应、实施控制等综合起来，形成一体化的管理过程；将项目管理的各种职能（如成本管理、进度管理、质量管理、合同管理、信息管理等）综合起来，形成一个有机的整体。

3.2 系统方案设计

HydroBIM - EPC 信息管理系统采用 B/S 结构，通过后台搭设的服务器与前台外网浏览器构建的信息系统功能共同实现。本节将从服务器端方案设计、客户端方案设计、数据流方案设计、工作流方案设计、数据接口方案设计五个方面对系统的方案设计进行阐述。

3.2.1　服务器端方案设计

HydroBIM - EPC 信息管理系统是由服务器端和客户端组成，其中服务器端是该系统设计的一个重点，它不但承担着 Web 应用程序平台的管理，同时它还要负责系统内工程异构信息数据源的集成式管理、工作流信息的逻辑处理、企业级项目管理软件（P6）后台数据的计算分析以及 HydroBIM 模型信息的存储与解析。

将系统服务器端从数据管理及业务逻辑处理类型的角度上划分为 Web 服务器（S1）、工作流服务器（S2_1，S2_2）、SQL Server 数据库服务器（S3）、P6 服务器（S4）以及 HydroBIM 服务器（S5）。

1. Web 服务器

Web 服务器是运行 Web 服务软件，为内外部用户提供网页展示和网页交流的设备。系统采用 LAMP 平台进行 Web 服务器的配置。

LAMP（Linux＋Apache＋MySQL＋Perl/PHP/Python）是目前国际最常用的 Web 框架，该框架包括：Linux 操作系统，Apache 网络服务器，MySQL 数据库（系统根据实际需要将数据库类型更改为 SQL Server 数据库），Perl、PHP 或者 Python 编程语言，系统采用的是 PHP 语言。LAMP 平台的 WEB 服务器工作原理主要为：LAMP 平台的 Web 服务器，即在安装 Linux 操作系统的服务器上，配备 Apache Web 服务器、MySQL 数据库服务器以及 PHP 解释程序，服务器运行时客户端所有的 HTTP 请求，都由 Linux 操作系统转发至 Apache 服务器处理，如果请求静态页面，则将目录下存放的静态页面返回给客户端浏览器；如果请求动态页面，则转至 PHP 应用服务器，根据需要通过 PHP 程序连接或者操作数据库，并将 PHP 服务器解释生成的静态页面返回给客户端，见图 3.2。

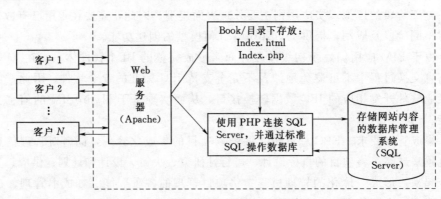

图 3.2　LAMP 工作原理

Web 服务器配置如下：

- OS：Linux CentOS。
- CPU：Xeon E5. 2630 V3×2。
- 内存：32G。

·硬盘：2 块 SAS 600Gb 做 RAID1，配置双口 8Gb HBA 卡。

·网卡：4 个千兆网卡端口（考虑内外网分离及管理）。

·电池：配置冗余电源模块。

·软件：LAMP。

2. 工作流服务器

工作流服务器是系统整个工作流引擎的中枢，它完成工作流的执行功能。通过写入或调出工作流数据库中的数据，工作流服务器完成工作流活动的调度，实现各工作之间的通信，来达到管理群体工作成员的协作信息和协作活动，共同完成业务处理过程的目的。同时它对系统的所有工作流实例进行监控，保证工作流的正确运行。

工作流服务器是 HydroBIM - EPC 信息管理系统的重要组成部分，它为系统提供工作流运行环境。工作流服务器由以下几个部分组成：工作流引擎（采用开源软件 ProcessMaker）、接口、超时处理服务、自动应用程序服务、MySQL 数据库。工作流服务器作为中间件嵌入 HydroBIM - EPC 信息管理平台，用来提供编程接口，系统应用通过编程接口来使用服务器。工作流服务器及其应用见图 3.3。

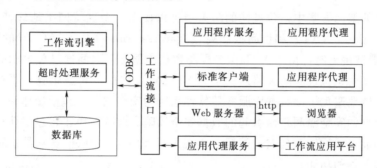

图 3.3 服务器及其应用示意图

工作流服务器配置如下：

·OS：Linux CentOS。

·CPU：Xeon E5. 2630 V3×2。

·内存：32G。

·硬盘：2 块 SAS 600G 做 RAID1，配置双口 8G HBA 卡。

·网卡：4 个千兆网卡端口（考虑内外网分离及管理）。

·电池：配置冗余电源模块。

·软件：ProcessMaker。

3. SQL Server 数据库服务器

运行在局域网中的多台计算机和数据库管理系统软件共同构成了数据库服务器。数据库服务器为客户应用提供服务，这些服务包括查询、更新、事务管理、索引、高速缓存、查询优化、安全及多用户存取控制等。数据库服务器软件（后端）主要用于处理数据查询或数据操纵的请求。与用户交互的应用部分（前端）在用户的工作站上运行。

数据库服务器必须具备数据存储、数据维护、服务器安全等功能，因此数据库服务器的设计包括两部分内容。

（1）第一部分为数据库设计，详见第 4 章 4.4 节系统数据库设计。

（2）第二部分是数据库服务器安全方案设计。为了实现当 Web 服务器被侵入后，数据库服务器中的数据库仍具有较好的安全性，可在数据库服务器与 Web 服务器之间加入一个包过滤的防火墙，使 Web 服务器与数据库服务器进行隔离。具体架构见图 3.4。

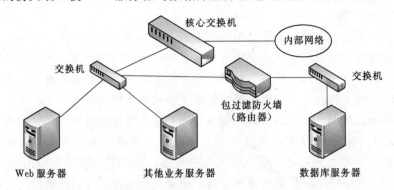

图 3.4　HydroBIM－EPC 信息管理系统数据库服务器安全架构

在图 3.4 的架构方案中，包过滤的防火墙可以使用一个支持网络地址转换（network address translation，NAT）和访问控制列表（access control list，ACL）的路由器实现。当 Web 服务器被侵入时，由于 Web 服务器与数据库服务器之间通过包过滤的防火墙进行了隔离，同时又由于包过滤防火墙启用了 NAT 功能，因此，数据库服务器对外不直接可见，从而尽可能地避免了由数据库服务器软件系统的安全漏洞（包括操作系统、数据库系统、及应用软件的安全漏洞）而引起的数据安全风险。此外，由于包过滤防火墙又具备访问控制列表功能，通过访问列表的配置，实现了只有特定的 Web 服务器才能访问特定的内部数据库服务器的功能。

SQL Server 数据库服务器配置如下：

- OS：Windows Server 2008。
- CPU：Xeon E5.2630 V3×4。
- 内存：64G。
- 硬盘：5 块 SAS 600G 做 RAID5，配置双口 8G　HBA 卡。
- 网卡：4 个千兆网卡端口（考虑内外网分离及管理）。
- 电池：配置冗余电源模块。
- 软件：SQL Server 2008 R2。

4.P6 服务器

P6 EPPM（Enterprise Project Portfolio Management，企业级项目组合管理，简称 P6）100％基于 Web/J2EE 的 B/S 架构和部署模式，通过对其进行二次开发，可以使所有项目参与者通过 Web 方式连接到 P6，从而更为简单地创建进度计划、分配资源、执行项目、监控进度、提供反馈和报表分析等，同时将其数据库与 HydroBIM－EPC 信息管理系统数据库进行关联，保证系统中数据的一致性。

P6 应用的架构采用三层架构方式，分别为数据库服务器层、JavaEE 服务器层（P6 服务器）和客户端层，具体架构如图 3.5 所示。

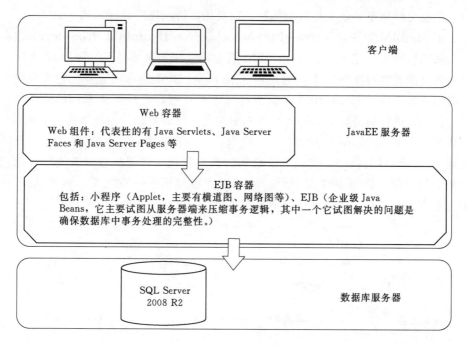

图 3.5 P6 服务器架构

系统采用 SQL Server 2008 R2 为 P6 的数据库管理软件，并将其部署在数据库服务器上，与 JavaEE 服务器隔离，保证数据的安全性。

采用 WebLogic 作为 JavaEE 服务器，它能够开发、集成、部署和管理大型分布式 Web 应用、网络应用和数据库应用，将 P6 应用部署在 WebLogic 上，能实现横道图、网络图展示等全部功能。

P6 服务器推荐配置如下：

· OS：Linux CentOS 操作系统。

· CPU：Xeon E5.2630 V3×4。

· 内存：32G。

· 硬盘：2 块 SAS 600G 做 RAID5，配置双口 8G HBA 卡。

· 网卡：4 个千兆网卡端口（考虑内外网分离及管理）。

· 电池：配置冗余电源模块。

· 软件：WebLogic、P6。

5.HydroBIM 服务器

现阶段的 HydroBIM 应用并不能实现水电项目全生命周期的信息交换，HydroBIM 的潜在价值未能得到充分发挥，其主要原因是 HydroBIM 应用主要以文件形式进行数据交换和管理，难以形成完整的、集成的水电建筑信息模型，无法支持面向水电项目全生命周期的各种工程分析和管理，并且存在信息丢失等问题。目前用于 HydroBIM 信息交换的文件包括软件供应商的内部格式文件和 IFC 格式文件。基于文件的 HydroBIM 信息交换和管理具有以下不足：无法形成完整的 HydroBIM 模型，变更传播困难，无法实现对象级别（Object Level）的数据控制，不支持协同工作和同步修改，无法进行子模型提取和集成，信息交换速度和效率是瓶颈问题，以及用户访问权限管理困难等。

　　基于 HydroBIM 服务器（HydroBIM Model Server/HydroBIM Repository）进行数据集成与交换可以解决上述问题。HydroBIM 服务器使用服务器作为 HydroBIM 信息的存储载体，通过服务器与客户端之间的通信完成 HydroBIM 信息的交互。它采用安装在服务器端的中央数据库对 HydroBIM 数据进行存储与管理，用户可从 HydroBIM 服务器提取所需的信息，进行相关应用的同时扩展模型信息，然后将扩展的模型信息重新提交到服务器，从而实现 HydroBIM 数据的存储、管理、交换和应用，见图 3.6。HydroBIM 服务器以集成 HydroBIM 为基础，实现对象级别的数据管理、权限配置以及支持多用户协作和同步修改等功能。但需要建立 HydroBIM 服务器和相应的数据库，解决基于 Hydro-BIM 的数据存储、管理、集成和访问等技术难题。

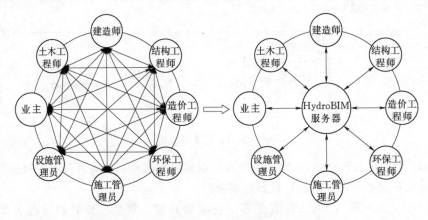

图 3.6　基于 BIM 服务器的数据交换方式

　　目前，国外的 BIM 服务器平台主要有 IFC Model Server，EDM Model Server，BIM Server，Eurostep Model Server 以及各 BIM 软件开发商自行开发的、与设计软件配套的协同设计服务器。其主要特征的比较见表 3.1。

表 3.1　　　　　　　　　　　　　　国外主流 BIM 服务器对比

名称/类型	B/S架构或C/S架构	面向全生命周期	是否开源	开发阶段
IFC Model Server	B/S	能	否	完成
EDM Model Server	C/S	能	否	完成
BIM Server	均有	能	是	开发中
Eurostep Model Server	B/S	能	否	完成
BIM 协同设计服务器	基本为 C/S	否	否	完成

　　面向 B/S 架构的 BIM 服务器需要针对 Web 环境解决三方面问题：Web 客户端使用的 BIM 模型数据接口，能够在浏览器中运行的图形平台，实现服务器与 Web 客户端之间的实时交互。

　　从主流 BIM 服务器的特点以及 HydroBIM - EPC 信息管理系统的实际需求角度出发，系统采用 BIM Surfer 平台。BIM Surfer 是 BIM Server 的相关开源模型浏览平台，基于

WebGL 中的 SceneJS 框架，能够实现对项目模型简单的交互操作以及渲染选项的简单调整。同时，也实现了对 BIM Server 项目的原生支持，并能够读取本地的 JSON 格式模型文件，支持子模型的精确筛选以及属性查询功能。

BIM Server 服务器包括以下模块：数据层、平台层、网络层以及应用层。其服务层的架构见图 3.7。

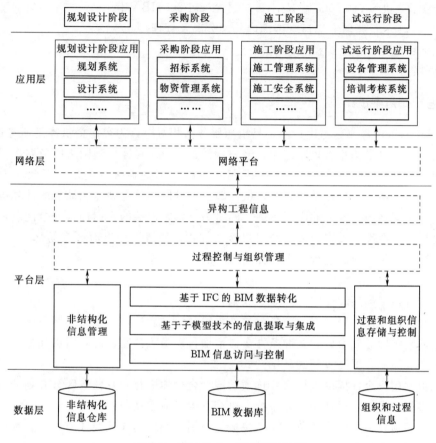

图 3.7　BIM Server 服务器架构图

（1）底层数据库将模型数据组织并存储起来可形成由对象、构件以及子模型等不同粒度的数据访问层次。数据库的结构形式对于模型数据的管理有着至关重要的作用，同时也是数据管理与应用的基础。

（2）数据服务层通过一定的机制与底层数据库相连，并提供数据导入、导出、查询、信息获取，以及模型显示与编辑等功能接口。应用程序可通过数据服务层提供的接口获取对应的信息。

（3）网络服务层面向远程工作，为远程用户提供数据访问的机制，与数据服务层相连。

（4）应用层则由各个专业的应用程序组成，完成对模型数据的专业应用。

BIM Server 被所有参与协同设计的设计师共同使用，由于 HydroBIM 模型中保存着大量的工程模型的数据和材质，因此一个 HydroBIM 模型的容量可以达到几百兆甚至达到 1G 以上，所以配置一个高性能的 BIM Server 服务器对顺利开展协同设计十分重要。

HydroBIM 服务器配置如下：

- OS：Linux CentOS。
- CPU：Xeon E5. 2630 V3×4。
- 内存：64G。
- 硬盘：5 块 SAS 600G 做 RAID5，配置双口 8G HBA 卡。
- 网卡：4 个千兆网卡端口（考虑内外网分离及管理）。
- 电池：配置冗余电源模块。
- 软件：BIM Server。

3.2.2　客户端方案设计

客户端（client）或称为用户端，是指与服务器相对应，为客户提供本地服务的程序。在 HydroBIM－EPC 信息管理系统中，客户端通过 Internet 连接到网络服务器，提供系统运行、管理的 Web 页面。在这个过程中，Internet 的慢速性表现突出，因此，为了保证系统的高效性，系统客户端采用瘦客户机，即一种可以不具有硬盘驱动器的计算机，它直接访问运行于网络服务器上的应用程序。同时为保证客户端的实用性、安全性以及访问各个业务模块的一致性，采用了适当的用户接口方式，使得操作界面美观易懂、操作简单，从而保证系统方便快捷的运行，大大提高用户的工作效率。

1. 设计原则

在设计客户端程序时，应遵循以下原则：

（1）在人机界面使用适当的颜色、控件布局及语义表达，尽量增大客户端程序显示数据的区域，同时向导航窗口和查询条件窗口增加自动隐藏功能，使界面更加符合用户的思维习惯和交互经验，提高界面的易用性。

（2）根据用户个性提供人机交互选项功能，合理地进行交互任务区分并划分进程，提供系统的多平台操作，保证用户在系统人机交互中扮演主动角色。

（3）保证项目中各模块颜色使用、快捷键使用、操作模式及控件使用的一致性，使用户能够将已有的知识和经验传递到新的任务中，更快地学习和使用系统。

（4）在进行工作流等关键步骤的操作中提供良好的信息反馈和科学合理的帮助系统，必要时增添适当的导航功能，保证操作方便和有效地进行。

（5）设置数据备份和恢复功能，将数据库中的数据定时备份到网络服务器当中，避免因误操作或非法用户的侵入导致系统难以恢复的灾难性后果，提高系统的容错性与安全性。

2. 客户端设计

为提高客户端访问系统的速度，系统客户端的设计采用了一系列降低页面文件大小的措施，具体如下：

（1）采用基于 Web 标准的页面布局方式，代码量比传统的表格定位的布局方式节省很多，从而能大大节省带宽，提高系统访问速度。

（2）系统左侧设有导航菜单，参照 Windows XP 风格的模块菜单设计，既简单，又实用，远比其他设计方案节省带宽。

（3）系统设有统一的页面模板，绝大多数页面布局、颜色搭配方案统一。

（4）页面设计简洁明快，能提高页面传送速度。

（5）客户端脚本使用 JavaScript 语言，扩大页面兼容性。

（6）绝大多数超链接元素和表格元素都由 CSS 和 HTML 产生，从而降低了页面的数据含量。

（7）尽可能少的采用图片元素，以保证页面的下载速度。

（8）选用标准的页面颜色和字体，以满足瘦客户机最低限度的支持能力。

客户端推荐配置如下：

· 操作系统：Windows XP/7 及以上。

· 处理器：主频 1.0GHz 以上（一般用户）/主频 2.0GHz 以上（具有施工过程可视化与动态分析系统访问权限的用户）。

· 内存：2GB 以上（一般用户）/4G 以上（具有施工过程可视化与动态分析系统访问权限的用户）。

· 显示适配器：Geforce2，显存 512MB 以上（一般用户）/ Geforce2，显存 1024MB 以上（具有施工过程可视化与动态分析系统访问权限的用户）。

· 浏览器：IE8 以上，推荐 Chrome 浏览器。

· 显示器：23 英寸，建议将屏幕分辨率调整为 1024×768 以上。

3.2.3　数据流方案设计

HydroBIM - EPC 信息管理系统以项目三大目标——质量、进度、造价管理为重点，以合同为纽带，首先进行管理数据的输入、审批，并将审批后的数据以相应 IFC 实体的标准格式导入 HydroBIM 模型，供管理人员查看、分析。所有数据最终均流入到 Hydro-BIM 模型中，HydroBIM 管理人员需定期更新、发布，以保证相关人员看到的 HydroBIM 模型能够实时反映建设过程，图 3.8 为部分模块间的数据流图。

3.2.4　工作流方案设计

工作流（work flow）的概念起源于生产组织和办公自动化领域。它是针对日常工作中具有固定程序的活动而提出的一个概念，其目的是通过将一个具体的工作分解成多个任务、角色，按照一定的规则和过程，约束与监控这些任务的执行，从而提高企业生产经营管理水平。

在工作流相关理论和技术基础上，通过对 EPC 总承包管理中的工作流程进行总结归纳，EPC 信息管理系统工作流模型应包括以下特点：

（1）形式化语义。EPC 总承包管理中业务流程多是非结构化的，业务规则具有多样性的特点，这就要求工作流过程模型的建模元素应该具有全面的描述能力，其语义应当能够覆盖控制流和数据流。

（2）图形化特征。从用户的角度来讲，工作流过程模型应能较直观地表达业务流程，尤其是对较复杂的业务逻辑，要求能够清晰地显示出业务活动之间的相互关系和流转方

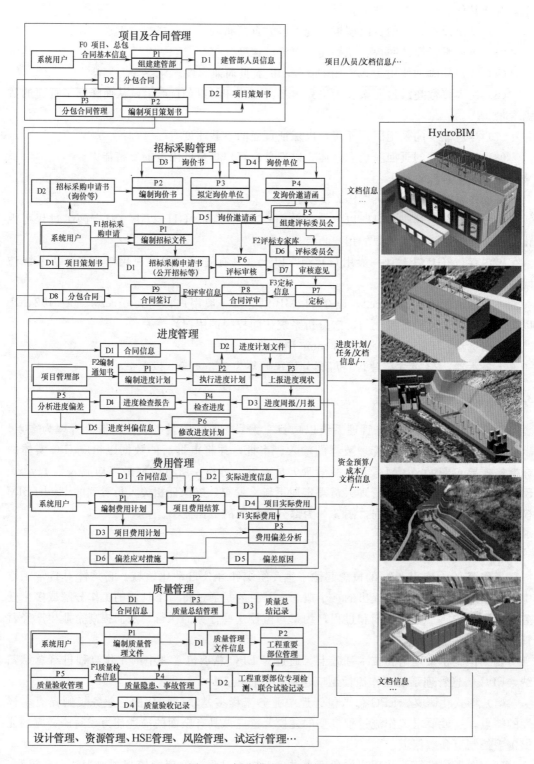

图 3.8　部分模块间的数据流图

式。采用图形化方式的建模方法能够较好地满足这个要求。

（3）层次性。对于向纵深方向扩展的业务流程，模型应当提供嵌套功能，使在业务流程的结构层次上能够清晰地表达出来，避免平铺直叙的大模型。在工作流建模上，层次性体现在工作流的子流程上。

（4）较完整的表达能力。工作流过程模型应能正确表达业务流程的各个影响因素，包括业务流程的活动、不同的流程条件和路由、活动触发条件、时间控制以及工作流管理系统的角色权限等。

（5）易构性。办公环境的变化，导致业务过程和组织机构的变革，工作流模型应能适应这些变化并为变化提供灵活的支持。这体现在工作流模型应能处理业务流程中可能发生的变化或异常情况。

3.2.4.1 EPC 信息管理系统工作流建模思路

不同业务系统其业务过程的特点存在很大差异，对应的工作流建模也应该使用不同的方法。EPC 信息管理系统不同于以业务流程优化和重组为目的的商业和制造业工作流管理系统，它强调对项目的有效管理，是以包括公文处理流转控制为主要内容的应用系统。流程特点是：流程复杂，灵活性大；流程执行涉及空间数据操作；需处理子流、辅流、汇流；需处理并行、同步等流转控制；存在组织机构调整；需考虑流程异常处理机制；数据共享性和流程执行的时效性强。

根据上述分析，系统工作流建模分为以下两步：

（1）对 EPC 总承包管理进行业务需求分析，描述出项目管理控制模型。这是对现实业务的初步抽象和建模，需要注意表达的完整性和流程的层次性。

（2）在上一步的基础上，使用活动网络图建模技术建立面向计算机软件设计思想的工作流模型，这是对上一步的继续抽象，从逻辑层次上建模。

3.2.4.2 基于工作流实现办公流程再造

在以往的办公中，公文的传递是靠办事员拿着纸质文件去找各个领导审批签字的。而如果将此行为转换到系统工作流管理平台中，公文则是通过流转来实现的，因此就需要重新定义办公流程。

系统通过图形定义来取代开发人员的编码工作，以便技术人员及时掌握和使用，实现流程自定义。采用可视化工作流程定义工具进行工作流定义、管理，可按业务需求的不同对工作流进行优化；工作流支持催办、提醒、撤回、委托等功能；可管理、跟踪、监控工作流运转情况，可收集每项工作流整个过程中的所有信息；同时针对需要更改的办公流程和业务流程，系统提供二次开发的数据接口。在流程监控过程中，可以依据流程图反映的现状，方便地实现流程环节的更改，所有操作将会在系统日志中留下痕迹。还可以实现公文各个环节的跳转，推送，实现领导出差或者相关处理人不在的特殊处理。

工作流引擎集成各业务功能构成业务流程过程见图 3.9，工作流管理系统模型图见图 3.10。

3.2.4.3 实现方案

要保证一个业务流程在系统上顺利运行，必须依赖工作流引擎。工作流引擎为工作流实例提供执行环境，它是工作流管理系统的核心服务，其主要负责工作流过程的流转和运

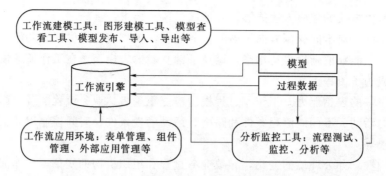

图 3.9　工作流引擎集成各业务功能构成业务流程图

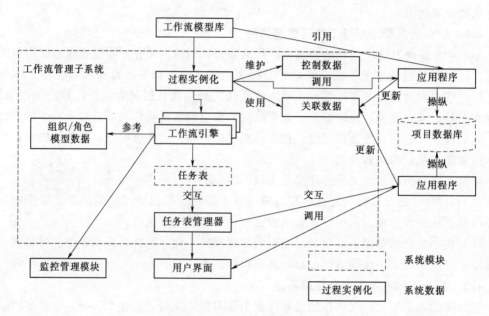

图 3.10　工作流管理系统模型图

行以及流程和活动的调度，主要由解析器、控制中心、工作流元模型、过程实例池、工作流执行机、流程管理与监控、数据存储器等逻辑模块以及各种数据库组成一个有机的整体。选择 ProcessMaker 作为 HydroBIM－EPC 信息管理系统的工作流引擎，利用 Web Service 技术，实现了系统中工作流程的定制与监控。

ProcessMaker 的特征和优点如下：

（1）ProcessMaker 是商业开源工作流和业务流程管理软件，可用于各种规模的组织设计以及业务流程的自动化和部署。

（2）系统管理员不必花费大量的时间编程，这要感谢它直观的指向和点击界面。

（3）文档建立于所见即所得的页面编辑器，方便用户直接编写内容。

（4）ProcessMaker 是完全基于 Web 的，也可通过任何 Web 浏览器访问。

（5）ProcessMaker 可以连接到外部数据库，ProcessMaker 可以被配置为连接到外部数据库，允许一个组织整合 ProcessMaker 与其他 DBMS 或企业应用程序，这也是选择 ProcessMaker 作为工作流管理系统的重要原因。

（6）ProcessMaker 可以同时管理大量的工作区。每个工作区有三个 MySQL 数据库用于存储关于流程、用户权限和报告的内部信息。

3.2.5　数据接口方案设计

数据接口是由产品的软件开发商或者委托第三方软件开发商提供的一系列规范标准，它能够对指定的数据进行交流和传播，以实现数据共享和信息交流的目的。数据接口设计包括系统内部接口设计和系统外部接口设计两部分。

3.2.5.1　系统内部接口设计

1. 软件接口

（1）与 P6 的数据接口。为了使 P6 的项目管理功能与 HydroBIM－EPC 信息管理系统之间实现互动，进行动态信息交互，有必要把二者的信息处理功能进行集成，做到它们之间的"无缝连接"。

P6 与 HydroBIM－EPC 信息管理系统的数据交换中，虽然 P6 提供了功能强大的 SDK，但是其 SDK 是基于 ODBC 的，需要额外安装数据源，不利于系统的集成及用户的操作。基于 P6 后台数据库可以根据 SQL Server 数据库的特点，通过分析其数据存储结构解决实现二者数据交换的关键问题。在系统实际开发过程中主要采用了 ADO（ActiveX Data Objects）方法实现数据之间的相互访问。

ADO 是 Microsoft 为最新和最强大的数据访问范例 OLEDB 而设计的，是一个便于使用的应用程序层接口。在实际的分析过程中，发现 P6 各实体间（包括 EPS，OBS，TASK 等）关系非常紧密，均有主外键关系，因此，在数据交换过程中，要有固定的交换流程，其开发示意图见图 3.11。

（2）Web Service 数据接口与工作流管理软件 ProcessMaker 的集成。Web Service 是一个独立的、低耦合的、自包含的、基于可编程的 Web 应用程序平台，可使用开放的 XML（标准通用标记语言下的一个子集）标准来描述、发布、发现、协调和配置这些应用程序，用于开发分布式、互操作的应用程序，实现网络环境中不同软件之间的数据交换和互操作。利用 Web Service 数据集成方案，将工作流管理软件 ProcessMaker 与 HydroBIM－EPC 信息管理系统进行集成，从而提供一个统一的企业门户，供用户访问。

1）Web Service 技术原理。Web Service 使用 XML 描述数据结构与数据类型，使用 SOAP（simple object access protocol）表示信息传输协议，使用 WS-

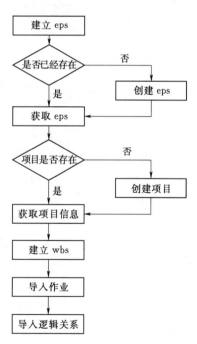

图 3.11　P6 与 HydroBIM－EPC 信息管理系统之间的数据交换

DL（web services description Language）进行本身内容描述，使用 UDD（universal description，discovery and integration）来发现、描述与集成 Web Service。其中简单对象访

问协议 (SOAP) 是轻量级的协议，它是基于 XML 的、用于在应用程序之间以对象的形式交换数据的、不依赖于传输协议的通信协议，是 Web Service 的主体。SOAP 规范了消息传输的格式，提供了数据编码的标准并提供了远程过程调用的一系列规则。WSDL 用于对 Web Service 的描述，用来告知服务使用者 Web Service 的方法的命名、参数格式及返回值等信息。UDDI 是一套基于 Web 为 Web Service 提供的信息注册中心的实现标准规范，它包含这样一组规范，该规范不仅使得企业能够注册自身提供的 Web 服务，还能使别的企业能够发现自己的 Web 服务。Web Service 为数据集成提供了灵活的访问方式，用 XML 统一了数据格式，为快速新增和部署新数据源提供了方便。

每个具体的 Web Service 都可看做一个应用程序，该应用程序向外界提供能通过 Web 调用的 API 接口，服务使用者可通过编程的方法来实现 Web Service 的功能。Web Service 的调用原理见图 3.12。

图 3.12　Web Service 调用原理

在 Web Service 调用的过程中，服务使用者通过 SOAP 消息提交服务请求，服务提供者根据请求做出响应，以 XML 格式数据返回查询结果，过程见图 3.13。

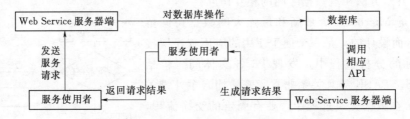

图 3.13　Web Service 请求过程

2) 基于 Web Service 的工作流引擎——ProcessMaker。工作流引擎开发方面的重点是工作流引擎 Web Service 的注册与发现。在本系统的工作流引擎设计上每个工作流引擎都被封装成了一个 Web Service。服务必须经过注册，并且被用户发现以后才可以调用。微软的 VS. NET 和 SUN 公司的 JAVA 都提供了对 Web Service 的支持，并提供了一系列的 API 函数供开发者使用。企业首先将创建好的 Web Service 通过 UDDI 注册中心发布，服务请求者通过注册中心查找到所需服务后，与服务提供者绑定，并获取相关消息。

UDDI 注册中心分为公有注册中心 (面向全球使用的 UDDI 注册服务)，也可以使用私有注册中心 (某一范围内使用的 UDDI 注册服务)。

在 Web Service 的实现过程中，企业将创建的 Web Service 发布到 UDDI 注册中心后，用户需要找到服务并调用该服务。企业虽然可以将 Web Service 发布到注册中心，但是操作入口点对用户是有空间限制的。在企业内部，不需要将 Web Service 都发布到注册中心，可以使用代理的方式，对编译好的 Web Service 文件直接引用，或者使用虚拟代理，根据 WSDL 描述文件，自动生成代理。基于 Web Service 的工作流引擎的框架结构由表现层、功能服务层、数据库层组成。

a. 表示层。在该模型中，表示层主要是用户与系统的操作接口，用户可以使用 Windows 窗体或 IE 浏览器来取得系统提供的服务功能；另外，在获得系统提供的某些 Web Service 上，可以直接查询 UDDI 注册中心，调用所需服务（如系统提供的查询功能）。工作流客户端主要由任务列表、任务管理器和 Web Service 请求者构成。为用户展示应该执行的任务，以及调用功能服务层所提供的服务。任务列表管理器给用户呈现出所有需要完成的任务，它根据用户的角色信息到各个任务列表中搜索用户应该执行但没有执行的任务，将它们呈现给用户；Web Service 请求者是用户任务请求的代理，负责调用功能服务层提供的 Web Service。

b. 功能服务层。功能服务层是该框架模型的核心，实现系统的具体业务操作，是业务活动的提供者。Web Service 被工作流客户端层调用，从数据库中抽取执行活动所需的控制和数据依赖信息，完成处理功能后将活动的结果存入数据库。

工作流服务端层主要由工作流执行服务、流程定义、流程监控和被调程序组成，负责业务流程定义，业务流程的控制、协调、监控，保证流程的正确执行。在工作流服务端层中工作流执行服务是该系统结构的核心，它负责解释工作流过程定义、控制工作流实例的运转等。

系统提供了静态绑定和 UDDI 绑定两种定位方式。在静态绑定方式下，可以在服务流程定义时直接给出服务入口地址（Web Service URL），Web Service 请求者根据 URL 直接调用所需服务；在 UDDI 绑定方式下，Web Service 请求者首先到 UDDI 注册中心查找并取出服务描述，然后根据服务描述绑定服务提供者（Web Service）并调用服务。

c. 数据库层。数据库层主要是存放系统涉及的各种数据。在该模型中将涉及的数据分为应用数据和工作流数据。

应用数据是与具体的业务有关的数据，它是 Web Service 所操纵、支持和理解的数据。工作流数据包括工作流元数据和相关数据。工作流元数据是业务流程的定义文档，它是业务流程执行的关键依赖数据，从流程建模到流程执行的整个生命周期内都存于数据库中；工作流相关数据描述的是工作流执行控制中的交换数据。基于 Web Service 的工作流引擎的框架结构模型见图 3.14。

该模型框架的特点如下：

◆采用 Web Service，可以轻易地实现工作流软件的服务化。将工作流客户端、工作流执行引擎、工作流日志和监控全部以 Web Service 的方式发布，这样企业无需定制或购买工作流软件，而是以方便、廉价的方式访问工作流服务提供者提供的软件服务，这也正体现了未来软件的一个发展方向。

◆使用标准协议规范，可以适用于任何分布式异构环境。目前企业管理信息系统从数据格式到通信方式都存在着很大的差异，作为 Web Service，其所有公共的协约完全需要使用开放的标准协议进行描述、传输和交换。

◆高度可集成能力。由于 Web Service 采取简单的、易理解的标准 Web 协议作为组件界面描述和协同描述规范，完全屏蔽了 HydroBIM－EPC 信息管理系统与 ProcessMaker 工作流平台的差异。

◆灵活的流程控制，方便、快捷地适应企业流程重组的要求。柔性是工作流最重要的

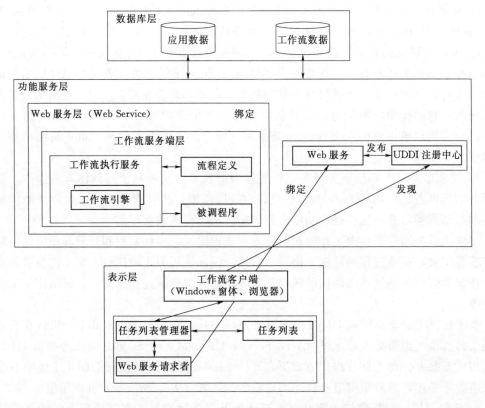

图 3.14　基于 Web Service 的工作流引擎的框架结构模型

特点，模型框架在流程定义中提供了各种具体技术以增强工作流柔性，满足企业的工作流需求。

2. 项目层业务模块间的接口

HydroBIM – EPC 信息管理系统在项目层面的重点是业务管理标准化、科学化、信息化，同时整个系统的重点也是项目管理。业务模块基本覆盖 EPC（设计、采购、施工）主要环节，通过系统的集成应用，打通从公司到项目部，设计、采购、施工的各个业务环节，协同作业，避免"信息孤岛"，体现系统的价值。项目层业务模块间关联关系如下：

（1）通过系统进度管理模块建立与计划进度软件 P6 的关系，实现 P6 软件进度计划数据的导入与回写。

（2）所有的业务模块，都可以和项目的编号、WBS 结构建立联系，从而实现模块间的信息关联。

（3）设备、材料管理与采购管理是关联的，方便数据交换。

（4）工程合同与支付、采购管理均会涉及变更与索赔管理。

（5）工程合同与支付、采购管理、变更与索赔管理都与费用管理模块关联；各个业务模块业务处理过程产生的表单、文件都会与图纸文件模块关联，进行归档处理。

（6）所有的信息都会集中反映到项目网站、个人信息中心和公司应用层面。

（7）整个项目层的应用涉及三个流：涉及金钱都归结到费用管理模块，是资金流；涉及审批流转的，都走工作流（信息流）；物资从请购到最后领料出库安装消耗掉，是物资流。

（8）各模块之间采用页面调用、参数传递、返回值的方式进行信息传递。具体参数的结构将在下面的数据库设计的内容中说明。模块之间接口信息的传递将是以数据表形式、封装数据形式、参数传递形式以及返回值形式在各个功能模块间进行传输。项目层业务模块间关联关系见图3.15。

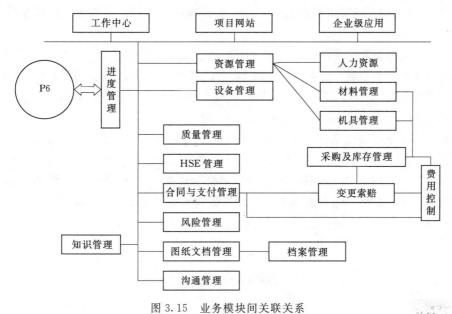

图 3.15　业务模块间关联关系

3.与企业综合管理系统的数据接口

总承包工程项目管理需要在企业层面上进行资源调配，因此 HydroBIM – EPC 信息管理系统中的相关数据需要与企业原有的综合管理信息系统进行数据共享。当前需要考虑数据接口集成的主要包括财务系统和人力资源管理系统。

（1）与财务系统集成。如何把 HydroBIM – EPC 信息管理系统中，实际发生费用且需要做财务凭证的数据，直接生成财务系统待导入的凭证，是与企业现有财务系统集成的要点。为达到这个目的，需要两个系统的众多编码（如人员、部门、财务科目、物料）必须保持一致，然后对于在 HydroBIM – EPC 信息管理系统中完成的涉及货币的业务，由系统操作人员手工批量生成凭证，导入到财务系统，这些业务包括：合同付款、物资消耗等。生成的凭证为 Excel 文件，文件的格式遵从财务系统的规则，只要格式和数据正确，由财务人员导入财务系统生成临时凭证，审核通过后即可作为正式凭证。

（2）与人力资源管理系统的集成。在项目层面，HydroBIM – EPC 信息管理系统的人力资源管理模块需要进行与项目相关的所有人力资源管理工作。在企业层面，通过开发数据接口工具，实现人员基本信息定期同步，保持 HydroBIM – EPC 信息管理系统的人力资源总库与人力资源系统的数据一致。

3.2.5.2　系统外部接口设计

HydroBIM – EPC 信息管理系统采用 REST 架构开发可供其他程序 Web 调用的 API，

即 Web Service。这种设计和开发方式，可以降低开发的复杂性，使信息资源的处理变得更加简单，提高系统的可伸缩性，并且，由于它依赖 HTTP 协议，使得它有跨平台（Java、. Net、PHP 等）的高度可重用性。

REST（representational state transfer）是 Roy Fielding 博士在 2000 年博士论文中提出来的一种轻量级的 Web Service 架构风格，其实现和操作明显比 SOAP（simple object access protocol）和 XML - RPC（remote procedure call protocol）更为简洁，可以完全通过 HTTP 协议实现，还可以利用缓存 Cache 来提高响应速度，其性能、效率和易用性都优于 SOAP 协议。

REST 架构对资源的操作包括获取（READ）、创建（CREATE）、修改（UPDATE）和删除（DELETE）资源，正好对应 HTTP 协议提供的 GET、POST、PUT 和 DELETE 方法，因此 REST 把 HTTP 对一个 URI（uniform resource identifier）的操作限制在 GET、POST、PUT 和 DELETE 之内。

此外，为了系统的安全性，保证只有特定的人才能看到特定信息并且执行特定操作，系统采用 Basic HTTP Access Authentication 方式对用户进行认证，主要过程是把"用户名＋冒号＋密码"用 BASE64 算法加密后的字符串放在 HTTP 请求头部的 Authorization 中发送给服务端，服务端进行解密并认证用户名和密码的有效性，具体过程见图 3.16。

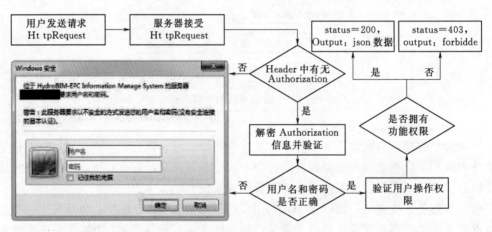

图 3.16 Basic HTTP Access Authentication 方式对用户进行认证过程

当然，把"用户名＋冒号＋密码"用 BASE64 加密后的信息虽然用肉眼看不出来，但用程序很容易解密，所以用 HTTP 传输是很不安全的。系统采用 HTTPS（hyper text transfer protocol over secure socket layer）进行传输，由于 HTTPS 是加密的，因此可以减小用户名及密码泄露的可能性，提高了接口的安全度。

3.3 系统功能模块设计

通过将 HydroBIM - EPC 信息管理系统各个业务模块数据与 HydroBIM 模型的双向链接，建立清晰的业务逻辑和明确的数据交换关系，实现业务管理、实时控制和决策支持三方面的项目综合管理。为项目各参与方管理人员提供基于浏览器的远程业务管理和控制手段。系统主要功能如下：

（1）业务管理。为各职能部门业务人员提供项目的综合管理、项目策划与合同管理、资源管理、设计管理、招标采购管理、进度管理、质量管理、费用控制管理、安全生产与职业健康管理、环境管理、财务管理、风险管理、试运行管理、HydroBIM 管理等功能，业务管理数据与 HydroBIM 的相关对象进行关联，实现各项业务之间的联动和控制。

（2）实时控制。为项目管理人员提供实时数据查询、统计分析、事件追踪、实时预警等功能，可按照多种条件进行实时数据查询、统计分析并自动生成统计报表。通过设定事件流程，对施工过程中发生的安全、质量等事件进行跟踪，到达设定阈值将实时预警，并自动通过邮件和手机短信通知相关管理人员。

（3）决策支持。提供工期分析、台账分析以及效能分析等功能，为决策人员的管理决策提供分析依据和支持。

3.3.1 系统模块的划分

针对系统的功能需求分析，"HydroBIM – EPC 信息管理系统"共设计 14 个功能模块，分别为综合管理模块、项目策划与合同管理模块、资源管理模块、设计管理模块、招标采购管理模块、进度管理模块、质量管理模块、费用控制管理模块、安全生产与职业健康管理模块、环境管理模块、财务管理模块、风险管理模块、试运行管理模块和 Hydro-BIM 管理模块，系统模块结构见图 3.17。

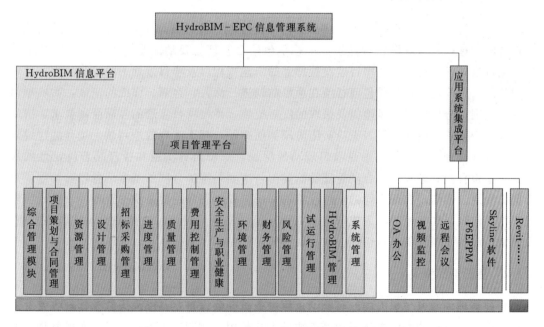

图 3.17　HydroBIM – EPC 信息管理系统模块结构图

3.3.2 综合管理模块

综合管理设置消息中心、个人中心和公文管理三大功能，主要实现个人待办任务的处理、工作日历的使用、所参与工程的总体概况及新闻中心相关信息的查看（图 3.18）。此外，还可以维护个人信息和变更登录密码。并且，工程总承包事业部内部发文、通知、公告、图片新闻的审批发布，以及公文处理等功能均在该模块实现。

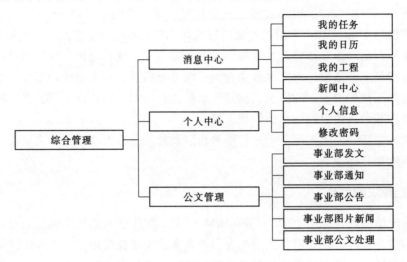

图 3.18　综合管理模块功能图

3.3.3　项目策划与合同管理模块

项目策划与合同管理模块主要由总承包项目管理、项目策划管理、总承包合同管理、分包合同管理以及信息资料管理组成。总承包项目管理主要功能是维护的项目的基本信息；项目策划管理可以实现项目建设管理部的组建流程以及项目策划书的编制流程。总承包项目的高风险性要求总承包商必须在项目前期进行深入、客观、详细的论证，明确项目目标、范围，分析项目的风险以及采取的应对措施，确定项目管理的各项原则要求、措施和进程，否则一旦决策失误，无论实施阶段如何弥补，都无法有效地纠偏。优秀的建设管理部和科学合理的项目策划书是项目成功的保证，对项目的实施和管理起着决定性的作用；总承包合同管理和分包合同管理功能类似，主要是维护合同的基本信息以及管理规范合同的变更、索赔，实现合同的全过程管理；信息资料管理主要是集中管理各个项目实施过程中的信息，如工程量、完成产值、工程月报、安全月报等，使相关的人员能够方便、及时地了解各个项目的基本情况。该模块具体功能见图 3.19。

3.3.4　资源管理模块

资源管理的对象包括人力、车辆、工程设备及办公设备。其中人力资源管理主要针对工程建设管理部内非中国电建昆明院正式员工的聘用、离职、工资发放等；车辆管理主要对工程车辆的配置、验收、调拨、大修、维修记录、保养、加油充值、ETC 充值、报废、事故处理、明细等进行管理；工程设备管理及办公设备管理主要内容包括工程设备和办公设备的采购配置、验收、调拨、大修、维修记录、报废、事故处理、明细等。

资源管理模块菜单结构及部分菜单内的数据传递关系见图 3.20，其中办公设备管理

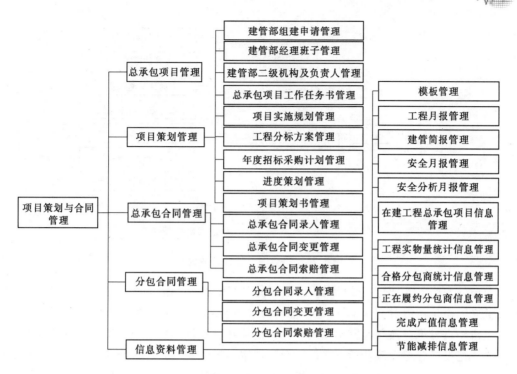

图 3.19 项目策划与合同管理模块功能结构图

与工程设备管理的数据传递关系相同。

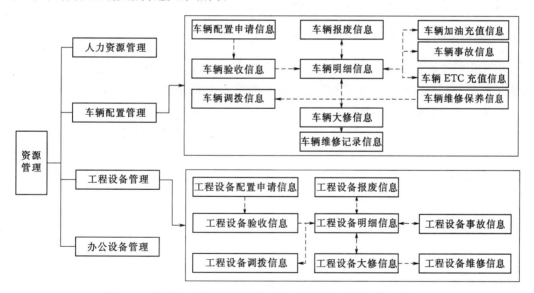

图 3.20 资源管理模块菜单结构及部分菜单内的数据传递关系图

3.3.5 设计管理模块

从内容上进行划分，EPC 项目管理模式下的设计管理需要考虑设计经费、设计质量、设计进度三个方面的因素，见图 3.21。

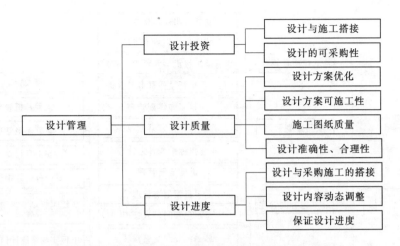

图 3.21　EPC 项目设计管理内容

为充分发挥 EPC 模式下设计管理的优势及其贯穿项目始终的作用，设计管理模块的开发研究思路是：针对 EPC 项目设计管理的具体特点，采用流程化、规范化、档案化管理的思路，以总承包项目合同为主线，自动衔接项目设计经费、设计质量、设计进度三方面要素，把设计管理中涉及的文字、图像、档案、图纸等信息进行数字化处理，实现信息快速存储、加工、检索和交换。设计管理模块包括设计团队组建、委托合同管理、任务管理、勘测设计科研试验经费管理、设计进度管理、勘察设计考核管理、工程设计月报、季报、年度总结管理、文档资料管理等子模块。该模块总体结构见图 3.22。

3.3.6　招标采购管理模块

实现招标采购的信息化分类管理，体现原始信息、招标方式、招标过程、招标结果、统供材料供应、分包商以及供应商评价信息，既避免数据信息过分集中，便于随时查询，又能够集中调用数据，实现数据资源共享，提高工作效率和管理水平。

为实现从宏观上向管理层提供参考和依据，从而便于数据汇总和比较分析，提高计划执行的时效性，加强整体监控、内控水平，该模块不仅提供了招标采购业务流程中的基础功能，同时还为使用者提供了诸如供应商评价、统计分析的功能，辅助企业进行招标采购决策。该模块总体结构见图 3.23。

3.3.7　进度管理模块

建设项目的进度控制是工程项目建设中与质量控制、投资控制两大目标并列的目标控制之一，进度管理在整个项目控制目标控制体系中处于协调、带动其他工作的龙头地位。进度管理的好坏将直接影响项目能否实现合同要求的进度目标，也将直接影响到项目的效益。进度管理的职责包括以下几个部分：

（1）制定进度计划。在签署总承包合同后的第一件事情就是要根据合同要求的进度目标编制项目的进度计划。

（2）组织进度计划的实施。将编制的进度报业主审批后进行项目内正式发布，使得项

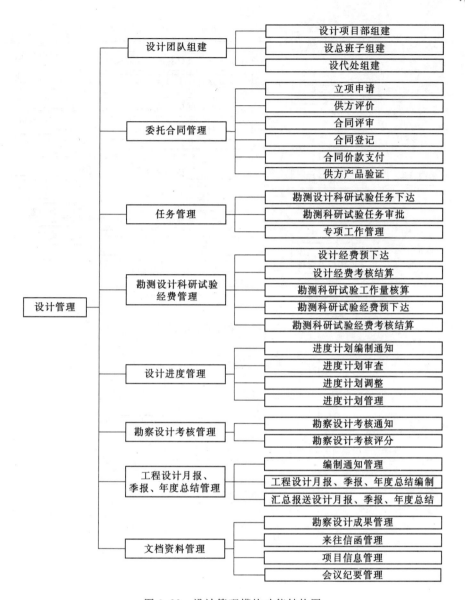

图 3.22　设计管理模块功能结构图

目人员知道自己做什么，何时做完，在执行过程中及时检查和发现影响进度的问题，并采取适当措施，必要时修订和更新进度计划。

　　进度管理模块包括进度计划编制、进度上报、进度计划执行情况监控、进度检查与纠偏、4D进度模拟等。根据进度管理模块的功能要求得到的进度管理模块的结构设计见图 3.24。

3.3.8　质量管理模块

　　质量管理模块主要有以下功能（图 3.25）：

　　（1）质量相关文件的管理，如质量计划、监理文件、分包商文件、技术方案等，在系

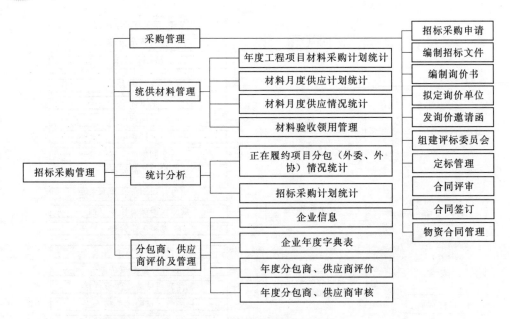

图 3.23　招标采购模块功能图

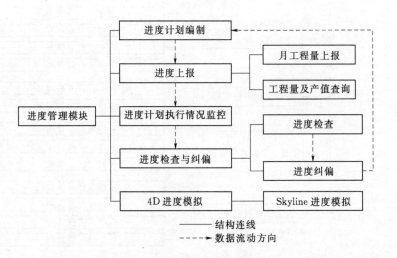

图 3.24　进度管理模块功能结构图

统中记录这些文件的基本信息，审批通过后作为项目实施过程中质量管理的依据。

（2）工程重要部位的管理，重要部位是质量管理的重要环节，是整个工程质量的基础。通过系统记录每一次专项检测和联合试验的信息，方便相关工程人员及时掌握情况，以便对这些重要部位进行质量控制。

（3）设计技术交底管理，通过对设计交底信息的管理，设计人员的思想才能够更好地被理解，进而才能反映到实际工程中，达到设计的目的。

（4）质量总结管理，包括年度和季度两方面，这样相关人员才能更好地了解工程的质量情况。其中，季度统计主要是对验收信息和质量事故的次数和经济损失的记录管理。

（5）质量检查与验收管理，项目在实施过程中会组织人员按照相关的质量文件组织检查，将检查过程中出现的质量隐患和事故集中记录管理，主要是存在问题、整改内容、整改要求等，逐条整改、消除，最后组织验收，记录验收的信息，确定每一项问题都得到妥善解决。

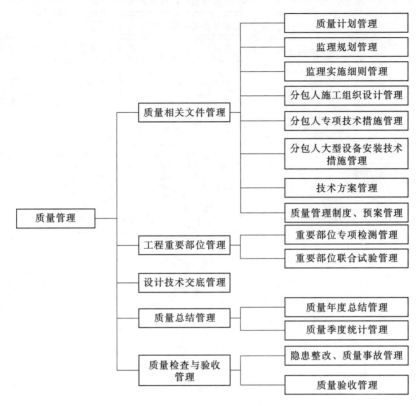

图 3.25　质量管理模块功能结构图

3.3.9　费用控制管理模块

工程总承包项目费用控制管理是项目管理的重要内容之一。EPC 总承包商在签订总承包合同之后，应根据总承包项目的具体情况，在工程设计、采购、施工、试运行等各阶段进行费用管理，把项目费用控制在合同价格之内，保证项目费用管理目标的实现，做到合理使用人、财、物，以取得较好的经济效益和社会效益。

工程总承包项目费用管理的主要任务如下：

（1）编制项目的执行预算以及年度和月度费用计划。

（2）跟踪监测项目各项费用实际收支偏差情况，分析项目发生费用偏差的原因以及制定相应的控制措施。

（3）采用赢得值管理技术进行费用全过程管理，实现质量、进度和费用控制的高度协调。

（4）利用统供材料核销指标之间的关联性，对统供材料的消耗量进行对比分析，从而对材料用量进行控制。

费用控制管理包括费用预算管理、结算管理、费用动态控制、统供材料核销统计管理等。基于以上费用管理目标，费用控制管理模块功能结构的划分见图 3.26。

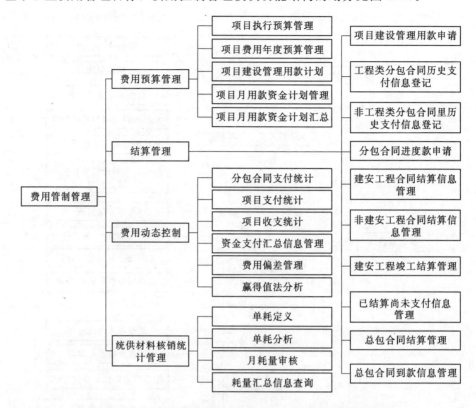

图 3.26 费用控制模块功能结构图

其中，总包合同结算款项包括应付项目、扣款项目。具体组成见图 3.27。

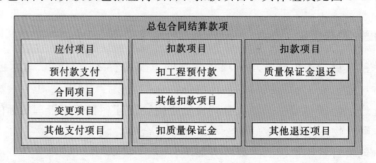

图 3.27 总包合同结算款项组成

3.3.10 安全生产与职业健康管理模块

EPC 工程总承包项目的安全生产与职业健康管理，既不能代替施工单位的管理，又不能放任施工单位的管理，同时还要对工程项目承担管理责任。由于建筑企业发展趋于多样化，特别是在工程总承包项目数量较多的情况下，安全生产与职业健康管理会显得异常复杂。因此，需要把安全生产和职业健康管理工作纳入规章制度，建立起健全的自我约束和自我改进机制，最终从宏观上做到消除安全隐患，降低和避免各类与职业相关的伤害、疾病、死亡事故的发生，保障工程项目顺利地进行。

安全生产与职业健康管理包括职业健康安全管理规定、安全生产费用管理、安全隐患管理、职业健康安全日常信息、职业健康安全检查整改等。该模块的功能结构见图 3.28。

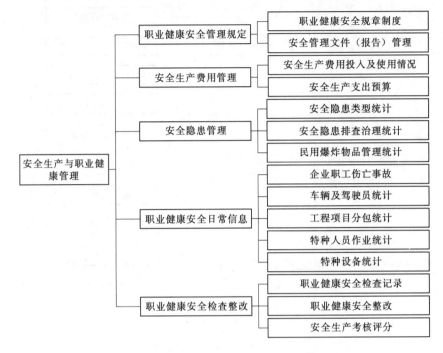

图 3.28　安全生产与职业健康管理模块功能结构图

3.3.11　环境管理模块

EPC 项目环境管理需要建立环境管理体系作为制度保障，通过管理评审，评价各阶段环境管理的成效性，检查建设项目的实施过程中的施工与管理行为及各分承包商的表现是否能够达到环境管理的要求，并持续收集、统计、分析有关环境管理目标的信息和数据，评价与改进体系，实现建设项目环境管理持续改进。

环境管理模块包括环保策划、环境运行控制、环境检查与监测、相关法规管理、应急准备与响应等子模块。环境管理模块功能分解结构见图 3.29。

3.3.12　财务管理模块

主要是实现对工程建造合同具体实施信息的管理。建造合同在准则中的定义是指为建造一项或数项在设计、技术、功能、最终用途等方面密切相关的资产而签订的合同。一般来说，工商企业的存货等短期资产的销售收入是在卖方将该资产所有权上的重大风险和报酬转让给买方，收入的金额能够可靠地计量，相关经济利益很可能流入企业，相关的已发生或将发生的成本能够可靠地计量时予以确认。这类销售通常是在企业持有存货后相对较短的时间内发生。相比较而言，建造工程具有特殊性、投资大、建造时间长、会计核算一般需要跨期等特点；建造合同中的在建工程需要较长时间才能完工，建造期可能跨越不同

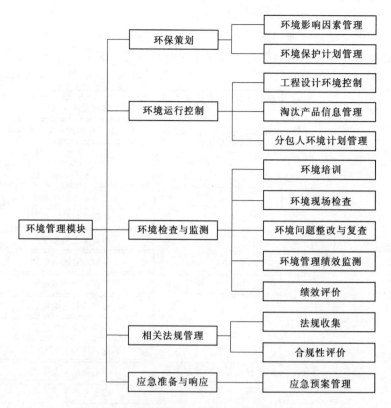

图 3.29　环境管理模块功能结构图

的会计年度，而且与工商企业的存货等短期资产相比，建造合同中在建工程的金额一般比较大。为此，有必要采取系统、合理的方法确认建造合同的收入和费用。

　　财务管理包括建造合同总收入、总成本，分月执行建造合同收入、费用、毛利确认表，分期执行建造合同收入、费用、毛利确认表，分期执行建造合同收入与结果差异分析等。其功能结构见图 3.30。

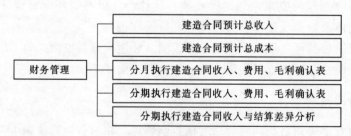

图 3.30　财务模块功能结构图

3.3.13　风险管理模块

　　在工程总承包项目实施过程中会面临着各种各样的风险。为了避免和减少风险因素对工程造成的各种影响，在项目实施整个过程中必须进行风险管理。风险管理是指在建设过程中对可能出现的影响工程顺利实施的各种影响因素进行识别、评价和衡量、预防、控制的过程。

EPC 项目的风险管理是工程项目管理的重要组成部分，是总承包商通过风险识别、风险分析和评价，使用多种管理方法、技术和手段对项目涉及的风险实行有效的控制，以最少的成本实现项目的总体目标。EPC 工程全生命周期阶段的风险管理是风险识别、分析与评价、风险应对和控制等管理内容紧密联系并不断反馈的过程。可以用下面的综合管理框架表示，见图 3.31。

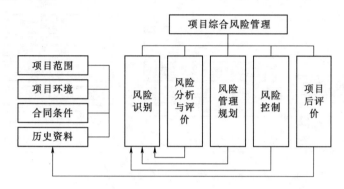

图 3.31　风险综合管理框架

风险管理模块包括风险分析、风险控制、风险监控等子模块。风险管理功能模块结构设计见图 3.32。

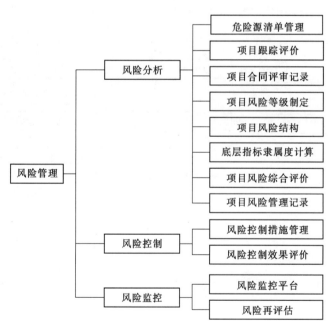

图 3.32　风险管理模块功能结构图

3.3.14　试运行管理模块

试运行的主要工作是按照合同及试运行目标要求，结合设计、采购及施工阶段的具体情况，编制试运行计划及方案，对试运行的组织和人员、进度、培训及实施过程和服务等进行安排。在实施过程中，重点检查试运行前施工安装、调试、验收以及技术、人员、物资等各项准备工作，确保试运行工作的顺利进行。在试运行工作中，及时反馈存在的各种问题，以便采取必要的措施加以解决。

试运行管理包括人员培训、机组启动验收委员会管理、工程下闸蓄水验收管理、机组启动试运行管理。试运行管理功能结构见图 3.33。

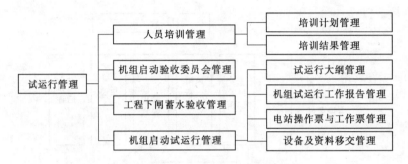

图 3.33　试运行管理模块功能结构图

3.3.15　HydroBIM 管理模块

HydroBIM 管理模块分为四个子模块，分别为 HydroBIM 策划管理子模块、Hydro-BIM 交付子模块、HydroBIM 协同子模块和 HydroBIM 展示子模块（图 3.34）。

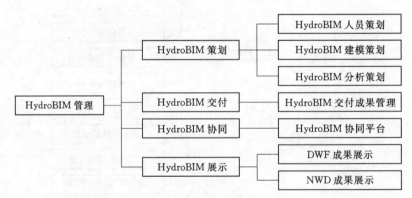

图 3.34　HydroBIM 管理模块功能结构图

3.3.15.1　HydroBIM 策划

HydroBIM 策划主要实现项目 HydroBIM 的前期策划，包含人员策划，建模策划，分析策划三大功能。

1. 人员策划

HydroBIM 人员策划主要是针对 HydroBIM 项目实施阶段的人力资源的组织形式和具体配置。系统共涉及三种主要的应用模式，分别是 HydroBIM 团队模式、HydroBIM 全专业模式、HydroBIM 合作外包模式。其中三种模式都设立 HydroBIM 核心团队的成员。

2. 建模策划

HydroBIM 建模策划包含模型经理、计划模型、模型组件、详细计划。

（1）模型经理。模型经理是负责为模型提供内容的项目各相关方——业主、建筑师、承包商或分包设计方，应为项目指派一名模型经理。模型经理肩负许多责任，包括但不限于：将模型内容从项目一方处移交至另一方；确认项目各阶段定义的详细程度与控制力，在各个阶段确认模型内容，组合或连接多个模型，参与设计审阅和模型协调会议，将问题带回与公司内部和跨公司团队进行沟通，保持文件命名准确，管理版本控制，在协作式项目管理系统中恰当存储模型等。系统中列出项目的模型经理的信息，包括联系人姓名、职位、公司、邮箱和联系电话。

（2）计划模型。在项目过程中，项目团队可能生成多个模型。通常，设计工程师会生成一个设计意图模型，用于表现建筑的设计意图，而承包商和签约分包商会生成一个施工模型，用于模拟施工流程、分析建筑的可施工性。施工团队应就设计意图模型提供建议，设计团队也应就施工模型提出建议。

由于合同义务、风险因素以及每个模型的预期功能不同，因而有必要分别创建多个模型。例如，设计意图模型，用于表现设计方案，可能并不包括与施工方式、方法或进度相关的信息。还可以创建一些专门用于进行特定分析（如能耗或结构安全分析）的其他模型。这些分析模型通常是设计意图模型或施工模型的衍生品。系统中列出的计划模型的信息包括模型类别、模型内容、参与专业和完成模型的项目阶段以及准备使用的模型创建工具。

表 3.2 为项目计划创建的模型，列出了模型类别、模型内容、交付模型时所处的项目阶段、参与专业和建模工具。表中第一行为示例。

表 3.2　　　　　　　　　　　计 划 模 型 示 例

模型类别	模型内容	项目阶段	参与专业	建模工具
协调模型	主要建筑物的建筑设计、结构和水暖电组件	详细设计和施工文档		Autodesk® Revit® Architecture 软件
土木工程模型				
建筑设计模型				
结构模型				
水暖电模型				
施工模型				
协调模型				
竣工模型				

（3）模型组件（命名、编码）。模型组件是部署实施 HydroBIM 技术过程中的重要建模标准。包括关于精确度和尺寸标注、对象属性、文件命名结构、详细程度和度量单位转换的指南。

1）精确度和尺寸标注。模型中应包括设计意图、分析和施工所需的所有必要尺寸标注以及标注的精确度。

2) 模型对象属性。模型中必须确定有多少信息是需要存储在对象属性中的。所需信息的数量取决于该对象将用于哪些功能。在设定对象属性数据的标准时，还必须考虑以后要在模型上进行哪些类型的分析。

3) 建模详细程度。建模的详细程度可分为四级：L1 级、L2 级、L3 级和 CD 级。在 L1 级，模型中可以用一些基本形状来代表对象的大致尺寸、形状和方向，并且这些对象可能是二维或三维形式。在 L2 级，模型中将用对象实体来表示大致尺寸、形状、方向和对象数据。在 L3 级，模型中将包括带有实际尺寸、形状和方向等丰富数据的对象实体。在 CD 级（施工图），模型中将包括带有最终尺寸、形状和方向，用于施工和预制的详细实体。某些对象可以从模型中排除。可以根据尺寸大小和/（或）例外规则来决定排除哪些对象。

4) 度量标准制。指定公司标准的度量单位制（公制或英制）。

5) 文件命名结构。确定并列出模型文件名结构的命名标准。模型文件名格式可以如下设置：模型类型，连字符，日期，如 DESIGN - 011208。

6) 模型参考协调。模型参考协调是为了可以将多个模型连接或组合在一起。为了正确地参照引用信息，必须建立参照原点（0，0，0）。

(4) 详细计划。在项目的各个阶段，项目团队应创建详细的建模计划，其中包括建模目标、所包含的模型、计划开始时间、计划完成时间以及模型制作人员的角色与责任。以下内容是对各阶段的模型目标、模型经理的角色与责任进行的总结概述。

1) 概念化/概念设计。主要内容包括根据业主提供的概念参数做出初步设计，确保规范和分区要求符合项目目标，并为协调模型设定一个三维参照原点。在概念化/概念设计阶段，不一定要创建模型。如果要建立模型，其角色是描述项目的视觉概念和大致布局。项目的模型经理将建立一个基准模型，作为其他模型的基础，在概念化阶段，来自各相关方的模型经理将确立建模标准和指导方针。

2) 初步设计/方案设计。主要内容包括根据在概念化/概念设计阶段的构思进行空间设计，为枢纽 HydroBIM、机电 HydroBIM、生态 HydroBIM、水库 HydroBIM 进行初步设计，初步确定各个专业系统间的协调问题，关于系统成本、安置方式、构造和进度安排，征求供应商和装配方的意见。HydroBIM 模型将展现工程的基本设计与布局，并且是其他所有子系统设计（如分析模型和结构模型）的基准模型。子系统设计将展现建筑组件的初步选择与布局。组合而成的协调模型将表现建筑模型和子系统设计模型的空间关系。一旦创建了基准概念结构，总承包方的模型经理便将模型发送给分包设计方，以便其开发设计方案。分包设计方指定的模型经理将审核模型，并将审核完毕的模型交付给总承包方的模型经理。总承包方的模型经理将审阅这些模型以确保符合相应阶段的要求。一旦模型符合要求，总承包方的模型经理将连接或组合各种类型的模型。总承包方的模型经理还应清除重复或冗余的对象，准确命名协调模型并将其存储在协作式项目管理系统中。

3) 详细设计。详细设计提供项目的最终设计方案，解决各专业系统之间的协调性问题，提供能够分析进度、成本和可施工性的施工模型，提供构件预制模型以分析采购协调性。一旦确立最终设计方案，总负责的模型经理将协调模型发送给分包设计方，以便其确定最终设计方案。建筑模型继续作为所有其他子系统的设计基准，子系统的设计将做相应修改以体现设计改进，组合而成的协调模型将继续体现建筑模型和子系统模型的空间关系。分包设计方的模型经理将使用协调模型以修改并完成设计方案。一旦模型修改完毕，分包设计方的模型经理会将其交付至总承包方的模型经理，总承包方的模型经理将审阅这些模型以确保符合阶段要求。一旦模型符合要求，总承包方的模型经理将连接或组合多个模型以生成新的协调模型。总承包方的模型经理还应清除重复或冗余的对象，同时将协调模型发送给承包商指定的模型经理。承包商将协调模型用作施工模型的基础。

4）实施/施工文档。最终确定建筑物和所有专业子系统的设计方案，为主管部门审批准备文档，并提供施工模型，重点突出可施工性、采购协调和构件预制。所有设计模型都将用于反映最终设计。然后，这些模型将用于生成合同文档。施工模型主要用于评估、安排进度和进行可施工性分析。总承包方和分包设计方的模型经理将为主管部门审批准备合同文档（基于协调模型）。总承包方的模型经理将基准施工模型发送给供应商和分包商。供应商和分包商将提交构件预制模型，取代传统的"制造图"。总承包方的模型经理将这些模型合并至施工图中。

5）机构协调投标。根据主管部门的反馈修改协调模型，最终确定施工模型。对设计模型进行调整以反映主管部门的反馈意见。对施工模型进行改进并进一步用于评估、进度安排、施工排序、采购协调和可施工性分析。总承包方的模型经理将机构给出的评语与设计团队进行沟通。分包设计方的模型经理对设计模型进行相应修改，并将修改后的设计方案交还总承包方。总承包方的模型经理将更新最终确定的协调模型。

6）施工。根据业主的指示和其他意外情况，协调模型将在整个施工阶段不断进行修改。根据提交的材料、信息请求或业主提出的变更意见更新协调模型，根据施工活动维护施工模型，开发竣工模型以反映建筑物的实际构建情况。建筑团队将通过协作式项目管理系统提交信息请求和其他需要提交的材料。模型将始终体现修改后的合同文档。施工模型将用于进度分析、施工排序和采购协调。竣工模型将表现建筑物的实际装配情况。总承包方的模型经理将与总承包方的顾问一起答复信息请求和提交的问题，并对于协调模型进行相应调整。总承包方的模型经理将更新施工模型，并与供应商、分包商一起开发竣工模型。

7）运营管理。在运营管理阶段使用竣工模型，并根据运营状况更新模型。竣工模型将表现施工过程中建筑物的实际装配情况。此时可进一步更新模型，展示施工变更，促进物业顺利运营。运营管理方模型经理将根据运营状况更新模型。

针对项目中可能建立的专业模型类型，应列出模型类别、模型名称、项目阶段、模型目标、计划开始时间、计划完成时间、模型责任人，见表3.3。

表 3.3 详 细 计 划 示 例

模型类别	模型名称	项目阶段	模型目标	计划开始时间	计划完成时间	模型责任人

3. 分析策划

HydroBIM 分析策划包含分析内容和详细分析计划。

(1) 分析内容。水电工程项目可能涉及特定类型的分析，下列分析需求，是可以通过现有模型或专门创建的模型而完成的。在大多数情况下，分析质量取决于原始模型的质量，因为该模型是分析的基础。因此，进行分析的项目团队成员应向原始建模团队成员明确传达分析要求。

1) 算量分析。算量分析的目标是利用模型属性数据自动完成（或简化）材料、工程量算量流程。之后，这些来自算量软件的信息可以导入或关联到造价软件。为了实现无缝的材料、工程量算量流程，初始建模人员必须在设计中添加相关的属性信息。

2) 进度分析。进度分析支持项目团队利用项目模型分析施工时间和顺序。之后，可以使用分析结果修改或调整施工进度表。虽然现有的软件工具能够帮助项目团队以可视化方式按时间顺序模拟施工过程，但目前还没有能够自动与进度软件进行交互的系统。

3) 碰撞检查分析。碰撞检查分析用于检查一个或多个模型设计中存在的碰撞冲突。为了减少施工阶段中的变更单数量，碰撞检查应当从设计的早期就开始进行，并贯穿整个设计流程。为了正确地进行碰撞检查，项目中的各个模型必须具有共同的参照点，并可以与碰撞检查工具兼容。

4) 可视化分析。可视化工具支持项目团队在三维视图中查看项目的设计或结构，从更加精确的角度分析最终产品。

5) LEED 评估体系/能效分析。LEED（Leadership in Energy and Environmental Design）评估体系/能效分析工具能够帮助项目团队评估设计决策对可持续性和能耗的影响。该分析模型通常是基于主建筑模型创建，然后可以把材质和建筑设备数据集成进来，以用于评估项目的可持续性和能耗。

6) 结构分析。结构分析工具使用模型来分析建筑的结构属性。结构分析软件通常使用有限元方法来计算所有结构组件的应力。为了进行无缝的结构分析，初始的结构建模软件必须与结构分析软件兼容，而初始的结构模型属性数据则必须包含与结构组件有关的信息。

(2) 详细分析计划。针对项目中可能用到的每种分析类型，应列出分析所用的模型、负责分析的公司、所需文件格式、预计项目阶段和所用的分析工具。如果还有其他与分析有关的说明，应在"特别说明"栏中注明，并在表 3.4 中列出具体情况。

表 3.4　　　　　　　　　　　　详 细 分 析 计 划 示 例

分析	分析工具	模型	分析公司	项目阶段	所需文件格式	特别说明
可视化						
结构						
碰撞检查						
工程算量						
进度/四维						
成本分析/五维						
能效/LEED						
采光/照明						

3.3.15.2 HydroBIM 交付

HydroBIM 交付主要实现 HydroBIM 交付成果的管理，针对四大工程的 HydroBIM 模型，成果主要包含模型成果、图纸成果以及分析成果。

模型成果主要的不同在于成果的格式、所属阶段以及成果的内容。成果格式主要有 .dwf、.dwfx、.nwc、.nwd、.nwf、.dwg、.rvt、.rfa；成果内容根据四大模型再进行详细的专业分类：建筑专业模型、结构专业模型、机电专业模型、地质专业模型、水工专业模型、施工专业模型、其他专业模型、全专业整体模型等；所属阶段为规划设计、工程建设和运行管理。

图纸成果的格式为 .pdf；成果内容分为建筑专业图纸、结构专业图纸、机电专业图纸、地质专业图纸、水工专业图纸、施工专业图纸、其他专业图纸、全专业整体图纸等；所属阶段为方案设计阶段、初步设计阶段和施工图设计阶段。

分析成果的格式主要有 .avi、.doc、.docx、.xls、.xlsx、.pdf；成果内容有进度模拟分析、结构分析、碰撞检查分析、能耗分析、消防分析、人员疏散分析、通风分析和其他分析等；所属阶段对应规划设计、工程建设和运行管理阶段。

以上三种成果均以附件形式上传至服务器。

3.3.15.3 HydroBIM 协同

HydroBIM 协同主要实现不同参与方之间的信息共享与协作交流。

HydroBIM 协同平台是一种 HydroBIM 集成管理系统，维护与管理建筑数据资源库，提供基本的模型处理能力，主要为专业应用程序提供数据接口。结合水电工程设计的特点，并参考现有 HydroBIM 协同平台的功能特点，对 HydroBIM 协同平台的功能需求主要表现在数据存储功能、数据管理功能、数据共享与交换、支持技术需求、数据安全功能、界面设计与帮助支持等，见图 3.35。

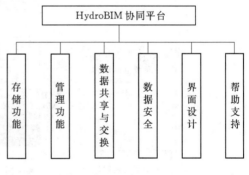

图 3.35　BIM 协同平台功能需求图

1. HydroBIM 服务器选型

（1）IFC Model Server。IFC Model Server 是芬兰的 VTT Building and Transport 和日本的 SECOM 公司基于 IFC 开发的早期 BIM 服务器之一，在 2002 年 9 月即开发完成。它的开发定位为为将来 IFC 协同平台提供一个基本原型，所以这个原型须具有可扩展性，并应用标准的技术开发，其所适用的 IFC 标准版本是 IFC2.0。IFC Model Server 项目的背景是：①IFC 标准快速发展，IFC 标准为建筑工程应用提供更大的可能性，将导致工程模式的改变；②BIM 试点项目正在增多，BIM 服务器将会发挥很大作用；③基于传统文件的信息交换方式存在很大局限性。

IFC Model Server 采用客户端/服务器的整体架构模式，主要的技术要点包括 EXPRESS 与 XML 模式转换、数据访问层组件和网络服务层三个模块，整体组成架构见图 3.36。

底层数据库类型采用 SQL Server 2008，以支持对模型实现对象级别的存储与管理。

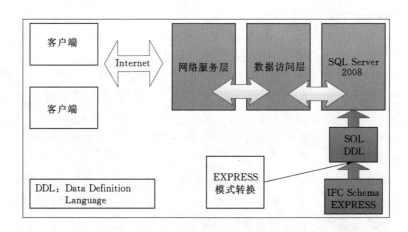

图 3.36　IFC Model Server 基本架构

IFC 模型采用 EXPRESS 语言进行描述，为了使由 EXPRESS 描述的对象与 SQL Server 数据库存储相对接，IFC Model Server 采用了 EXPRESS 与 XML 模式转换模块，实现机理见图 3.37。

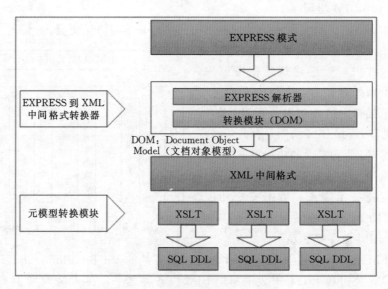

图 3.37　EXPRESS 模式转换框架

　　数据访问层组件（data access layer component，DALC）提供对数据库的数据访问功能，包括 IFC 模型数据的导入导出，IFC 对象的创建、更新、删除以及 IFC 对象与信息的查询。DALC 采用局部模型查询语言（partial model query language，PMQL）架构，可为客户端用户或开发者提供灵活的编程开发接口。

　　网络服务层（Web Server Layer）为基于网络的客户端程序提供对 DALC 的访问接口，并采用 SOAP（simple object access protocol）协议进行信息访问与交换。SOAP 在网页服务器从 XML 数据库中提取数据时，节省去格式化页面时间，并能够让不同应用程序之间按照 HTTP 通信协议，遵从 XML 格式执行资料互换，使其抽象于编程语言、平台和硬件。

　　IFC Model Server 还提供 ActiveX 组件——IFCsvr。IFCsvr 为 Microsoft Visual Basic、Visual Basic for Application 提供兼容于 IFC 的编程环境，支持 IFC 数据文件导入导出、查询、设置等，其对象模型见图 3.38。IFCsvr 增强了 IFC Model Server 的可扩展性，用户可根据使用需要进行进一步扩展开发。

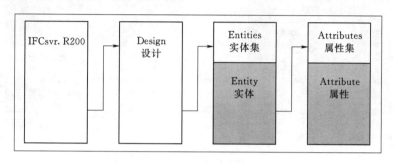

图 3.38　IFCsvr 对象模型

　　IFC Model Server 作为 BIM 协同平台的原型，为后续 BIM 协同平台的开发提供了很大的参考价值。其本身存在着以下不足：①开发了基于数据库的 IFC 模型存储体系，却未考虑非 IFC 文件的兼容与管理，难以满足项目数据管理的需求；②数据版本管理未作为其功能开发；③未考虑基于行业流程的信息交换需求；④未建立基于角色的数据访问权限体系，不利于多项目多用户的协同工作管理。

　　（2）EDM Model Server。EDM Model Server 是挪威 Jotne EPM Technology 基于 Express 数据管理技术（express data manager technology，EDM）开发的 BIM 模型服务器，于 2008 年前后开始发布第一个版本。EDM Model Server 采用 C/S 架构，用户通过客户端远程连接服务器系统。它旨在覆盖的 BIM 功能包括 BIM 应用方案（基于专业角色模型、数据模型、流程模型）、IFC 文件导入导出、模型浏览（模型图形显示、数据图表显示、目录树等）、子模型检入/检出、模型版本管理（模型对比与合并日志）、模型认证、模型检查等。

　　相比于 IFC Model Server，EDM Model Server 更符合工程应用需求，主要表现在：①增加了对模型版本管理；②基于流程的数据模型交换，参考了 BIM 流程标准 IDM；③提供应用程序模型浏览功能，包括模型显示、构件查询、信息统计、数据报表等。

　　EDM Model Server 框架结构分为客户端与服务器端两部分（图 3.39）。客户端部分可建立本地数据库（Local Database），本地 EDM 接口（EDM Interface Local）作为串联用户应用程序与本地数据库的中间层。客户端还提供远程 EDM 接口（EDM Interface Remote），并通过网络层与服务器端相连，经过 EDM 接口网络与数据库服务器服务网关与远程数据库进行通信。此外，EDM Model Server 有直观的界面设计，并提供模型视图查看功能。但 EMD Model Server 仍存在以下不足：①未考虑非 IFC 文件的兼容与管理；②基于流程的信息交换模型提取不完善，难以满足工程需求；③需要增加对数据实现对象级别的版本管理。

　　（3）BIM Server。BIM Server 软件由 TNO 组织开发，是用 Java 语言编写的开放原

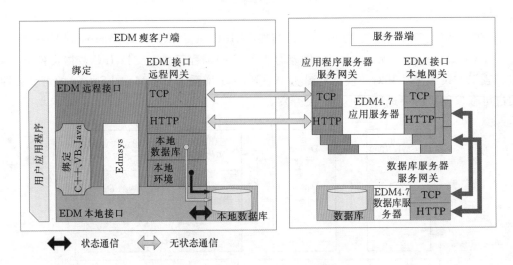

图 3.39　EDM Model Server 框架结构

始码程序（第三方 IFC Engine DLL 除外），用于 BIM 数据共享，与 Windows、Apple、UNIX，Linux 等操作系统兼容。可在 IE、Safari、Firefox、Chrome、KMeleon 等网络接口使用，目前仍在不断开发中。安装程序只有一个文件（jar 或 war），安装甚为简单，坐标系统可与 GIS 结合。BIM Server 使用 BerkeleyDB 作为数据库引擎。可上传 IFC 与输出 IFC、ifcXML、WebGL、KMZ、CityGML、Collada 等格式，基于公开的 IFC 标准，其系统核心能解译与处理 IFC，并存储于 BerkeleyDB 数据库中。有筛选及查询、自动碰撞检查、自动判断模型更动变化、整并不同版本等功能（图 3.40）。

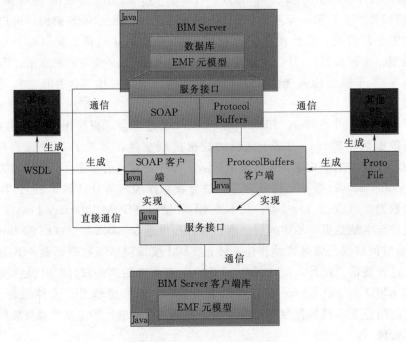

图 3.40　BIM Server 框架结构

BIM Server 目前对系统内存有着较大的需求。堆内存的大小依赖于 IFC 文件中对象的数量，通常在配置 BIM Server 时设置为 12GB，不足时适当调大。BerkeleyDB 在加速读取数据时的高速缓存使用的是 25％堆内存大小，也就是说当 BIM Server 的堆内存大小为 4GB 时，高速缓存的大小仅为 1GB。显然建筑信息模型需要占据很大的空间。BIM Server 在版本修订的基础上进行版本控制。这意味着每个对象将存储自己的项目信息、版本信息以及自身标识。当向同一个项目上传多个 IFC 文件时，所有的数据将被存储。即使模型只有一小部分发生改变，所有对象也都会重新存储。除了建筑模型信息，BIM Server 还存储项目、版本、用户、检入检出、历史信息等数据。

BIM Server 提供一系列的服务接口，所有接口都遵循 BIMSie（BIM Service interface exchange）标准。所有的这些接口可以通过 3 种不同的方式进行访问：Protocol Buffers，SOAP 和 JSON。BIM Server 的所有组件都是开源框架，遵从 GNU 协议（GNU Affero General Public License），是 AEC（architecture，engineering and construction）领域理想的 BIM 服务器。

2. 基于 WebGL 的 HydroBIM 模型显示

目前支持 IFC 的基于 WebGL 的平台有 BIM Surfer 和 Ifcwebviewer。其中 BIMSurfer 是和 BIM Server 相关的开源模型浏览平台，基于 WebGL 中的 SceneJS 框架，能够实现对项目模型简单的交互操作以及渲染选项的简单调整。同时，对 BIM Server 项目原生支持，并能够读取本地的 Json 格式模型文件。支持子模型的精确筛选以及属性查询功能。

3. 面向 Web 的 HydroBIM 协同功能设计

（1）数据存储功能。IFC 是 BIM 目前最为成熟的数据标准，对 IFC 格式数据存储的完全支持是 HydroBIM 协同平台的基本要求。此外，HydroBIM 协同平台具有对海量数据的存储能力，以满足多项目多专业的存储与使用需求。作为中心数据仓库，应支持多用户的并行数据访问，这要求系统具有高速的数据传输能力，包括数据上传、下载和访问。应用数据库技术进行模型存储是优先的选择，它支持对多个项目、大模型的存储。良好的数据库结构也是 HydroBIM 协同平台其他应用功能开发的基础。

（2）数据管理功能。

1）提供模型显示的图形平台。HydroBIM 协同平台应提供图形界面使得用户可以直接对模型进行浏览，可以选择不同的模型显示选项，如局部显示、按类型显示、隐藏和透明等。用户可以查看组成模型的构件并可获取构件的相关属性。

2）查询功能。HydroBIM 模型数据十分丰富，用户想获得所需的数据需要 HydroBIM 协同平台有完备的查询功能。项目管理者也希望通过基本的查询功能来获得项目的进展。查询应是分层次的：场地、建筑物、建筑组成部分、建筑构件，以及这些对象的属性。查询数据的输出是查询功能的良好延伸，可使用户更为全面地获得所需数据。

3）版本管理功能。建筑设计过程中数据版本更新较为频繁，HydroBIM 协同平台应建立可靠的数据版本管理功能，以支持用户对历史版本进行回溯。版本管理应考虑不能占用过大的存储空间，降低数据的冗余量，并应兼顾历史版本获取的效率。

4）版本存档时生成存档日志，为历史版本的查询提供便利的工具。

（3）数据共享与交换。基于水电工程流程的数据交换，是 HydroBIM 应用的核心内容。HydroBIM 参数化建模技术对建筑设计模式的改善是明显的，它是建筑物的虚拟化表达，可以将一些设计中的问题提前显现，一些计算分析也可提前进行。水电工程更为重要的问题是多专业的信息交换与共享。BIM 协同平台应提供基于网络的数据共享机制，以满足局域网与远程数据访问的需求。数据交换的效率与准确性是 HydroBIM 应用价值体现，它能极大地节约用户之间的信息交流成本。这需要信息交换标准的支持，并据此在 HydroBIM 协同平台中定义与外部应用程序的数据接口。目前 IDM 是 BIM 应用主要的数据交换标准，IDM 提供给各参与方都可理解的交换流程，基于行业流程定义数据交换的内容。MVD 将 IDM 所定义的交换内容转化为标准声明，软件开发者可将其融合到软件中。

除 IDM 支持外，系统为工程师和各参与方之间高度迭代的协调沟通提供全面的 BCF 支持。BIM 协同格式（BIM Collaboration Format，BCF）是一种开源的文件格式，该文件格式允许在 IFC 的模型层次之上添加文本注释和屏幕截图，从而为协调的各方提供更好的沟通。系统将 BCF 信息以标记实体的形式自然地集成到 HydroBIM 模型中。

（4）数据安全功能。

1）提供健壮的系统结构，尽量避免系统在使用过程中突然中止，系统若非正常中断连接，应对数据做临时备份，使用户能找回原有数据。

2）针对协同设计的数据访问策略。为了使数据的访问与利用能有序进行，须建立有效的访问权限控制体系，控制对数据进行读、写、修改、删除或提取。可采用基于角色的访问控制（role based access control），根据人员的不同角色设置相应的权限，如枢纽 HydroBIM 专业成员在一般情况下应仅对本专业有读写权限，而对外专业数据不应具有写入修改的权限。

3）终端用户群（包括业主、设计单位、总承包方、分包方、施工方、最终用户等）通过网络提供的浏览器，用户群在网络许可范围内（专线、VPN，甚至整个广域网），通过 HTTP 网络协议，经过身份识别，并进行相应操作权限赋权后进入系统，进行相关操作。HydroBIM 模型中集成项目管理过程中的相关信息、如项目策划信息、招标采购信息、进度信息、成本信息、质量信息等。

（5）界面设计。HydroBIM 协同平台以 Web 客户端的形式与用户交互。用户对平台的体验与界面设计息息相关。优秀的界面设计将较好地呈现平台的功能，从而满足用户的使用需求。

（6）支持技术需求。帮助支持与培训对于 HydroBIM 协同平台支持的协同设计有着至关重要的作用。HydroBIM 协同平台除了提供传统的帮助文档与常见问题以外，还应提供案例以供参考，以及多样化的使用交流平台。帮助文档中应包括基于 HydroBIM 协同平台的整个使用流程的详细说明。

3.3.15.4　HydroBIM 展示

HydroBIM 展示主要实现对不同格式 HydroBIM 模型交付物的三维交互展示。

1. DWF 文件浏览

DWF（Web 图形格式）是由 Autodesk 开发的一种开放、安全的文件格式，它可以将丰富的设计数据高效率地分发给需要查看、评审或打印这些数据的任何人。DWF 文件高度压缩，因此比设计文件更小，传递起来更加快速，它为大型设计组中的每个成员提供了快速、方便、安全地分发设计数据的方法，无需一般 CAD 图形相关的额外开销（或管理外部链接和依赖性）。使用 DWF，设计数据的发布者可以按照他们希望接收方所看到的那样选择特定的设计数据和打印样式，并可以将多个 DWG 源文件中的多页图形集发布到单个 DWF 文件中。系统中集成 HydroBIM 成果交付中的 DWF 文件浏览接口，通过 Autodesk Design Review 的二次开发，可在线进行查看、审阅、标记、测量与追踪地图与场地设计的变更，使各个参与方更轻松地访问设计，更高效地利用 HydroBIM 数据。其主要优势如下：

（1）快速访问精确的场地与地图数据。Autodesk Design Review 软件支持快速、有效地查看和导航完整的绘图与地图数据，包括详细模型结构与属性。使用内嵌的超链接与书签，快速导航和查看图纸。支持在 DWG 文件中搜索模型与图纸的文字、图元、地图属性及其他元数据。

（2）追踪设计。访问对工程与设计评审至关重要的数据，包括图纸/地图比例、图纸集详细资料、对象属性和标记属性。所有查看与标记功能都可用于地图或图纸，并自动记录标记、文本注释、尺寸、审阅状态和注释，以此自动追踪项目状态。三维地图与模型中的标记会保留并在模型视图中显示，让团队成员可以更加直观地查看和审阅反馈。强大的三维测量工具，包括测量线段、多线段、面、放射角与点的位置。使用内建测量工具来测量地图及模型设计中的距离、长度与角度。

（3）为施工现场提供精确的设计与地图数据。AutoCAD Map 3D 或 AutoCAD Civil 3D 发布的标有精确经度与纬度坐标的地理参考地图图纸，能够利用 Autodesk Design Review 软件与 GPS 设备进行数据交互。地图工具栏显示纬度与经度。现场工人现在可以使用支持 GPS 的便携式电脑浏览地图上的资产信息并进行交互，确定现在所处的位置和具体资产的位置。

（4）沟通变更。支持不熟悉 CAD 软件的人员查看并标记地图和地理空间数据，确保规划师、绘图人员、工程师、承包商和现场维护人员可共享信息。自动跟踪变更及其状态，避免信息遗漏。易用的导航工具，包括分解、部面与动画信息，可以获得丰富的设计数据，使用导航工具检查三维地图或模型，实现真实效果漫游。以"灯箱"方式比较图纸的多个版本，能够自动亮显添加和删除的内容，并将这些版本叠加。

支持设计师与现场人员、工程承包商、规划师交流设计与地图数据，然后将审阅后的标准导入原有设计。大大提高了设计评审效率，并增强了复杂地图和现场设计创建者与非 CAD 用户之间的交流。

2. Navisworks 文件浏览

NWD 格式存储的所有 NavisWorks 特定数据，外加模型的几何图形。它比原始的 CAD 文件更加紧凑，可以更快地载入到 NavisWorks 中。NWD 文件用于发布和分发当前项目的已编译版本，供其他人审阅，无须向其他用户发送所有的源图形，因此是安全可靠的。Autodesk Navisworks Freedom software 是一套免费的 BIM project viewer，系统中集成 HydroBIM 成果交付中的 NWD 文件浏览接口，通过 NavisWorks ActiveX 的二次开发，可在线观赏动画、球形旋转、立轴环转、平移、飞行、缩放、碰撞选择、漫步（重力效应选择）等，让使用者宛如亲临完工后的现场，在设计时间即可表达意见，使用需求将更明确，并更高效地利用 HydroBIM 数据。该菜单功能面向 NWD 文件的浏览，对于交付成果格式为以上格式的 HydroBIM 成果，它使所有项目相关方都能够查看整体项目视图，从而提高沟通和协作效率。其主要优势如下：

（1）可以实现实时的可视化，支持漫游并探索复杂的三维模型以及其中包含的所有项目信息，而无需预编程的动画或先进的硬件。可以将多种格式的三维数据，无论文件的大小，合并为一个完整、真实的建筑信息模型，以便查看与分析所有数据信息。支持项目相关人员通过交互式、逼真的渲染图和漫游动画来查看其未来的工作成果。四维仿真与对象动画可以模拟设计意图，表现设计理念，帮助项目相关人员对所有设计方案进行深入研究。此外，该软件支持用户在创建流程中的任何阶段共享设计，顺畅地进行审阅，从而减少错误，提高质量，节约时间与费用。

（2）支持利用现有的设计数据，在真正完工前对三维项目进行实时的可视化、漫游和体验。可访问的建筑信息模型支持项目相关人员提高工作和协作效率，并在设计与建造完毕后提供有价值的信息。软件中的动态导航漫游功能和直观的项目审阅工具包能够帮助人们加深对项目的理解，即使是最复杂的三维模型也不例外。兼容大多数主流的三维设计和激光扫描格式，因此能够快速将三维文件整合到一个共享的虚拟模型中，以便项目相关方审阅几何图元、对象信息及关联 ODBC 数据库。

（3）可以查看 NWD 格式保存的所有仿真内容和工程图。为设计专业人士提供了高效的沟通方式，支持他们便捷、安全、顺畅地审阅 NWD 格式的项目文件。这款实用的解决方案可以简化大型的 CAD 模型、NWD 文件，而无需进行模型准备、第三方服务器托管、培训，也不会有额外成本。该软件还支持查看 3D DWF 格式的文件。通过更加轻松地交流设计意图，协同审阅项目相关方的设计方案，共享所有分析结果，便可以在整个项目中实现有效协作。

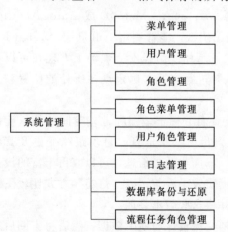

图 3.41　系统管理模块功能结构图

3.3.16　系统管理模块

系统管理模块包含的是对系统功能和参数进行设置的功能集合。它的作用就是在系统运行前做好设置，达到系统运行的准备，是其他功能模块运行的基础。系统管理包括菜单管理、用户管理、角色管理、角色菜单管理、用户角色管理、日志管理、数据库备份与还原、流程任务角色管理。其功能结构图见图 3.41。

3.4 系统数据库设计

3.4.1 数据库设计概述

数据库是任何信息管理系统必不可少的组成部分，它实现数据的存储与查询，是软件的后台支持，是系统的优化和响应速度决定因素。HydroBIM - EPC信息管理系统的数据库设计过程包括以下几点：

（1）需求分析。需求分析就是要明确用户需要系统完成的功能，明确用户对系统信息要求、处理要求、安全性及完整性要求，其重点是"数据"和"处理"，然后在此基础上构建新的计算机应用系统。同时，新系统必须考虑可能的扩充和改变，而不仅仅是按当前应用需求而设计数据库。该部分已在第3章3.1节详细介绍。

（2）概念结构设计。将需求分析得到的用户需求抽象为信息结构即概念模型的过程即为概念结构设计，要求能真实充分反映系统各种需求，并达到在设计中易于理解，易于更改的目标。在数据库概念设计中，采用最基本的自底向上设计方法，包括两步：首先抽象数据并设计局部视图，然后集成局部视图，得到全局的概念结构，也就是说按功能模块设计各子功能，然后再从整体上将各模块集成为一个整体。这是一种常用的设计方法，也是本数据库概念设计采用该方法的一个重要原因。

（3）逻辑结构设计。逻辑结构设计的任务就是把概念结构设计的概念模型转换为与所选数据库管理产品所支持的数据模型相符合的逻辑结构。在系统中，选择了SQL Server数据库。此阶段设计的模型称为逻辑结构模型。

（4）物理结构设计。数据库的物理结构设计是在物理设备上的存储结构和存储方法，它依赖于给定的计算机系统。为逻辑数据模型选取一个最适合应用要求的物理结构的过程，就是数据库的物理设计。数据库物理设计分为两个步骤：确定数据库的物理结构，在关系数据库中主要指存取方法和存储结构；对数据物理结构进行评价，重点是时间和空间的效率。

（5）数据库实施以及数据库运行和维护。主要包括数据的初始化、管理系统应用程序的编码和调试（主要指应用程序和数据库的交互）、数据库的试运行、运行和维护。其中数据库的运行和维护工作主要包括：数据库转储和恢复，数据库的安全性、完整性控制，数据库性能的监督、分析和改造，数据库的重组织与重构造。该部分详见本书第5章。

HydroBIM - EPC信息管理系统的数据库设计全过程见图3.42。

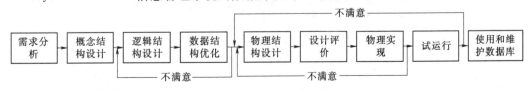

图3.42　HydroBIM - EPC信息管理系统的数据库设计全过程

3.4.2　模块表结构设计

由于系统涵盖水电工程全生命周期的各个阶段，包含模块众多，数据结构复杂，本书仅以系统管理为例，介绍模块表结构设计过程。

1. 概念结构设计

数据库的概念结构设计是将分析得到的用户需求抽象为概念模型的过程。即在需求分析的基础上，设计出能够满足用户需求的各种实体以及它们之间的相互关系概念结构设计模型。这样才能更好、更准确地用某一 DBMS（数据库管理系统）实现这些需求。

E‑R 模型是概念结构设计阶段的经典模型，它提供了实体、属性和联系三个抽象概念。这三个概念简单、明了、直观易懂，用以模拟现实世界比较自然，且可方便地转换关系、层次、网状数据模式。用 E‑R 模型表示数据模式时，只需关心有哪些数据（即有哪些实体和属性）以及数据间的关系（实体关系），而不必关心这些数据在计算机内如何表示和用什么表示。E‑R 模型的设计通常有以下四种方法：

（1）自顶向下。指的是首先定义全局概念结构的框架，然后逐步细化。

（2）自底向上。指的是首先定义各局部应用的概念结构，然后将它们集成起来，得到全局概念结构。

（3）逐步扩张。指的是首先定义最重要的核心概念结构，然后向外扩充，以滚雪球的方式逐步生成其他概念结构，直至总体概念结构。

（4）混合策略指的是将自顶向下和自底向上相结合，用自顶向下策略设计一个全局概念结构的框架，以它为骨架将各局部概念结构集成。

本系统采用自底向上方法，即自顶向下进行需求分析，然后再自底向上设计概念结构，图 3.43 为系统管理模块的最终 E‑R 模型。

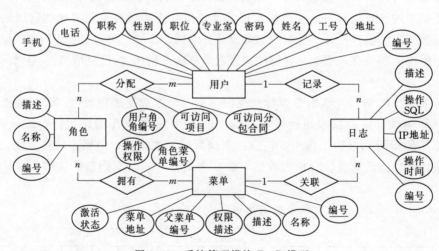

图 3.43　系统管理模块 E‑R 模型

注：编号—主键

2. 逻辑结构设计

数据库逻辑结构设计的起点从 E‑R 模型输入开始，经过图 3.44 所示过程，输出逻辑模型。

图 3.44 数据库逻辑结构设计过程

（1）转换为一般数据模型。E-R图由实体、实体的属性、实体间的联系三要素组成，这一步就是将这三部分转换为关系模式，转换过程遵循以下规则：①一个实体性转换为一个关系模式；②一个 $m:n$ 联系转换为一个关系模式；③一个 $1:n$ 联系可以转换为一个独立的关系模式，也可以与 n 段对应的关系模式合并；④一个 $1:1$ 联系可以转换为一个独立的关系模式，也可以与任意一段对应的关系模式合并；⑤三个或三个以上实体间的一个多元联系转换为一个关系模式；⑥同一实体集的实体间的联系，即自联系，也可按上述 $1:1$、$1:n$ 和 $m:n$ 三种情况分别处理；⑦具有相同码的关系模式可合并。

按照规则，可将系统管理模块 E-R 图转换为以下关系模式：

1）用户（用户编号、手机、电话、职称、性别、职位、专业室、密码、姓名、工号、地址）。

2）角色（角色编号、名称、描述）。

3）菜单（菜单编号、名称、描述、权限描述、父菜单编号、菜单地址、激活状态）。

4）日志（日志编号、操作时间、访问 IP、操作 SQL 语言、描述、操作用户编号、菜单编号）。

5）用户角色（用户角色编号、角色编号、用户编号、可访问项目、可访问分包合同）。

6）角色菜单（角色菜单编号、角色编号、菜单编号）。

（2）转换为特定 DBMS 支持下的数据模型及优化模型。将关系模式转换为 SQL Server 支持的数据表结构，并依照 3NF 对数据表进行优化，消除冗余数据，最终结果见表 3.5～表 3.10。

表 3.5　　　　　　　　　　用户表（T_EPC_USER）

序号	字段名	字段意义	主键	类型及长度	是否可空
1	pk_user_no	用户编号	是	Char（36）	否
2	user_work_no	工号	否	Nvarchar（8）	否
3	user_name	姓名	否	Nvarchar（50）	否
4	user_gender	性别	否	Nvarchar（3）	否
5	user_office_id	专业室	否	Nvarchar（30）	否
6	user_position_id	职位	否	Nvarchar（2）	否
7	user_profession_id	职称	否	Nvarchar（2）	是
8	user_password	密码	否	Nvarchar（40）	否
9	user_phone	电话	否	Nvarchar（15）	是
10	user_cellphone	手机号码	否	Nvarchar（15）	是
11	user_address	地址	否	Nvarchar（255）	是

表 3.6　　　　　　　　　　　　　　　　角色表（T_EPC_ROLE）

序号	字段名	字段意义	主键	类型及长度	是否可空
1	pk_role_no	角色编号	是	Char（36）	否
2	role_name	角色名称	否	Nvarchar（255）	否
3	role_desc	角色描述	否	Nvarchar（255）	是

表 3.7　　　　　　　　　　　　　　　　菜单表（T_EPC_MENU）

序号	字段名	字段意义	主键	类型及长度	是否可空
1	pk_menu_no	菜单编号	是	Char（36）	否
2	menu_name	菜单名称	否	Nvarchar（255）	否
3	menu_desc	菜单描述	否	Nvarchar（255）	是
4	menu_permission_desc	权限描述	否	Nvarchar（255）	是
5	fk_menu_parent_no	父菜单编号	否	Char（36）	是
6	menu_url	菜单 URL 地址	否	Nvarchar（50）	是
7	menu_enabled	激活状态	否	Nvarchar（1）	否

表 3.8　　　　　　　　　　　　　　　　日志表（T_EPC_LOG）

序号	字段名	字段意义	主键	类型及长度	是否可空
1	pk_log_no	日志编号	是	Char（36）	否
2	log_ip	来访 IP	否	Nvarchar（20）	否
3	fk_log_user_no	来访用户	否	Char（36）	否
4	fk_log_menu_no	菜单编号	否	Char（36）	否
5	log_sql	SQL 语言	否	Char（36）	否
6	log_desc	日志描述	否	Nvarchar（255）	是
7	log_time	操作时间	否	Datetime	否

表 3.9　　　　　　　　　　　　　　　用户角色表（T_EPC_USERROLE）

序号	字段名	字段意义	主键	类型及长度	是否可空
1	pk_userrole_no	用户角色编号	是	Char（36）	否
2	fk_ur_user_no	用户编号	否	Char（36）	否
3	fk_ur_role_no	角色编号	否	Char（36）	否
4	ur_project_range	可访问项目	否	Nvarchar（Max）	否
5	ur_subcontract_range	可访问分包合同	否	Nvarchar（Max）	否

表 3.10　　　　　　　　　　　　　　角色菜单表（T_EPC_ROLEMENU）

序号	字段名	字段意义	主键	类型及长度	是否可空
1	pk_rolemenu_no	角色菜单编号	是	Char（36）	否
2	fk_rm_role_no	角色编号	否	Char（36）	否
3	fk_rm_menu_no	菜单编号	否	Char（36）	否
4	rm_permission_id	操作权限等级	否	Nvarchar（1）	否

3. 物理结构设计

数据库在物理设备上的存储结构与存储方法称为数据库的物理结构，它依赖于给定的计算机系统。为一个给定的逻辑数据模型选取一个最适合应用要求的物理结果的过程，就是数据库的物理设计。

（1）数据库的物理结构设计的步骤如下：

1）确定数据库的物理结构，在关系数据库中主要指存取方法和存储结构。

2）对物理结构进行评价，评价的重点是时间和空间效率。

（2）HydroBIM - EPC 信息管理系统的物理结构设计。

1）数据库中的表。进行数据库物理设计的第一步就是要创建一个数据库。系统的数据库采用的是在 SQL Server 数据库管理系统，首先在 SQL Server 数据库中创建了数据库。为了便于编程，系统中所有表、列名均采用英文或缩写。

2）关系模式存取方法的选择。系统的数据库系统是多用户共享的系统，对同一个关系要建立多条存取路径才能满足多用户的多种应用要求。数据库物理设计的任务之一就是要确定选择哪些存取方法，即建立哪些存取路径。

存取方法是快速存取数据库中数据的技术。数据库管理系统一般都提供多种存取方法。常用的有三类：第一类是索引方法，目前主要是 B＋树索引方法；第二类是聚簇（cluster）方法；第三类是 HASH 方法。

在系统数据库物理设计中采用的是索引存取方法。例如在系统管理模块中，对所有表的主要属性建立了索引，通过这种方法可以提高查询等的效率。

3）确定数据库的存储结构。确定数据库物理结构主要是指确定数据的存放位置和存储结构，包括确定关系、索引、聚簇、日志、备份等的存储安排和存储结构确定系统配置等。

确定数据存放位置和存储结构要综合考虑存取时间、存储空间利用率和维护代价三个方面的因素。

a. 确定数据的存放位置。为了提高系统性能，通常根据应用情况将数据的易变部分与稳定部分、经常存取与不符合存取频率较低部分分开存放。根据实际应用情况，在系统的数据库中，将表和建立的索引分开存放，这样可以达到提高物理 I/O 读写的效率的目的。并且从安全角度出发，对数据定期做备份处理。由于数据库的数据备份和日志文件备份等只在故障恢复时才使用，而且数据量很大，所以把它存放在与其他数据库对象表、索引等不同的磁盘上。

b. 确定系统配置。HydroBIM - EPC 信息管理系统的数据库系统配置中，主要考虑的变量包括同时使用数据库用户数、同时打开的数据库对象数、内存分配参数、缓冲区分配参数（使用缓冲区长度、个数）、物理块大小等。

3.4.3　安全保密设计

在安全的数据库中，既要保证授权的合法用户对数据的有效存取，又要能严格拒绝非法用户的攻击企图。具体地说，数据库安全保密设计目标主要有以下三个方面：

（1）数据的完整性。数据的完整性指数据的正确性、一致性和相容性。系统只允许授权的合法用户存取数据库中的数据信息，并且以不破坏数据的完整性为前提。同时，系统应该杜绝非法用户对数据信息进行任何存取操作。由于多个模块并发存取同一个数据库中的数据，可能会造成数据的不一致性。因此，安全系统要具有保证数据一致性的功能。

（2）数据的可用性。当系统授权的合法用户申请存取有权存取的数据时，安全系统应该尽量减小对合法操作的影响。换句话说，采用的安全机制不能明显降低数据库系统的操作性能。

（3）数据的保密性。安全系统应该提供一个高强度的加密方案，对数据库中的机敏数据进行加密处理。只有当系统的合法用户访问有权访问的数据时，系统才把相应的数据进行解密操作；否则，系统应保持机敏数据的加密状态，以防止非法用户窃取到明文信息，对系统进行攻击。

为了保护数据库的安全，从数据库管理系统的角度考虑，安全系统至少应当包括身份认证、存取控制、跟踪监视、数据加密、设置防火墙、数据库备份与还原、防止 SQL 注入等功能。

1）身份鉴别。在开放共享的多用户系统环境下，数据库系统必须要求用户进行身份认证。可以说，用户身份认证是安全系统防止非法用户侵入的第一道安全防线，它的目的是识别系统授权的合法用户。

用户身份认证是指在用户要登录系统时，必须向系统提供用户标志（user identification）和鉴别信息（authentication），以供安全系统识别认证。目前，系统采用的最常用、最方便的方法——设置口令法。在设置口令的方法中，系统给每个合法用户分配一个唯一的 UserID 和 Password。但是，由于 Password 的先天不足，其可靠程度极差，容易被他人猜出或测得。因此，需对口令进行限制，其长度应不少于 6 个字符，口令字符最好是数字、字母和其他字符的混合。在用户登录时，为保证口令的安全性，用户口令不能显示在显示屏上。在用户提交登录信息后，系统自动对口令进行加密，然后与数据库中保存的加密口令进行验证，通过后方能进入系统。

2）存取控制。存取控制是从计算机系统的处理功能方面对数据提供保护。数据库安全性的基本原则是控制用户对数据库的访问，只有被识别的被允许的用户才有新增、删除、编辑和查询信息的权利。系统的存取控制主要分为两部分，分别是功能权限和数据权限控制。

图 3.45　RBAC 模型

功能权限基于角色访问控制技术 RBAC（role based access control），图 3.45 为 RBAC 模型。主要步骤如下：

a. 在角色管理界面，由系统管理员定义角色，给角色赋权限，包括可操作模块范围及各模块"增删改查"权限的设置。

b. 在用户角色管理界面，由角色管理员给系统用户赋予角色。

c. 用户登录系统成功后，根据用户的功能权限，自动生成动态功能菜单，未授权的功能在菜单上不显示，对当前用户来说，这些功能如同不存在一样。

数据权限表示用户可操作的数据范围。系统将数据权限分为两级，分别为工程数据及其包含的分包合同数据（图 3.46）。系统为每个用户-角色对设置数据权限，具体到分包合同。

功能权限和数据权限杜绝非授权用户对重要数据的操作，保证了数据的安全性。

图 3.46　数据权限模型

3）跟踪监视。跟踪监视是一种监视措施，跟踪记录系统数据的访问活动。跟踪审查的结果记录在一个特殊数据表中。记录的内容包括：用户名、操作类型（输入、删除、修改）、操作日期和时间、所涉及的数据、访问的 IP 地址等。根据跟踪审查记录可进行事后分析和调查。

4）数据加密。在信息管理系统中，为了防止非法用户窃取机密信息和非授权用户越权操作数据，对系统中的重要数据进行加密处理。数据库加密处理有以下三种基本方式：

a. 文件加密。将涉及重要信息的文件进行加密，使用时解密，不使用时再加密。

b. 记录加密。与文件加密类似，但加密的单位是记录而不是文件。

c. 字段加密。即直接对数据库的最小单位进行加密，如用户的登录密码。

加密算法是加密的核心，目前可以应用的国际公认的密码算法主要有 DES（数据加密标准）、RSA（公钥密码体制）等。用密码存储数据，使用时必须解密，增加了开销，降低了数据库的性能，只有对那些保密要求特别高的数据才值得采用此方法。

5）设置防火墙。对于一个运行在与外部公共网络互连环境下的信息管理系统，为了维护系统内部网络的安全，防止来自外部网络的危害和破坏，有效地防范黑客窃取系统重要信息，可在内部网（Intranet）与外部网（Extranet）之间建立防火墙。防火墙可设置允许访问的 IP 区间，杜绝非法用户连接系统。

6）数据库备份与还原。数据备份可以实现数据的可信恢复，最大限度地降低系统风险，保护系统最重要的资源——数据。在系统受到破坏或发生灾难后，能利用数据备份来恢复被破坏的部分或整个系统。备份是一项繁重的任务，需要完成大量的数据操作，费时费力，实现实时、定时自动备份将大大减少管理员的工作强度和时间，确保数据的安全。

7）防止 SQL 注入。SQL 注入就是用户提交一段数据库查询代码（一般是在浏览器地址栏进行，通过正常的 WWW 端口访问），根据程序返回的结果，获得某些想得知的数据，其造成的最大危害是攻击者能够获得数据库管理员的权限，进而造成数据泄露、数据库瘫痪等。

对于 WEB 应用来说，SQL 注入攻击无疑是首要防范的安全问题。对此，制定了以下应对措施：

a. ThinkPHP 防护。ThinkPHP 底层对于数据安全方面本身进行了很多的处理和相应的防范机制，例如：

$ User ＝ M（'User'）;

$ User－＞find（$ _GET['id']）;

即便用户输入了一些恶意的 id 参数，系统也会强制转换成整型，避免恶意注入。这是因为，ThinkPHP 会对数据进行强制的数据类型检测，并且对数据来源进行数据格式转换。而且，对于字符串类型的数据，ThinkPHP 都会进行 escape_string 处理（real_escape _string,mysql_escape_string)。

b. 验证所有输入。除 ThinkPHP 自带防范外，也加强自身代码安全验证。只要注入的代码语法正确，无法用编程方式来检测篡改。因此，必须验证所有用户输入，并仔细检查在服务器中执行构造命令的代码。

c. 删除不必要的扩展存储过程。利用 SQL Server 中的存储过程，入侵者可以很容易地构造相应的语句，进行修改数据库、系统用户名、系统注册表等各种危害性极大的操作，因此有必要删除掉无用的存储过程。例如，不需要可执行任意系统命令的扩展存储过程"xp_cmdshell"，就用如下语句将之去掉：user master sp_dropextendedropc 'xp_cmd-shell'。

d. 使用安全的数据库账号。在一些网站中给予一般用户连接数据库 SQL Server 的权限都是"SA"。这是非常危险的做法，应该根据实际需要分配新的账号，并给予用户能满足其使用需要的有限权限就够了。HydroBIM - EPC 信息管理系统设置网站用户连接时使用"public"权限的账号。

e. Web 服务器与数据库服务器独立布置。应该避免在同一主机上运行 Web 服务器软和数据库服务器软件，因为这样会显著增加 Web 应用的攻击面，并将之前只访问 Web 前端时不可能暴露的数据库服务器软件暴露给攻击程序。

第4章 乏信息勘测设计技术应用实践

我国水电市场开发和建设的重点已经从地质条件相对较好、交通条件相对便利的区域向边远的、地质条件较差、自然环境恶劣、山高路险、交通不便的怒江、雅鲁藏布江、澜沧江和金沙江上游和西藏自治区转移。从国内友好的政治、经济、社会环境逐步向国外发展落后、且政治、经济、社会环境不稳定、风险较大的地区转移。

对于国内边远地方，往往地形地貌特殊复杂，经济文化相对落后，基础信息资料缺乏，不少地段山高坡陡，人工难以到达，加之区域民族众多社会环境复杂，在这些地方进行水电站建设，其勘察、设计、施工十分困难。而国外水电项目更加具有其特殊性，受政治、经济、语言等因素影响，野外工作局限比较大，不可预见干扰因素较多；且电站区域植被繁茂，人员很难开展工作。上述地方特别是国外的水电开发工作，前期勘察设计周期短、难度大，传统的勘察设计手段和方法显然不能适应新的形势。而且随着市场经济的发展，竞争日趋激烈，若不能有效降低成本、提高设计效率和质量，将很难获得竞争优势。

因此，研究创新工作方法，开拓实测资料和基础信息缺乏条件下水电工程的前期勘察设计的方法和手段，是当前新形势条件下的迫切发展需要。而本书充分发挥了互联网技术、3S技术、BIM技术的优势，结合适当的实地信息资料收集，对工程所处的地理环境、基础设施、自然资源、人文景观、人口分布、社会和经济状态、地质条件、勘察资料等各种信息进行数字化采集与分析处理，不仅可以降低水电工程前期勘察设计成本，还可提高水电工程勘测设计的质量与效率。并可促进水电工程开发建设的信息化和国际化，为国内外水电市场的开拓提供有力的支持。

乏信息特指缺乏水文、气象、地形、地质等需要在现场开展实测、综合勘察才能获得的基础数据与资料，以及需要开展现场调查才能获得的居民、设施、土地、价格等基础数据。乏信息勘测设计技术特指在水文气象、地形地质及地物等基础资料缺乏的情况下，利用互联网、卫星等取得的免费或廉价基础数据，并利用专业软件等手段对基础数据进行处理、转化，并能够快速、高效率、低成本完成前期设计工作的方法和技术。乏信息勘测设计技术可应用于前期基础资料缺乏的国内外工程规划与预可研（水利可研）阶段的勘测设计。

4.1 基础数据获取与处理

水电工程一般规模都比较大，其对当地社会、经济、环境等都具有重大的影响。为了权衡利弊，趋利避害，水电工程勘察设计考虑因素和所需资料也众多，主要包括地形、地貌、地质、水文气象、交通、供水、供电、通信、生产企业及物资供应、人文地理、社会经济、自然条件等，且需对相关资料进行综合性分析与考虑。

基础数据主要包括测绘、地质、水文等基础资料，通过对基础资料的收集与整编，以项目应用阶段与需求为中心，对不同的数据进行分析，在充分满足项目需求的同时减少数据冗余，充分发挥 3S 集成技术、计算机技术、三维建模与可视化技术等优势，应用专业软件等手段对收集的数据进行处理、转化、建模与可视化，并能够快速、高效率、低成本完成工程前期勘测设计工作任务。

基础数据获取可通过项目业主、互联网、国内外相关机构、数据提供商收集，亦可按需购买高清卫星影像、数字高程模型、区域地质资料等数据，数据获取流程见图 4.1。

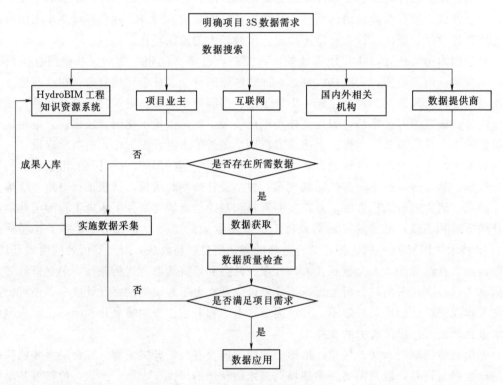

图 4.1   基础数据获取流程图

4.1.1   数据获取与应用

收集与整理应用基础资料，充分发挥实测资料缺乏条件下工程勘测设计技术的优势，可为工程项目全面采用数字化设计提供前期数据支撑。

1. 地形地貌资料

目前网络上免费或廉价地形数据网站很多，可获取多种精度、多种比例尺的高程数据或地形数据，常用资源网站见表 4.1，利用这些网站基本能获取到全球范围内（包括不易到达区域）较高精度地形数据、影像数据、矢量数据等 GIS 数据。如果通过免费方式无法下载或精度、范围无法满足要求，可以补充购买商业数据，商业卫星及对应成图比例尺对应见表 4.2。数字高程模型（DEM）格网分辨率跟地形图比例尺之间没有严格意义上的关系，但其大致关系见表 4.3。

表 4.1   免费或廉价地形数据网站

数据	精度	范围	网　址	说明
GDEM	30m	全球	http：//asterweb. jpl. nasa. gov/gdem. asp	ASTER 卫星影像
SRTM	90m（3 弧秒）	全球	http：//www. cgiar - csi. org/	航天飞机干涉雷达成像
ETOPO1	1 弧分	全球	http：//www. ngdc. noaa. gov/mgg/global/global. html	陆地和海洋水深
GMRT	100m	全球	http：//www. marine - geo. org/portals/gmrt/	陆地和海底地形
OpenTopography	多精度	分散	http：//www. opentopography. org/index. php	点云和地形
GeoSpatial	多精度	全球	http：//www. geospatial. com/	地形、影像
国际科学数据服务平台	30m	全球	http：//datamirror. csdb. cn/	中国科学院计算机信息中心（可获取 30mGDEM）

表 4.2   商业卫星高程数据购买信息

卫　星	全色分辨率/m	测图比例尺
WorldView - 1	0.45（0.5）	1：5000
WorldView - 2	0.46（0.5）	1：5000
QiuckBird	0.61～0.72（0.61）	1：10000
GeoEye - 1	0.41～0.5。只提供 0.5 的数据	1：5000
IKonos	1	1：10000
ALOS	2.5	1：25000
IRS - P5	2.5	1：25000
IRS - P6	5.8	1：50000
SPOT - 5	2.5	1：25000

表 4.3   数字高程模型（DEM）格网分辨率与地形图比例尺换算表

比例尺	1：500	1：1000	1：2000	1：5000	1：10000	1：25000	1：50000
DEM 分辨率/m	0.5	1	2	2.5	5	10	25

在项目建议书阶段，根据数据范围大小以及要求精度可选择不同方式。项目规划方案主要采用 30m 精度的基础 DEM 地形数据，通过国际科学数据服务平台、美国的 CGIAR - CSI（the CGIAR consortium spatial information）平台等进行获取，见图 4.2，并通过地理信息 GIS 处理软件进行修正和加密处理，生成可供编辑和计算的矢量化数据，见图 4.3。

地貌数据主要利用基于 Google Earth 应用的公共平台，提取相关区域最近时间段的高清卫星影像数据，然后通过 Civil 3D 与 Infraworks 两大三维编辑和分析平台的结合，将地形数据与地表卫星影像数据精确贴合生成可编辑的三维实景化地形地貌模型，从而为

图 4.2　基础地形数据的获取

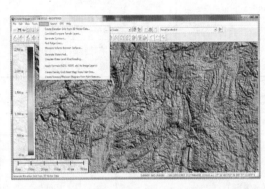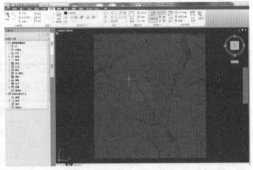

图 4.3　基础地形数据的分析与整理

基础规划和计算分析提供数据及平台支持，见图 4.4。

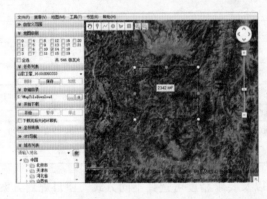

图 4.4　Civil 3D 三维地形与高清卫星影像的处理

2. 工程地质资料

地质资料收集工作应在明确勘察阶段及工作地理范围的基础上，依照规范或合同要求精度逐步按无偿资料、有偿资料、数字化填图成果、物探成果、钻探成果及试验成果的顺序依次开展，对于条件不具备的项目，可在适量数字化填图成果的基础上，以无偿资料及有偿资料开展地质勘察工作。各类地质资料的收集方式宜按以下程序逐步开展：

（1）无偿资料。对于小比例尺的区域地质、地震图件、文字资料及遥感影像，可从国内外地震、地质科研机构或职能部门的网站上收集，亦可利用商业软件免费下载，还可二次利用测绘专业数据。

（2）有偿数据。对于国外工程，应登录工作区所在国家或地区的地质职能部门网站，明确工作区以往区调工作深度及现有成果精度，并根据勘察设计阶段的不同选择合适精度的区域地质资料；如在上述网站搜索不到相应信息，可进一步到国外商业网站继续搜索，一般情况下，能够得到满足要求的地质资料，且经济成本较低。对于国内工程，应从各省、市、地方地矿部门或从事过本地区工作的科研部门购买比例尺为 1∶25 万～1∶5 万的区域地质调查资料、地震、地质图件或专题研究报告等。在收集上述资料的基础上，应由地质专业负责人依据 3S 技术应用基本流程，开展工作区遥感地质解译及复核工作以收集有价值的地质信息，总体把握区域地质环境，并作为近场区及工程区地质测绘的解译标志（图 4.5）。

图 4.5　区域地质数据获取与应用示意

（3）数字化填图成果收集。对于需进一步开展地质调查的工作，应结合 HydroBIM - GeoGPS 软件开展数字化填图工作，工作流程应满足（DL/T 5185）《水电水利工程地质测绘规程》的要求，并将数字化填图成果作为解译标志以完善解译循环，提高乏信息条件下地质判译成果的可靠性。

（4）物探成果收集。在有条件的情况下，应收集地质物探成果辅助判译为前期解译成果提供间接证据，增加乏信息条件下地质判译的可靠性。

（5）勘探成果收集。针对需查明的重大工程地质问题，通过布置适量的勘探（包括钻探、井探及坑槽探等）工作，收集勘探工作成果来校核、验证前期地质判译结论。

（6）试验成果收集。有条件的情况下应在钻探过程中开展原位试验或取样开展室内试验工作，以收集试验成果来进一步校核、验证前期地质判译结论。

地质资料整编宜利用 Google Earth、Skyline 及 ArcGIS 等数据库集成软件搭建三维地质信息数据库（图 4.6），主要内容应包括地震区划图、历史地震记录、地质图、地形数据、影像资料、规划设计对象、遥感解译成果及数字化填图成果等，开展了勘探及试验工作的项目，还应包括勘探及试验成果。可将数据库作为专家判译校审平台开展判译及校审工作，并结合地质理论开展空间分析工作，展示最终地质成果。

根据项目前期设计需求，可通过全球大数据平台方式获取相关区域的区域地质图等数据，并通过数据分析与处理进行应用，见图 4.5。

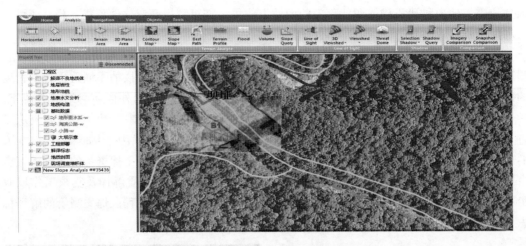

图 4.6 基于 GIS 的三维地质信息数据库

3. 水文气象资料

（1）资料收集。目前大部分国家和地区已经把当地水文气象资料及观测站数据作为公共数据资源，用于服务当地的建设需求，在项目前期，可通过当地或相关学术机构平台，获取公开气象水文数据，或者通过其他公共服务平台检索主要规划区域的气象水文资料，一般可获取当地区域水文气象站的近 30 年甚至更长时段的数据，包括水文气象、风况、潮汐、海平面高程等数据资料，见图 4.7。

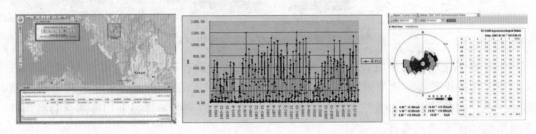

图 4.7 相关气象站公开数据获取与应用

1）文档图片资料收集。应收集各地区、国家水电开发状况信息、已有工程设计报告、主要河流公报、流域规划、国家和地区水资源公报、水资源评价、水资源分析统计图、降水等值线图、径流深等值线图、土壤侵蚀图、输沙模数图等文档及图片资料，用于总体把握区域内水文气象条件。

2）基础地理信息资料收集。应收集政区、城市、交通、水系、站网、地形、土壤植被类型等基础地理信息、水文要素信息等数据，用于 ARCGIS 中制作流域概况图及水文模型构建。常用资源参见表 4.4。

表 4.4　　　　　水电工程前期勘察设计基础水文地理数据获取方式

数据	机构类别	范围	网　　址	说　　明
ISCGM 国际测图委员会	政府间公共机构	全球	http://www.iscgm.org/	分国政区、交通、水系、土壤、植被数据

数据	机构类别	范围	网 址	说 明
NATURAL EARTH	民间机构	全球	http：//www.naturalearthdata.com/	全球政区、交通、水系数据
DIVAGIS	民间机构	全球	http：//www.diva-gis.org/Data	分国政区、交通、水系数据
HWSD SOIL	政府间公共机构	全球	http：//www.iiasa.ac.at/	1km 栅格土壤
全球 LUCC 数据集	公共机构	全球	http：//www.gscloud.cn/	GLC 2000 及 ESA GlobCover 1km 栅格植被覆盖

3）水文气象资料收集。对于水文设计中重要的水文气象数据，如降雨、蒸发、径流、洪水数据，应重点收集。收资方式可以通过联系相关机构，如各地区、国家气象局、水文局、流域管理局等机构进行购买。同时还应收集免费的全球共享数据，如降雨数据可以采用 TRMM（热带测雨任务卫星）、GPCP（全球降水气候计划）等大范围网格卫星数据，通过相关校正方法，可以应用于前期无资料地区工程规划设计中。部分水文站径流数据可从联合国粮农组织、世界气象组织申请免费使用。部分网络获取方式见表 4.5。

表 4.5 水电工程前期勘察设计水文气象数据网络获取方式

数据	机构类别	范围	网址	说明
FAOCLIM	政府间公共机构	全球	http://www.fao.org/	实测多年月平均最高、最低气温，降水，辐射，相对湿度，风速数据
GRDC	政府间公共机构	全球	http://www.bafg.de/	全球逐日实测水文数据
MRC	政府间公共机构	湄公河流域	http://portal.mrcmekong.org	湄公河流域实测水文气象数据（收费）
TRMM	公共机构	全球	http://trmm.gsfc.nasa.gov	格网逐日卫星降水数据
CSFR	公共机构	全球	http://globalweather.tamu.edu/	格网日最高、最低气温，降水，辐射，相对湿度，风速数据
GPCP	公共机构	全球	http://www.esrl.noaa.gov/psd/data/gridded/data.gpcp.html	格网逐日卫星降水数据

（2）资料整编。

1）对于收集到的文本图片资料，应按地区、国家进行分类存储，必要时对降水等值线图、径流深等值线图等资料进行数字化，按照地理信息系统数据格式进行存储。

2）地理信息系统数据库应参照水利部颁发的《水文数据 GIS 分类编码标准》设计，对图层进行划分，按照一定的编码规则对图元进行编码。存储方式宜采用分层的方式来管理地理数据，完成空间数据库的逻辑和物理设计，最终完成空间数据库的入库和建立。

3）对于收集的水文气象数据，应进行可靠性、一致性和代表性三性检查，缺测数据应采用多种方法进行插补延长。采用数据库进行水文气象数据入库，数据表参照《基础水文数据库表结构及标识符标准》进行设计。全球卫星气象、降雨等以二进制、NETCDF 等格式存储的数据，数据量巨大，宜转换成文本格式，并采用算法进行校正，与实测站点数据进行对比，分析各区域的数据精度，进行评估，撰写资料使用说明手册。

（3）水文模型应用。基于 3S 技术的水文模型在乏资料地区的应用已成为水文研究的热点，利用这一重要工具，可以获取无测站流域以往难以获取的流域特征参数、水文系列。利用 ArcHydro 水文地理数据模型，采用收集到的 DEM 地形数据，生成流域水系图，量算流域面积、河长、流域平均高程，河道比降等流域特征供设计使用。ArcHydro 水文模型应用示例见图 4.8。

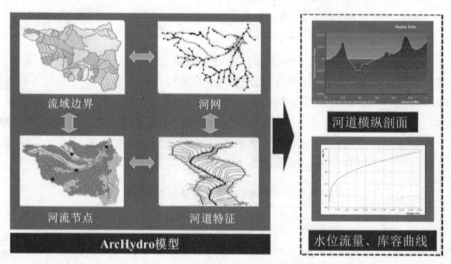

图 4.8　ArcHydro 水文模型应用示例

对于资料缺乏的地区，可利用基于 3S 技术的分布式水文模型对水文系列进行插补延长或直接生成水文系列。结合获取的气象数据、下垫面参数，为分布式水文模型提供数据输入进行模拟，经过参数化方案及率定和验证步骤，输出所需的流量、泥沙、蒸发等重要数据。最后应结合区域已有资料，对模型成果进行详细的合理性分析，与传统方法计算的成果配合使用。

下面以 SWAT（the soil and water assessment tool）模型为例，简要介绍分布式水文模型的构建方法，应用流程见图 4.9。

1）子流域数据准备。子流域数据准备包括 DEM 数据的准备及实际河网数据的准备。DEM 数据分辨率采用可根据流域大小决定，大型流域可采用 200m 以上分辨率，中小型流域可采用 90m 或 30m 分辨率。实际河网数据主要用来校正 DEM 生成的不符实际情况的河网，可结合 GoogleEarth 进行勾绘，供

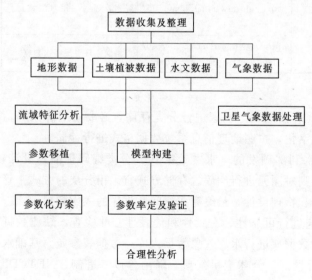

图 4.9　SWAT 水文模型应用流程

下一步使用。

关键步骤：①DEM 数据分辨率选择；②实际河网数据获取。

2）子流域划分。子流域划分的关键步骤包括：①加载 DEM；②（可选）添加掩膜指定研究区域（加载或手绘 Mask）；③（可选）加载实际河网水系；④DEM 处理；⑤指定最小子流域面积（临界阈值）；⑥编辑河网节点；⑦计算子流域参数；⑧（可选）设置水库。

3）土壤土地数据准备。SWAT 模型中土壤数据主要包括土壤类型分布图、土壤类型索引表及土壤物理属性文件（即土壤数据库参数）。

关键步骤：①中国土壤数据库的使用；②土壤质地转化；③SPAW 软件计算；④其他变量的计算；⑤土壤类型分布图的处理；⑥土壤类型索引表。

SWAT 模型需要的土地利用数据包括土地利用分布图（矢量或栅格）及土地利用类型索引表。土地利用分布图的属性数据中必须含有说明图层中土地利用类型的字段，并且每种类型与 SWAT landcover/plant 数据库中的某条记录相对应。

土地利用类型索引表是连接土地利用类型栅格图 Value 值与 SWAT landcover/plant 数据库中已有分类的纽带。在建立模型时，用户可以在 ArcSWAT 界面输入各种土地利用类型与数据记录的对应关系，也可以导入事先准备好的土地利用类型索引表将两者进行关联。

关键步骤：①土地利用分布图矢量转栅格；②（可选）土地利用类型重分类；③土地利用分布图投影调整；④建立土地利用类型索引表。

4）气象数据准备。在 SWAT 模型建立过程中有三个数据是模型所必须得，即天气发生器、降水数据、气温数据，前者因其可以弥补气象数据的缺失，是 SWAT 模型内置的，必须在建模之前提前建立好数据库信息，后两者可以从气象站点获取数据。

气象数据主要包括流域的气温数据（日平均气温、最高气温和最低气温）、太阳辐射、风速、相对湿度、降水数据（包括降雨强度、月均降雨量、月均降雨量标准偏差、降雨的偏度系数、月内干日数、月内湿日数、平均降雨天数等参数）。在数据类型上，这些数据可以是统计数据，也可以通过 SWAT 模型的天气发生器模拟生成，或者是统计和模拟数据的结合，天气发生器可以弥补气象数据的缺失，是 SWAT 模型内置的，必须在建模之前提前建立好数据库信息，统计数据可以从气象站点获取数据。在数据格式上，这些气象数据需要以 DBF 格式保存在 ArcGIS 自带的属性数据库中。

关键步骤：①天气发生器各参数的计算；②日气象数据的准备。

5）水文响应单元划分。SWAT 模型在子流域的基础上，根据土地利用类型、土壤类型和坡度，将子流域内具有同一组合的不同区域划分为同一类 HRU，并假定同一类 HRU 在子流域内具有相同的水文行为。模型计算时，对于拥有不同 HRU 的子流域，分别计算一类 HRU 的水文过程，然后在子流域出口将所有 HRU 的产出进行叠加，得到子流域的产出。HRU 数量直接决定着模型运行的速度。

关键步骤：①Land use/Soil/Slope 定义及覆盖；②HRU 定义；③输入气象数据。

6）模型运行。模型运行前需设定预热期，对于水文模型预报方案而言，预热期可消除模型初始状态对预报的影响。其值可根据流域情况和模型计算的要求而设定，资料系列较长的情况下，可取 1 年以上。在时间尺度上，模型的模拟时间步长可以为年、月、日，可根据模拟需要进行选择。

关键步骤：①预热期选取；②时间步长确定。

7) 模型率定与验证。模型率定是模型应用的难点，首先应根据实测径流资料长度划分模型率定期和验证期长度，一般情况下除去预热期，可各占 50% 长度。模型率定可采用手动或自动率定方法，手动率定条件下，分别统计模型率定期和验证期的实测与模拟径流的纳什效率系数、相关系数、水量误差等指标，根据经验，不断调整模型参数，使模拟结果达到最优。自动率定条件下，可采用 SWAP - CUP 工具，利用智能优化算法，优选模型参数，该法率定效率较高，但应特别注意率定参数的有效范围。

关键步骤：①率定期和验证期划分；②评定模拟效果的指标选择及统计；③模型参数优选（手动或自动）。

4. 交通及能源物资供应条件

通过全球官方网络数据收集与整理，可以很全面的获取全球各地基本道路、铁路、航运、港口码头等的交通现状条件，并获取相关有用数据；水、电、物资供应条件也可以查询当地政府服务网站及生产企业网站，通过检索获取相关的能源及物资供应条件等信息。

5. 社会经济及人文地理现状

目前全球社会经济及人文动态等相关信息基本都是全面公开的，每个地区区县都有相关的公开信息，通过网络定向检索和搜集整理，可以了解当地社会发展状况、民风民俗、经济状况、宗教信仰、人文特色、政治格局等信息，作为工程规划设计的重要参考。

6. 自然环境条件

通过当地官方网站及相关学术网站数据，可初步调查相关规划区域的自然情况，可将重点自然保护区及相关国家公园的范围及基本情况进行搜集整理，并准确地进行区域定位，作为规划设计及布置的重要参考。

7. 工程造价资料

国内主要通过网络或者电话向建筑材料、机械租赁等供应商收集。此类单位直接面对市场，最了解建筑市场的动态，可提供大量的市场信息，从供应的角度来丰富工程造价管理资料，同时也可通过了解已发布的工程造价信息，特别是主要的材料（如钢筋，水泥，电缆等）的价格，提高企业在市场竞争中的地位。国外工程向办事处或有合作的建设单位收集，查询外交部网站了解当地的人工、税法等，若设备材料从国内运输，则向海运企业询问运输价格及其他信息。

4.1.2　数据处理与信息挖掘

由于在项目前期，整体方案的功能规划是整个规划设计的重点，对于细节的数据精度要求较低。对于地形地质等基础数据，可以根据实际需要将地形山坡山谷走向上严重偏差的部分进行纠正处理既可以初步使用，对局部重点关注区域可以进行实地局部考察进行精确纠正。

其他相关资料数据一般种类较多，组织较复杂，需进行数据分类和应用分析，然后通过系统组织，挖掘出有用的数据进行应用，一般可以满足项目前期规划设计各专业需求。

4.1.3 信息匹配与应用

项目前期规划设计，需针对不同阶段信息数据需求进行综合分析，才能进行细化的应用。

（1）项目多方案的规划设计与方案必选阶段。地形数据获取与修正，大比例区域地质图分析与解译，高清晰度卫星影像数据获取与解译，人文、社会、自然环境等因素的比对和经济性的考量等。

（2）基本方案确立阶段。主体及配套工程的基本布置及规模设定，局部重点关注区域信息资料的实地获取与耦合应用。

（3）基本方案的细化设计与方案生成阶段。整体方案主体及配套建筑物、相关设施等的外形、结构、功能等的细化设计与信息建模，各专业建筑、设施等模型与信息的总体集成与应用输出。

4.2 乏信息前期勘测设计平台

为了提高信息集成度和可利用度，昆明院研发了 HydroBIM®-乏信息前期勘测设计平台。该平台是由流程、产品、工具软件、设计规范、工作规则等组成的集合体。平台架构设计的科学合理性决定了平台应用运行的效率和质量。平台的输入是地形、地质及水文等基础数据，输出的是 BIM 模型，过程是设计流程，平台总体架构见图 4.10。

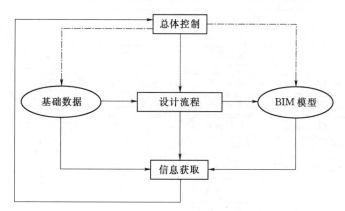

图 4.10　HydroBIM®-乏信息勘测设计平台架构

平台由图中五部分及相互关系组成，基础数据获取的质量与效率对于 BIM 模型建模质量与效率有着至关重要的作用。

平台以实现"纵向集成、横向协同、总体管控"为总体目标，充分融合"大质量"理念以及生产风险控制要求，为此，平台开发应贯彻以下原则：

（1）系统性。贯彻系统性原则关键在于把设计生产的目标、流程、产品、手段按纵向到底、横向到边的原则进行全面整合，并确保一致性、针对性与实用性。

（2）纵向集成。水文、地形、地质等位于流程最前端的基础数据格式、模型必须满足枢纽布置设计等下序专业的需求，并实现全流程、多专业共享。

（3）需求驱动原则。上序专业数据格式应满足下序专业软件接口要求。

（4）横向协同。错误的输入不可能获得正确的输出，同时三维模型质量取决于参与专业的齐全，三维建模的周期与效率取决于参与专业的工作节奏。

平台界面及功能结构见图 4.11 和图 4.12。

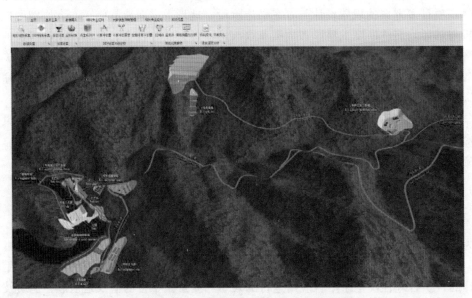

图 4.11　HydroBIM®-乏信息勘测设计平台界面

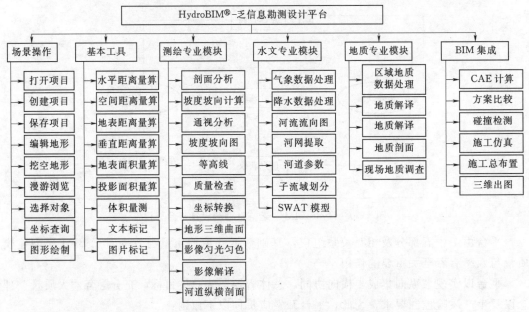

图 4.12　HydroBIM®-乏信息勘测设计平台功能结构

4.3　工程应用

通过国内外多个工程建设项目的勘测设计应用实践，表明提出的 HydroBIM®-乏信息勘测设计技术是切实可行的。该技术的核心就是利用了互联网和卫星等手段，结合 3S 技术，高效率、低成本地获取基础数据，不仅克服了乏信息地区进行工程设计"无米下锅"这一重大难题，还有效地节约了成本，加快了工程进度，有效控制了经营风险，有助于市场的开拓，在水电工程勘测设计行业具有广泛推广价值。该技术可移植到整个大土木及基础设施建设领域，对于解决我国工程建设行业实施"走出去"战略遇到的基础资料匮乏的难题，具有重大的借鉴意义和商业价值。

4.3.1 印尼 Kluet 1 水电站预可研设计

Kluet1 水电站位于印度尼西亚亚齐特别行政区境内，采用引水式开发，通过跨流域引水至海岸边发电，电站尾水注入印度洋，装机规模 390MW。工程由混凝土闸坝、引水隧洞、压力钢管、地下厂房、尾水渠等组成，其中引水隧洞上游段长 5912m，下游段长 4937m，压力钢管段长 997m，尾水渠长 2773m。Kluet1 水电站三维模型见图 4.13。

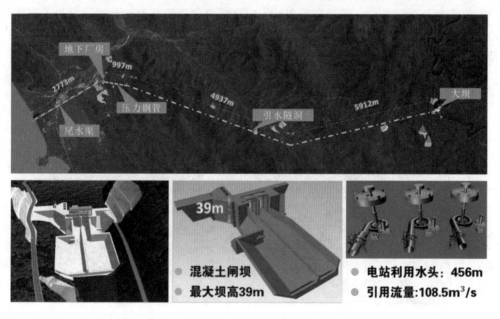

图 4.13 Kluet1 水电站三维模型

Kluet 1 水电站目前设计阶段为国外可行性研究，工程整体设计深度相当于国内预可行性研究阶段设计深度。

Kluet 1 水电站所在的 Kluet 河流域属于未开发河流，既无流域规划也无水文气象等观测资料，地形资料仅有 1∶5 万地形图，前期设计基础资料极为缺乏。电站首部及库区均位于人迹罕至的无人区，勘探人员及设备难以到达现场，现场测量及地勘工作难度极大，传统的平洞、钻探等勘探手段在该工程的库区、首部及引水线路均不具备实施的条件。因此，如何获取前期设计基础资料成为工程设计面临的首要问题。

工程应用 HydroBIM® —乏信息勘测设计技术，解决了工程前期设计阶段缺乏水文、地质、地形等基础资料的问题。通过利用网络资源及卫星影像数据，采用专业的数据处理手段，实现了高效、低成本获取地形、地质、水文等基础设计资料。为了确保基础资料的准确可靠，结合前期内业工作成果，开展针对性的现场调查复核工作。由于充分利用了数字化技术，避免现场勘察工作的盲目性，减少了前期工作投入，测绘、地质、水文、水工、机电、施工等专业应用 HydroBIM®-乏信息勘测设计平台，通过专业协同设计开展三维设计，高效地完成了水工建筑物布置、机电设备布置及施工总布置设计，加快了工程设计进度，经济效益显著。

4.3.2　泰王国克拉运河规划设计

泰王国克拉运河工程为研究型项目前期规划设计项目，考虑为横贯泰国南部的克拉地峡的人工运河，规划示意见图 4.14。基本设计参数为：全长约 106km，宽约 400m，水深约 26m，为双向航道运河。其东临泰国湾（暹罗湾），再向东是南海、太平洋；西濒安达曼海，向西进入印度洋；南端与马来西亚接壤。这条运河修成后，30 万 t 以下船只可直接从印度洋的安达曼海进入太平洋的泰国湾，单向可缩短航线约 1000km。主体及配套工程总投资约为 500 亿美元。工程应用 HydroBIM®-乏信息勘测设计技术，解决了存在的两大难点问题：一是实测资料匮乏，资金人力等研究投入非常有限；二是项目规模巨大，当地及国际政治关系等复杂，常规设计方法难以实现项目基本方案设计与表达。

图 4.14　克拉运河规划示意图

克拉运河工程属于典型基础设施设计项目，设计阶段（项目建议书）无具体可应用的资料与数据，只有目前各相关国家或机构提出的方案构想，为了实现项目方案三维数字化设计，项目基于 HydroBIM®-乏信息勘测设计技术进行了深入的拓展和应用，见图 4.15，通过应用工程数据网络挖掘与分析技术，低成本、高效率地获取了满足本阶段规划设计所需的地形、地质、气象、水文、潮汐等基础数据，为后续设计及方案比选提供了数据支撑。设计阶段最终的设计成果见图 4.16。

4.3.3　红石岩堰塞湖应急处置

堰塞湖是在一定的地质和地貌条件下，由于河谷岸坡在动力地质作用下迅速产生崩塌、滑坡、泥石流以及冰川、融雪活动所产生的堆积物或火山喷发物等形成的自然堤坝横

图 4.15　克拉运河工程乏信息勘测设计技术应用

图 4.16　克拉运河项目建议书数字化设计成果

向阻塞山谷、河谷或河床，导致上游段壅水而形成的湖泊。由于震后地质条件恶劣，交通堵塞，环境危险，且堰塞湖不稳定而易于发生溃决。据统计，因地震形成的堰塞湖，有22%在形成1天内就溃决，10天内溃决的比例占了一半左右，一年内溃决的超过90%。因此，在堰塞湖治理过程中如何在有限时间内完成乏信息条件下的信息采集和处理，高效保质地完成堰塞体勘察和堰塞湖应急排险处置系列报告，是堰塞湖治理工程的重中之重。

2014年8月3日16时30分，云南省鲁甸县发生6.5级地震，造成牛栏江干流红石岩大坝下游600m处的右岸山体崩塌并阻断河道，形成库容2.6亿 m³ 的堰塞湖。堰塞体长度约910m，后缘岩壁高度约600m，最大坡顶高程约1843.70m，堰塞体总方量约1000 余万 m³，高约 102m，属特大型崩塌。堰塞体位于原红石岩水电站取水坝与厂房之间，见图 4.17。红石岩堰塞湖集水面积 12087km²，是唐家山堰塞湖径流面积的近 4 倍。堰塞湖回水长 25km，直接影响上游会泽县及鲁甸县乡镇，同时也威胁着下游沿河的鲁甸、巧家、昭阳 3 县（区）10 个乡镇、3 万余人、3.3 万亩耕地，以及下游牛栏江干流上天花板、黄桷树等水电站的安全。根据《堰塞湖风险等级划分标准》，红石岩堰塞湖属大型堰塞湖，危险级别为极高危险，溃决损失严重性为严重。根据危险性级别和溃决损失严重性确定堰塞湖风险等级为 I 级（最高级别）。

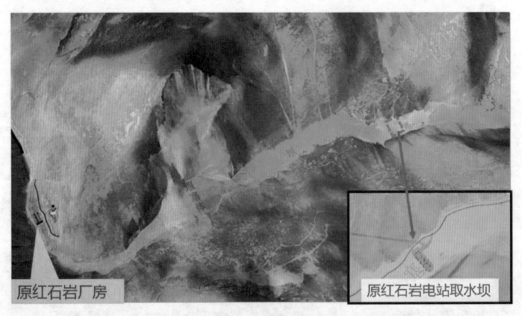

图 4.17 牛栏江红石岩堰塞体

由于震后地质条件恶劣，道路堵塞，环境危险，且堰塞坝寿命极短，现有技术难以在有限时间内完成堰塞坝的信息采集和处理，故应用 HydroBIM®-乏信息勘测设计技术，利用互联网、卫星等获取的地形、水文、地质等基础数据，进行处理、转化，快速、高效率、低成本完成红石岩堰塞湖应急处置及综合治理全部勘测设计工作。红石岩堰塞湖应急处置及综合整治方案主要分为三个阶段：①应急处置阶段：2014 年 8 月 4 日至 8 月 12 日，应用乏信息勘测设计技术，快速高质量地完成《应急排险处置方案报告》《堰塞湖对上下游影响分析报告》等 5 本报告，并被采纳实施。②后续处置阶段。2014 年 8 月 13 日至 10 月 3 日，集成应用 BIM 技术，新建应急泄洪洞，缓解溃坝风险。③后期整治实施方案。2014 年 8 月 19 日至 9 月 10 日，综合应用 HydroBIM 集成技术，完成重建电站可行性研究报告。HydroBIM 在红石岩堰塞湖应急处置及综合整治方案中的集成应用见图 4.18。

利用 3S 集成技术，在短时间内完成了乏信息条件下数据采集和数据处理，见图 4.19，包括红石岩堰塞体上游 1000m 范围内的三维激光扫描作业、360 全景制作、堰塞体方量计算及形体参数测算等工作，并使用低空无人机航摄系统获取地震灾区影像数据及高清视频，利用单点定位 GPS 完成了堰塞体高程复核和像控测量。

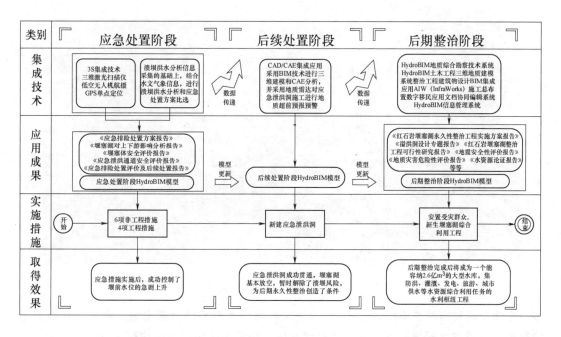

图 4.18　HydroBIM 在红石岩堰塞湖应急处置及综合整治方案中的应用

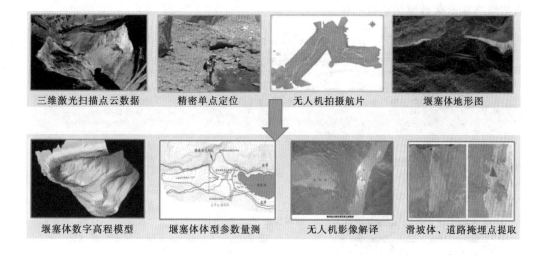

图 4.19　乏信息条件下的地形地质数据采集和数据处理

在原红石岩水电站厂房下游侧新建 278m 长的应急泄洪洞，与原红石岩电站引水隧洞相接，可放空堰塞湖。泄洪洞采用 BIM 技术进行三维建模和 CAE 分析（图 4.20），并采用地质雷达对应急泄洪洞施工进行地质超前预报预警（图 4.21）。新建的应急泄洪洞成功贯通后，堰塞湖很快放空，缓解了溃坝风险。

红石岩堰塞湖应急处置和后续处置完成后，仅能满足全年常年洪水标准的度汛要求，满足不了 2015 年度汛要求，度汛形势严峻。同时，堰塞湖形成后，上游牛栏江沿岸 5000

图 4.20 泄洪洞方案三维模型

多亩土地及居民房屋被淹没,近 4000 名受灾群众的生产生活急需安置。此外,地震引起的堰塞湖地质灾害问题严重。这些都对堰塞体、堰塞湖区居民安全均存在巨大的威胁,一旦溃决形成洪水,对下游沿岸人民生命财产造成的危害难以估量,且极易引发灾害链,故红石岩堰塞湖永久性整治迫在眉睫。

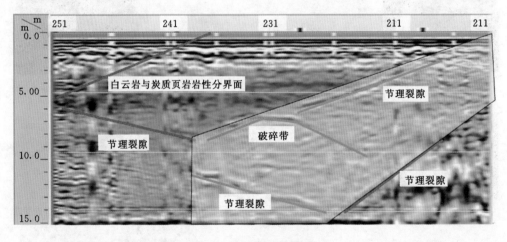

图 4.21 地质超前预报警

经详细分析论证,笔者团队创新性地提出将堰塞湖改造成我国首座集防洪、灌溉、发电等功能的综合水利枢纽的整治理念,并基于 HydroBIM®-乏信息勘测设计技术,充分利用 CAD/CAE 集成技术和三维协同设计技术,在 20 天内完成正常需要 8 个月的《牛栏江红石岩堰塞湖整治工程可行性研究报告》,通过水利部审查并获得高度评价。目前红石岩堰塞湖整治工程正在建设中,红石岩堰塞湖整治完成后将成为一个能容纳 2.6 亿 m³ 的大型水库,是世界上首例将新生堰塞湖建造成集防洪、灌溉、发电、旅游、城市供水等水资源综合利用任务的水利枢纽工程,整治工程枢纽三维布置见图 4.22。

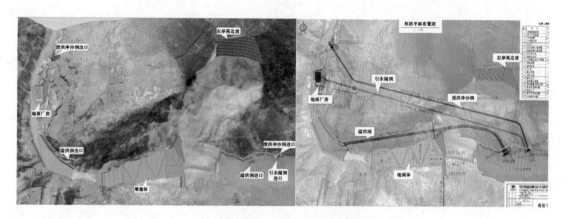

图 4.22　红石岩堰塞湖整治工程枢纽三维布置图和透视图

第5章　中国已建最高土石坝
——糯扎渡水电站应用实践

5.1　应用概述

5.1.1　工程概括

糯扎渡水电站位于云南省普洱市思茅区和澜沧县交界处的澜沧江下游干流上，是澜沧江中下游河段梯级规划"二库八级"电站的第五级（图 5.1），距昆明直线距离 350km，距广州 1500km，作为国家实施"西电东送"的重大战略工程之一，对南方区域优化电源结构、促进节能减排、实现清洁发展具有重要意义。

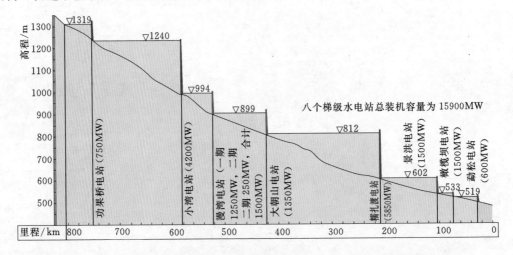

图 5.1　澜沧江中下游河段梯级规划"二库八级"纵剖面示意图

糯扎渡水电站以发电为主，兼有防洪、改善下游航运、灌溉、渔业、旅游和环保等综合利用任务，并对下游电站起补偿作用。电站装机容量 5850MW，是我国已建第四大水电站、云南省境内最大电站。电站保证出力为 240.6 万 kW，多年平均年发电量 239.12 亿 kW·h，相当于每年为国家节约 956 万 t 标准煤，减少二氧化碳排放 1877 万 t。水库总库容 237.03 亿 m³，为澜沧江流域最大水库。总投资 611 亿元，为云南省单项投资最大工程。

电站枢纽由心墙堆石坝、左岸开敞式溢洪道、左岸泄洪隧洞、右岸泄洪隧洞、左岸地下式引水发电系统等建筑物组成。心墙堆石坝最大坝高为 261.5m，在已建同类坝型中居中国第一、世界第三；开敞式溢洪道规模居亚洲第一，最大泄流量为 31318m³/s，泄洪功率为 5586 万 kW，居世界岸边溢洪道之首；地下主、副厂房尺寸为 418m×29m×81.6m，地下洞室群规模居世界前列，是世界土石坝里程碑工程。图 5.2 和图 5.3 所示为糯扎渡水电站枢纽实景图。

图 5.2 糯扎渡水电站枢纽

图 5.3 高 261.5m 心墙堆石坝挡水照片

工程于 2004 年 4 月开始筹建，2006 年 1 月工程开工建设，2007 年 11 月顺利实现大江截流，2011 年 11 月下闸蓄水，2012 年 8 月首台机组发电，2012 年 12 月大坝顺利封顶，2014 年 6 月电站 9 台机组全部投产发电，见图 5.4，比原计划提前了 3 年。

图 5.4　电站 9 台发电机组全部投产发电照片

　　工程运行已经过 2013—2015 年三个洪水期的考验，最高库水位在 2013 年及 2014 年连续两年超过正常蓄水位 812.00m，挡水水头超过 252m；截至 2014 年 11 月，全部 9 台机组单机正常运行时间均超过 2000h。电站初期运行及安全监测成果表明，工程各项指标与设计吻合较好，工程运行良好。大坝坝体最大沉降为 4.19m，坝顶最大沉降为 0.537m，渗流量仅为 5~20L/s，远小于国内外已建同类工程；岸边溢洪道及左右岸泄洪洞经高水头泄洪检验，结构工作正常；9 台机组全部投产运行，引水发电系统工作正常。2014 年 12 月，中国水电工程顾问集团有限公司工程竣工安全鉴定结论认为：工程设计符合规程规范的规定，建设质量满足合同规定和设计要求，工程运行安全。2016 年 3 月，顺利通过了由水电水利规划设计总院组织的枢纽工程专项验收现场检查和技术预验收，5 月通过枢纽工程专项验收的最终验收，被专家誉为"几乎无瑕疵的工程"。

5.1.2　HydroBIM 应用总体思路

　　糯扎渡水电站 HydroBIM 技术及应用始于 2001 年可研阶段，历经规划设计、工程建设和运行管理三大阶段，涵盖枢纽、机电、水库和生态四大工程，应用深度从枢纽布置格局与坝型选择的三维可视化、三维地形地质建模、建筑物三维参数化设计、岩土工程边坡三维设计、基于同一数据模型的多专业三维协同设计、基于三维 CAD/CAE 集成技术的建筑物优化与精细化设计、大体积混凝土三维配筋设计、施工组织设计（施工总布置与施工总进度）仿真与优化技术，直至设计施工一体化及设计成果数字化移交等，见图 5.5 和图 5.6。成果主要包括三维地质建模、三维协同设计、三维 CAD/CAE 集成分析、施工可视化仿真与优化、水库移民、生态景观 3S 及三维 CAD 集成设计、三维施工图和数字移交、工程建设质量实时监控、工程运行安全评价及预警、数字大坝全生命周期管理等。

图 5.5 糯扎渡水电站规划设计三维图与工程完建照片对比图（工程完建度高）

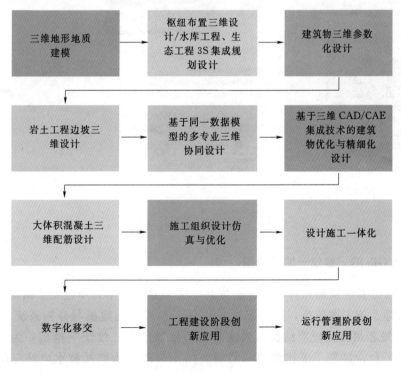

图 5.6 HydroBIM 应用深度

5.2　规划设计阶段 HydroBIM 应用

5.2.1　数字化协同设计流程

糯扎渡水电站三维设计以 ProjectWise 为协同平台，测绘专业通过 3S 技术构建三维地形模型，勘察专业基于 3S 及物探集成技术构建初步三维地质模型，地质专业通过与多专业协同分析，应用 GIS 技术完成三维统一地质模型的构建，其他专业在此基础上应用 AutoCAD 系列三维软件 Revit、Inventor、Civil 3D 等开展三维设计，设计验证和优化借助 CAE 软件模拟实现；应用 Navisworks 完成碰撞检测及三维校审；施工专业应用 AIW 和 Navisworks 进行施工总布置三维设计和 4D 虚拟建造；最后基于云实现三维数字化成果交付。报告编制采用基于 Sharepoint 研发的文档协同编辑系统来实现。协同设计流程见图 5.7。

图 5.7　三维协同设计流程

5.2.2　基于 GIS 的三维统一地质模型

充分利用已有地质勘探和试验分析资料，应用 GIS 技术初步建立了枢纽区三维地质模型。在招标及施工图阶段，研发了地质信息三维可视化建模与分析系统 NZD - VisualGeo，根据最新揭露的地质情况，快速修正了地质信息三维统一模型，为设计和施工提供了交互平台，提高了工作效率和质量。图 5.8 所示为糯扎渡水电站三维统一地质模型。

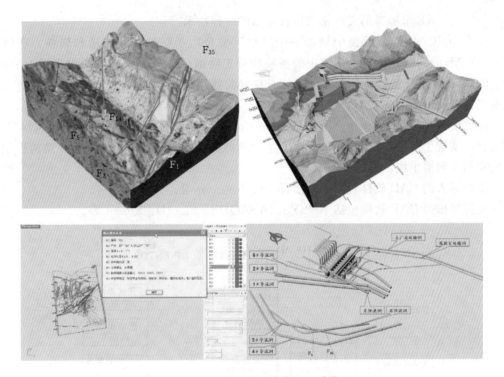

图 5.8 基于 GIS 的三维统一地质模型

5.2.3 多专业三维协同设计

基于逆向工程技术，实现了 GIS 三维地质模型的实体化，在此基础上，各专业应用 Civil 3D、Revit、Inventor 等直接进行三维设计，再通过 Navisworks 进行直观的模型整合审查、碰撞检查、3D 漫游、4D 建造等，为枢纽、机电工程设计提供完整的三维设计审查方案。图 5.9 为多专业三维协同设计示意图。

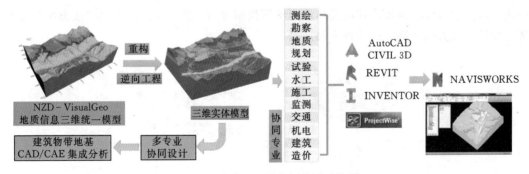

图 5.9 多专业三维协同设计示意图

5.2.4 CAD/CAE 集成分析

（1）CAD/CAE 集成"桥"技术。CAD/CAE 桥技术是指高效地导入 CAD 平台完成的几何模型，将连续、复杂、非规则的几何模型转换为离散、规则的数值模型，最后按照用户指定的 CAE 求解器的文件格式进行输出的一种技术。

在 CAD/CAE 集成系统中增加一个"桥"平台,专职数据的传递和转换,在解放 CAD、CAE 的同时,让集成系统中的各模块分工明确,不必因集成的顾虑而对 CAD 平台、CAE 平台或开发工具有所取舍,具有良好的通用性。改以往的"多 CAD-多 CAE"混乱局面为简单的"多 CAD-'桥'-多 CAE"。

经比选研究,选择 Altair 公司的 Hypermesh 作为"桥"平台,采用 Macros 及 Tcl/Tk 开发语言,实现了与最广泛的 CAD、CAE 平台间的数据通信及任意复杂地质、结构模型的几何重构及网格生成,见图 5.10。

支持导入的 CAD 软件包括 C3D、Revit、Inventor 等。

支持导出的 CAE 软件包括 ANSYS、ABAQUS、Flac3D、Fluent 等。

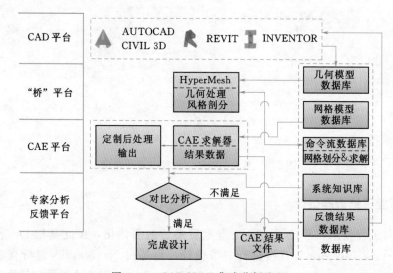

图 5.10 CAD/CAE 集成分析流程

(2) 数值仿真模拟。基于桥技术转换的网格模型,对工程结构进行应力应变、稳定、渗流、水力学特性、通风、环境流体动力学等模拟分析(图 5.11),快速完成方案验证和优化设计,大大地提高了设计效率和质量。

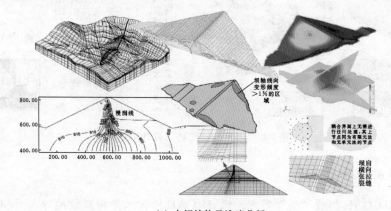

(a) 大坝结构及渗流分析

图 5.11(一) 糯扎渡工程数值仿真模拟成果

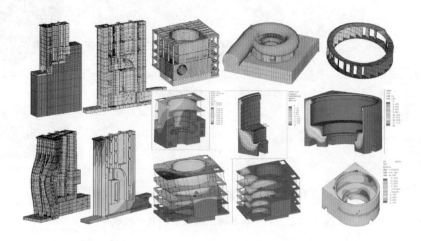

（b）建筑物结构分析

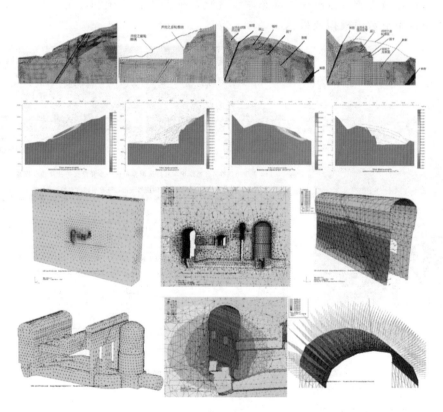

（c）边坡及围岩稳定性分析

图 5.11（二） 糯扎渡工程数值仿真模拟成果

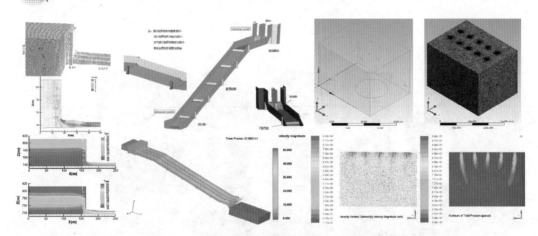

(d) 工程水力学、环境流体动力学、地下洞室通风等模拟分析

图 5.11（三）　糯扎渡工程数值仿真模拟成果

　　根据施工揭示的地质情况，结合三维 CAD/CAE 集成分析和监测信息反馈，实现地下洞室群及高边坡支护参数的快速动态调整优化，确保工程安全和经济。图 5.12 所示为糯扎渡地下洞室群数值模拟成果。

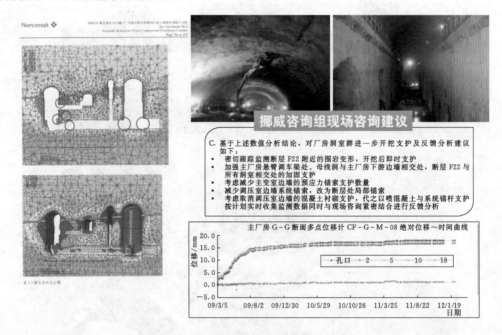

图 5.12　糯扎渡地下洞室群数值模拟成果

5.2.5　施工总布置与总进度

　　施工总布置优化：以 Civil 3D、Revit、Inventor 等形成的各专业 BIM 模型为基础，以 AIW 为施工总布置可视化和信息化整合平台（图 5.13），实现模型文件设计信息的自动连接与更新，方案调整后可快速全面对比整体布置及细部面貌，分析方案优劣，大大地

提升了施工总布置优化设计效率和质量。

图 5.13 糯扎渡枢纽工程施工总布置

施工进度和施工方案优化：应用 Navisworks 的 TimeLiner 模块将 3D 模型和进度软件（P3、Project 等）链接在一起（图 5.14），在 4D 环境中直观地对施工进度和过程进行仿真，发现问题时，可及时调整优化进度和施工方案，进而实现更为精确的进度控制和合理的施工方案，从而达到降低变更风险和减少施工浪费的目的。

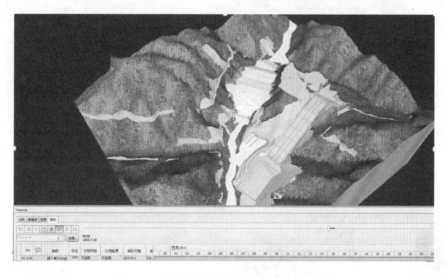

图 5.14 糯扎渡水电站施工总进度 4D 仿真

5.2.6 三维出图质量和效率

三维标准化体系文件的建立、多专业并行协同方式确立、设计平台下完整的参数化族库、三维出图插件二次开发、三维软件平立剖数据关联和严格对应可快速完成三维工程图

输出，以满足不同设计阶段的需求，有效地提高了出图效率和质量。参数化族库见图
5.15～图 5.17，三维出图插件见图 5.18。

图 5.15 安全监测 BIM 模型库

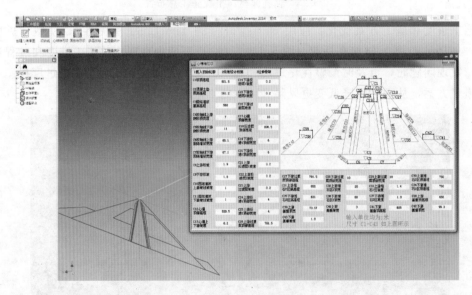

图 5.16 水工参数化设计模块

图 5.17 机电设备族库

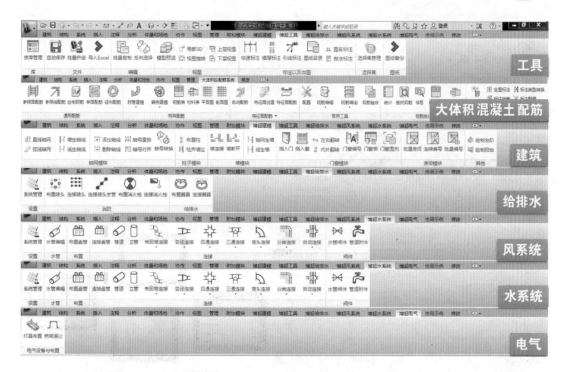

图 5.18 二次开发三维出图插件

参与糯扎渡水电站设计的全部工程专业均通过 HydroBIM 综合平台直接生成三维模型，施工图纸均从三维模型直接剖切生成，其平立剖及尺寸标注自动关联变更，有效地解决错漏碰问题，减少图纸校审工作量，与二维 CAD 相比，三维出图效率提升 50%以上。

结合中国电建昆明院传统制图规定及 HydroBIM 技术规程体系，针对三维设计软件本地化方面做了大量二次开发工作，建立了三维设计软件本地化标准样板文件及三维出图元素库，并制定了《三维制图规定》，对三维图纸表达方式及图元的表现形式（如线宽、各材质的填充样式、度量单位、字高、标注样式等）做了具体规定，有效地保障了三维出图质量。

5.2.7 数字化移交

基于 HydroBIM 综合平台，协同厂房、机电等专业完成糯扎渡水电站厂房三维施工图设计，应用基于云计算的建筑信息模型软件 Autodesk BIM 360 Glue 把施工图设计方案移到云端移交给业主，聚合各种格式的设计文件，高效管理，在施工前排查错误，改进方案，实现真正的设计施工一体化协同设计。三维协同设计及数字化移交大大地提高了"图纸"的可读性，减少了设计差错及现场图纸解释的工作量，保证了现场施工进度。同时，图纸中反映的材料量统计准确，有力地保证了施工备料工作的顺利进行，三维施工图得到了电站筹备处的好评。图 5.19 所示为糯扎渡水电站数字移交系统。

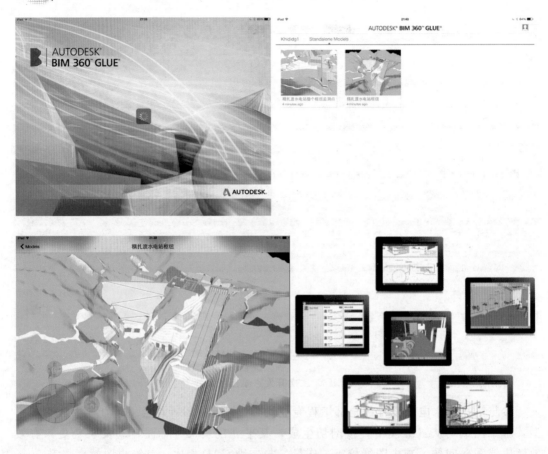

图 5.19　糯扎渡水电站数字移交系统

5.3　工程建设阶段 HydroBIM 应用

重新定义工程建设管理，在规划设计 HydroBIM 模型基础上，集成质量与进度实时监控数字化技术，完成了数字大坝——工程质量与安全信息管理系统，于 2008 年年底交付工程建管局及施工单位投入使用。

糯扎渡高心墙堆石坝划分为 12 个区，8 种坝料，共 3432 万 m³，工程量大，施工分期分区复杂，坝料料源多，坝体填筑碾压质量要求高，见图 5.20。常规施工控制手段由于受人为因素干扰大，管理粗放，故难以实现对碾压遍数、铺层厚度、行车速度、激振力、装卸料正确性及运输过程等参数的有效控制，难以确保碾压过程质量。

针对高心墙堆石坝填筑碾压质量控制的要求与特点，在规划设计 HydroBIM 模型数据库基础上，建立填筑碾压质量实时监控指标及准则，采用 GPS、GPRS、GSM、GIS、PDA 及计算机网络等技术，提出了高心墙堆石坝填筑碾压质量实时监控技术、坝料上坝运输过程实时监控技术和施工质量动态信息 PDA 实时采集技术，研发了高心墙堆石坝施工质量实时监控系统，见图 5.21 和图 5.22，实现了大坝填筑碾压全过程的全天候、精细化、在线实时监控。糯扎渡大坝实践表明，该技术可有效保证和提高施工质量，使工程建

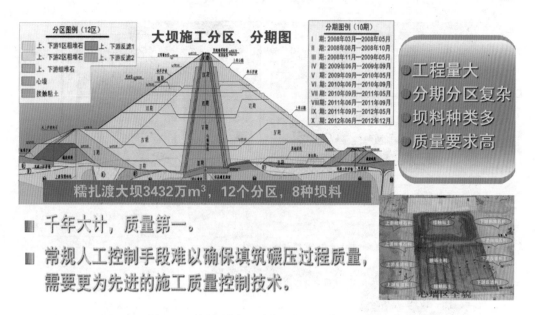

图 5.20 糯扎渡高心墙堆石坝施工特点及难点

设质量始终处于真实受控状态，为高心墙堆石坝建设质量控制提供了一条新的途径，是大坝建设质量控制手段的重大创新。

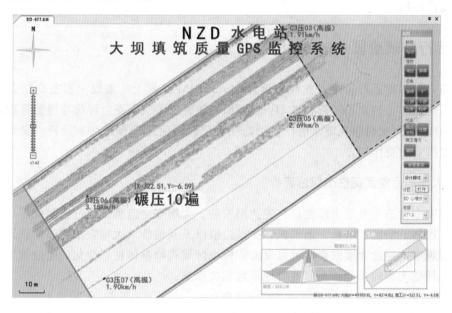

图 5.21 糯扎渡大坝填筑质量监控系统

在 HydroBIM 技术的支撑下，国内最高土石坝糯扎渡 261.5m 高心墙堆石坝提前一年完工，电站提前两年发电，工程经济效益显著。该项技术不仅适用于心墙堆石坝，还适用于混凝土面板堆石坝和碾压混凝土坝，应用前景十分广阔。已在雅砻江官地、金沙江龙开口、金沙江鲁地拉、大渡河长河坝、缅甸伊洛瓦底江流域梯级水电站等大型水利水电工程

图 5.22　糯扎渡大坝施工质量实时监控现场照片

建设中推广应用。

5.4　运行管理阶段 HydroBIM 应用

重新定义工程运行管理，在规划设计 HydroBIM 基础上，集成工程安全综合评价及预警数字化技术，构建了运行管理 HydroBIM，并研发了工程安全评价与预警管理信息系统，于 2010 年底交付糯扎渡水电厂使用，在大坝监测信息管理、性态分析、安全评价及预警中发挥着重要作用。

5.4.1　大坝运行期实测性态综合评价

大坝安全性态主要是由监测信息表达出来的。大坝安全监测是通过监测仪器观测和巡视检查对坝体、坝肩、坝基、近坝区、护岸边坡以及其他涉及大坝安全状态的建筑物所做的测量和观察。通过大坝安全监测可全面掌握坝区建筑物整体性态变化的全过程，并能迅速有效地评估大坝的安全状态，及时地采取相关措施。

1. 安全评价指标体系的建立

安全预警项目主要包括整体项目、分项项目和个人定制项目，见图 5.23。

其中个人定制项目是根据用户需求由用户自己定义的预警项目，定制的项目往往不具有普适性，在这里不予考虑。整体项目是从坝前蓄水位、渗透稳定、整体变形、坝坡稳定以及大坝裂缝等不同的预警类来评价大坝安全的项目，但是其指标计算过程复杂，且有些指标的监控标准难以计算，没有一个综合评价体系，也不予考虑，但其相关指标是可以借鉴的。分项项目与典型监测点对应，包括水平位移、沉降、渗流量、渗流压力、土压和裂

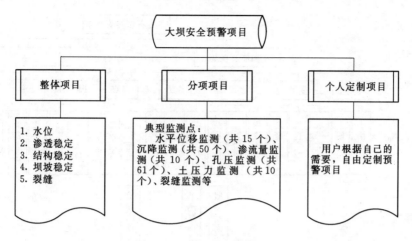

图 5.23 大坝安全预警项目

缝等多个预警类。通过对不同分项项目的综合评价可以获得大坝的总体的安全稳定性，但是其指标体系只局限于大坝监测的效应量，并没有考虑环境量监测、近坝区监测以及巡视检查，还需要进一步的完善。针对糯扎渡的分项项目安全预警指标体系结构为"分项项目-监测断面-结构部位-监测测点-安全指标"，见图 5.24。

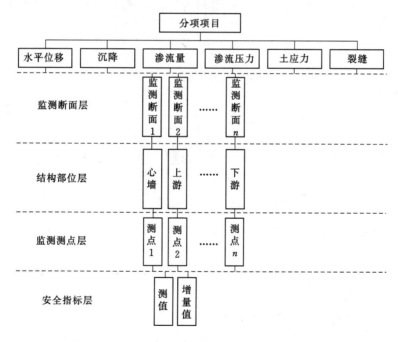

图 5.24 分项项目安全预警指标体系

综合考虑了环境量监测、近坝区监测和巡视检查项目，确定了高土石坝实测性态的综合评价指标体系，见图 5.25。

高土石坝实测性态的指标体系结构一般如下：

第Ⅰ层，土石坝实测性态层。大坝实测性态评价的最终目标层。

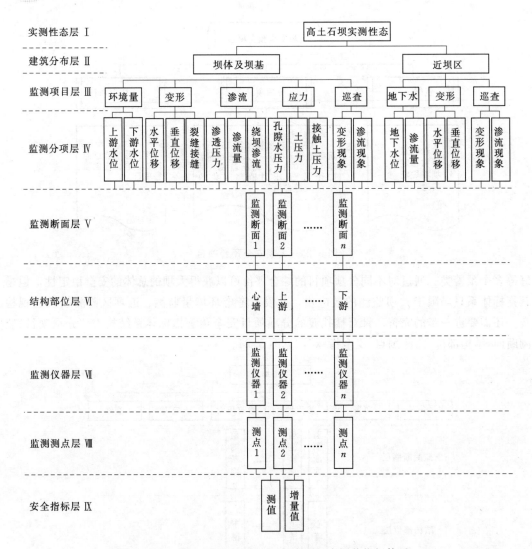

图 5.25　普遍意义下的高土石坝实测性态评价指标体系

第Ⅱ层，建筑分布层。从大坝结构组成的角度，对大坝进行安全评价，一般分为坝体及坝基、近坝区两部分。

第Ⅲ层，监测项目层。从安全监测项目和巡视检查的角度，主要包括变形、渗流、应力、环境量、巡视检查等。

第Ⅳ层，监测分项层。监测分项目是对监测项目的进一步细分，以土石坝变形监测项目为例进行说明，其分项目包括水平位移、垂直位移和裂缝接缝监测。

第Ⅴ层，监测断面层。土石坝监测布置一般根据不同的部位布置不同的监测断面。

第Ⅵ层，结构部位层。以大坝渗压监测为例，监测断面往往包括防渗帷幕、接触黏土、下游、心墙、上游反滤料、上游堆石料、黏土垫层等工程部位。

第Ⅶ层，监测仪器层。每一监测项目可以采用不同的监测仪器进行监测。

第Ⅷ层，监测测点层。监测仪器可能是单点监测或多点监测。

第Ⅸ层，安全指标层。包括测值、增量值。增量一般为周增量（变形、应力等）或日增量（渗流量等），此层为指标体系的最底层指标，是整个评价指标体系的数据基础。

由于高土石坝综合评价指标体系的复杂性，不同的大坝，其结构特点不同，监测项目的布置和侧重点也有所不同。

2. 多因素高土石坝实测性态综合评价

多因素高土石坝实测性态综合评价的主要包含以下几方面内容：①综合评价指标体系的建立；②监测数据的预处理，减少随机误差和系统误差，消除粗差；③安全评价集设计；④监控标准以及隶属度计算；⑤指标体系权重分析；⑥实测性态安全等级分析。图 5.26 所示为多因素高土石坝实测性态综合评价思路。

以下主要介绍高土石坝在不同失事模式下综合评价指标体系确定的权重矩阵。

由于高土石坝不同的失事模式具有不同的失事机理，其表现出来的监测异常也是不一样的。普遍意义下的土石坝实测性态评价指标体

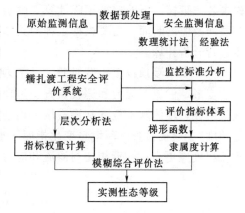

图 5.26　多因素高土石坝实测性态
综合评价思路

系，所包含的指标全面，基本包括土石坝各项异常判断的指标体系，但是由于在不同的失事模式下，结构表现出来的主要异常也是不一样的，因此在进行土石坝的实测性态安全稳定分析时，需根据各监测指标的异常情况，分析可能的失事模式，筛选需要的指标，构造相应的判断矩阵。表 5.1 所示为土石坝不同失事模式对应的监测异常表现形式。

表 5.1　　　　　　　　　土石坝不同失事模式对应的监测异常表现形式

失事模式		监测异常表现形式	
		仪器监测	巡视检查
坝体及坝基	洪水漫顶	水位：上游库水位上升； 变形：坝体整体变形增加； 渗流：渗流量、扬压力增加	暴雨或特大暴雨天气； 上游水位上涨明显； 上游水面波浪明显
	滑坡失稳	变形：变形增加，有突变现象； 裂缝：裂缝宽度增加； 水位：水位骤降； 渗流：渗透压力发生突变	相邻坝段会发生错动；坝体伸缩缝扩张；坝体裂缝发展到一定数量；坝体发生破损
	渗透破坏	渗流：坝基或坝体扬压力增大，渗透压力增加明显，渗流量变大，一般伴随有突变现象； 变形：变形增加	坝体或坝基渗透水浑浊，有一定析出物，渗透水质较差
近坝区失事		变形：变形增加，有突变现象； 渗流：渗透压力增大； 水位：地下水位抬高	近坝区边坡岩体发生松动，岩体裂缝数量多，出现地下水露头；渗水量增大，渗透水浑浊
混合失事模式		变形、渗流、应力、裂缝监测具有异常，但不能判断主要异常	具有相应的变形和渗流异常

在考虑评价指标体系的动态变化、监控指标的动态修正、指标权重随评价指标体系的

动态变化等动态因素的基础上，提出了大坝实测性态实时评价方法。以仪器的安全监测信息和巡视检查信息为评价体系的底层指标，采用层次分析法（AHP）确定指标权重，同时考虑变化过程中的指标危险程度的模糊性，通过模糊综合评价方法对土石坝实测性态进行实时安全评价。下面分别进行在洪水漫顶、滑坡失稳、渗透破坏、近坝区失事以及混合失事各失事模式下的权重矩阵计算。由于土石坝普遍意义下的实测性态评价指标体系的第Ⅴ层涉及监测断面，需要根据工程的具体情况进行分析，因此本节主要对前四层的指标权重进行分析计算。

（1）洪水漫顶权重矩阵计算。土石坝在发生洪水漫顶前表现异常的监测项目有环境量、变形、渗流、应力和巡视检查。呈现的主要异常有：上游库水位持续上涨，上游水面波浪明显，坝体水平位移和渗透压力均会有相应的增加。可知环境量（上游水位及水位变化速度）、巡视检查（环境量变化指库区水面波浪现象）相比其他监测量异常程度更明显，重要程度应更高；变形相比与渗流和应力异常程度稍微明显。对应的判断矩阵如下：

$$\begin{array}{ccccc} U_1 & U_2 & U_3 & U_4 & U_5 \end{array}$$

$$\boldsymbol{M}=\begin{bmatrix} 1 & 6 & 7 & 7 & 2 \\ \dfrac{1}{6} & 1 & 2 & 2 & \dfrac{1}{4} \\ \dfrac{1}{7} & \dfrac{1}{2} & 1 & 2 & \dfrac{1}{4} \\ \dfrac{1}{7} & \dfrac{1}{2} & \dfrac{1}{2} & 1 & \dfrac{1}{4} \\ \dfrac{1}{2} & 4 & 4 & 4 & 1 \end{bmatrix} \begin{array}{l} U_1 \\ U_2 \\ U_3 \\ U_4 \\ U_5 \end{array}$$

其中，M 表示判断矩阵，U_1 表示环境量，U_2 表示变形，U_3 表示渗流，U_4 表示应力，U_5 表示巡视检查。由此得到的环境量的权重为 0.4958，变形的权重为 0.1004，渗流的权重系数为 0.0630，应力的权重系数为 0.0630，巡视检查的权重系数为 0.2779。

根据以上分析可知，土石坝发生洪水漫顶时的实测性态评价指标体系和指标权重见图5.27，图中各指标的权重值是相对于上一层次的指标而定的。

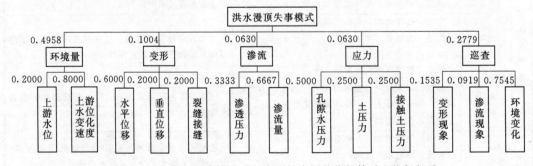

图 5.27　洪水漫顶失事模式下的实测性态评价指标体系和指标权重

（2）滑坡失稳权重矩阵计算。土石坝在发生滑坡失稳前表现异常的监测项目有环境量、变形、渗流、应力和巡视检查。呈现的主要异常有：上下游库水位骤降，坝体变形监测变大且会发生突变，裂缝数量变多且开合度变大。可知巡视检查异常最明显，重要程度最高，尤其是变形现象；变形监测量相比其他监测量异常程度明显，重要程度更高；渗流和应力监测量相比环境量异常程度稍微明显。对应的判断矩阵如下：

$$
M=\begin{array}{c} \begin{array}{ccccc} U_1 & U_2 & U_3 & U_4 & U_5 \end{array} \\ \begin{bmatrix} 1 & \frac{1}{6} & \frac{1}{2} & \frac{1}{2} & \frac{1}{8} \\ 6 & 1 & 3 & 3 & \frac{3}{4} \\ 2 & \frac{1}{3} & 1 & 1 & \frac{1}{4} \\ 2 & \frac{1}{3} & 1 & 1 & \frac{1}{4} \\ 8 & \frac{4}{3} & 4 & 4 & 1 \end{bmatrix} \begin{array}{c} U_1 \\ U_2 \\ U_3 \\ U_4 \\ U_5 \end{array} \end{array}
$$

其中，M 表示判断矩阵，U_1 表示环境量，U_2 表示变形，U_3 表示渗流，U_4 表示应力，U_5 表示巡视检查。由此得到的环境量的权重为 0.0526，变形的权重为 0.3158，渗流的权重系数为 0.1053，应力的权重系数为 0.1053，巡视检查的权重系数为 0.4211。

根据以上分析可知，土石坝发生滑坡失稳时的实测性态评价指标体系和指标权重见图 5.28，图中各指标的权重值是相对于上一层次的指标而定的。

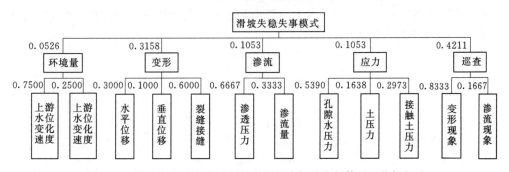

图 5.28 滑坡失稳失事模式下的实测性态评价指标体系和指标权重

（3）渗透破坏权重矩阵计算。土石坝在发生渗透破坏前表现异常的监测项目有变形、渗流、应力和巡视检查。呈现的主要异常有：渗透压力变大，坝体或坝基出现流土、管涌、接触冲刷等渗透破坏现象。可知巡视检查异常最明显，重要程度最高，尤其是渗透现象；渗流监测量相比其他监测量异常程度明显，重要程度更高。对应的判断矩阵如下：

$$
M=\begin{array}{c} \begin{array}{cccc} U_1 & U_2 & U_3 & U_4 \end{array} \\ \begin{bmatrix} 1 & \frac{1}{4} & 1 & \frac{1}{5} \\ 4 & 1 & 4 & \frac{1}{2} \\ 1 & \frac{1}{4} & 1 & \frac{1}{5} \\ \frac{1}{5} & 2 & 5 & 1 \end{bmatrix} \begin{array}{c} U_1 \\ U_2 \\ U_3 \\ U_4 \end{array} \end{array}
$$

其中，M 表示判断矩阵，U_1 表示变形，U_2 表示渗流，U_3 表示应力，U_4 表示巡视检查。由此得到变形的权重为 0.0896，渗流的权重系数为 0.3190，应力的权重系数为 0.0896，巡视检查的权重系数为 0.5017。

根据以上分析可知，土石坝发生渗透破坏时的实测性态评价指标体系和指标权重见图 5.29，图中各指标的权重值是相对于上一层次的指标而定的。

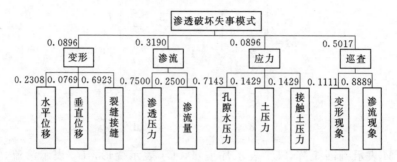

图 5.29　渗透破坏失事模式下的实测性态评价指标体系和指标权重

（4）近坝区失事权重矩阵计算。土石坝近坝区失事一般为边坡事故，主要表现形式为滑坡失稳。失事前表现异常的监测项目有地下水、变形和巡视检查。呈现的主要异常有：边坡变形监测变大且会发生突变，裂缝数量变多且开合度变大。可知巡视检查异常最明显，重要程度最高，尤其是变形现象；变形监测量相比其他监测量异常程度明显，重要程度更高。对应的判断矩阵如下：

$$
\boldsymbol{M}=
\begin{array}{ccc}
& U_1 & U_2 & U_3 \\
\end{array}
\begin{bmatrix}
1 & \dfrac{1}{2} & \dfrac{1}{3} \\[2mm]
2 & 1 & \dfrac{2}{3} \\[2mm]
3 & \dfrac{3}{2} & 1 \\
\end{bmatrix}
\begin{array}{c}
U_1 \\ U_2 \\ U_3
\end{array}
$$

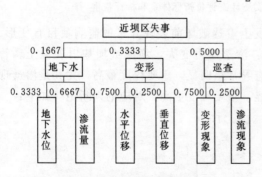

图 5.30　近坝区失事模式下的实测性态
评价指标体系和指标权重

其中，M 表示判断矩阵，U_1 表示地下水，U_2 表示变形，U_3 表示渗流现象。由此得到地下水的权重为 0.1667，变形的权重系数为 0.3333，渗流的权重系数为 0.5。

根据以上分析可知，土石坝近坝区发生失事时的实测性态评价指标体系和指标权重见图 5.30，图中各指标的权重值是相对于上一层次的指标而定的。

（5）混合失事模式权重矩阵计算。混合失事表现为多种失事模式的同时发生，根据各监测项目的异常程度难以准确地判断可能的失事模式，需要根据实际异常情况进行指标筛选，并根据异常程度确定指标体系的判断矩阵。

5.4.2　工程安全评价与预警管理信息系统架构

　　糯扎渡大坝工程安全评价与预警信息管理系统主要由系统管理模块、安全指标模块、监测数据与工程信息模块、数值计算模块、反演分析模块、安全预警与应急预案模块和数据库及管理模块共七个模块构成，见图 5.31，集成监测数据采集与分析管理、大坝数值计算与反演分析、安全综合评价指标体系及预警系统、巡视记录与文档管理等于一体，为工程监测信息管理、性态分析、安全评价及预警发挥了重要作用。图 5.32 所示为工程安全评价与预警管理信息系统界面。

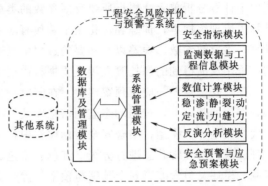

图 5.31　工程安全风险评价与预警系统总体结构

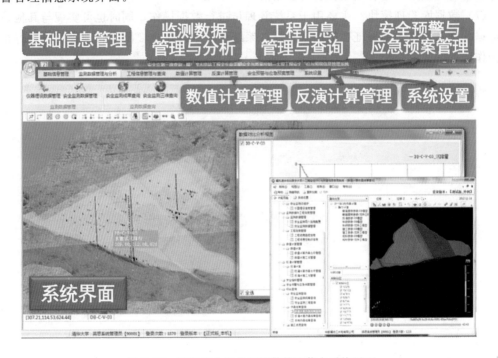

图 5.32　工程安全评价与预警管理信息系统界面

　　（1）系统管理模块。系统的枢纽，提供系统运行的操作界面，管理信息交换与共享。

　　（2）安全指标模块。①大坝安全控制指标：在对已有案例和研究成果、规范及监测资料分析的基础上建立的综合安全评价指标体系；②监测数据合理性判别指标：通过大坝监测数据的综合分析，建立各测值时程控制范围指标。

　　（3）监测数据和工程信息模块。对大坝各类动态信息进行查询、分析、可视化展示及报表等。

　　（4）数值计算模块。包含渗流计算、静力计算、裂缝计算、稳定计算及动力计算五个

155

计算分析单元，可对大坝的相应特性进行不同条件下数值仿真分析；同时，系统中还嵌入了各种计算的执行程序，用户可变换一定的条件自行计算分析。

（5）反演分析模块。包含渗流反演分析、静力反演分析、裂缝反演分析及动力反演分析四个计算分析单元。根据所要反演参数的类型及数量，确定所需要的信息；通过有限元计算生成训练样本；训练和优化用于替代有限元计算的神经网络，并进行土体参数的反演计算；将反演参数、误差以及必要的过程信息通过系统管理模块存入数据库供其他单元调用；采用反演得到的糯扎渡大坝主要坝料模型参数对大坝性态进行数值分析。

（6）安全预警与应急预案模块。在同时考虑影响大坝安全的各因素之间的内在联系及耦合作用的基础上，根据动态监测信息以及计算成果，进行施工质量与大坝安全分析，建立大坝安全评价模型；结合安全指标模块中各因子的安全阈值，针对不同的异常状态及其物理成因，对异常状态进行分级（红色、橙色、黄色）并建立预警机制。根据不同的预警机制，模块又包含变形安全预警与预案、渗流安全预警与预案、裂缝安全预警与预案、坝坡稳定预警与预案及地震安全预警与预案五个子单元。

（7）数据库管理模块。主要用于系统管理员进行数据操作，同时也可实现与其他系统的数据共享及传递。为保证数据的安全性，系统研发中模块主要限于管理员用户进行相应的操作。

第6章 中国已建最高混合坝
——观音岩水电站应用实践

6.1 应用概述

6.1.1 工程概况

观音岩水电站位于云南省丽江市华坪县（左岸）与四川省攀枝花市（右岸）交界的金沙江中游河段，为金沙江中游河段规划八个梯级电站的最末一个梯级。枢纽主要由挡水、泄洪排沙、电站引水系统及坝后厂房等建筑物组成。电站坝址距攀枝花市公路里程约27km，距华坪县城公路里程约42km。攀枝花市距成都市公路里程约768km，距昆明市公路里程约333km。成昆铁路支线格里坪站距坝址直线距离约10km。工程是以发电为主，兼顾防洪、供水、库区航运及旅游等综合利用效益的水电水利枢纽工程，总投资286亿元。

观音岩水电站为Ⅰ等大（1）型工程，最大坝高159m，水库正常蓄水位1134.00m，相应库容为20.72亿m³，调节库容5.55亿m³，具有周调节性能。电站装机容量为3000（5×600）MW，保证出力1392.8MW，多年平均年发电量为136.22亿kW·h，装机年利用小时4540h。水电站厂房土建、机电及金属结构设备采购安装总投资约43亿元。图6.1为观音岩水电站实景图。

(a)

图 6.1（一） 观音岩水电站实景

(b)

图 6.1（二）　观音岩水电站实景

6.1.2　项目背景

水电项目的施工是一项复杂的系统工程。具有参与人员多，整个枢纽工程布置复杂，占地范围大和施工工期紧的特点。特别是主厂房的施工混凝土浇筑量大，涉及多专业配合，工序复杂，是控制整个水电站建设质量和进度的关键之一。

三维 BIM 设计方式带来了水电设计手段的革命。但施工单位进行施工的时候，其依据依然是 BIM 模型生成的纸版施工蓝图，具有一定的局限性，三维设计的优势没有得到全方位的、深入的体现。工程建设各方的数据信息交互也存在一定的延时性。如何提高设计交底的质量与效率、全面快捷的展示设计成果与设计意图，是摆在设计单位面前的一个重要课题。

6.1.3　HydroBIM 应用总体思路

观音岩水电站 HydroBIM 应用采用全流程三维设计式服务，各专业所建立的三维模型，与 CAE 分析软件相结合直接进行 CAD/CAE 集成式应用，通过涵盖全专业的三维设计平台开展协同设计及三维出图，同时借助云数据服务技术完成设计数据的管理与发布，最终通过数字化成果移交与虚拟仿真施工交互进行施工指导。

观音岩水电站厂房是第一个应用 HydroBIM 设计平台的工程，要求在可研阶段、招标阶段、施工详图阶段采用全三维设计，在施工详图阶段要求厂房设计全部专业开展三维协同工作，在平台级做好各专业设计软件接口工作。其软件系统的应用见表 6.1。

为便于下序专业按照上序专业的最新设计成果及时更新设计，高效解决传统二维出图"错漏碰"严重的问题，观音岩水电站厂房设计在 ProjectWise 平台下，要求各专业并行

表 6.1	观音岩水电站软件系统应用
业务需求/专业设计	软 件 系 统
三维协同平台	Bentley ProjectWise
文档协同平台	中国电建集团昆明勘测设计研究院有限公司文档协同系统
地质	三维建模软件土木工程三维地质系统（GeoBIM）
厂房、建筑、机电	AutoDesk Revit
金属结构	AutoDesk Inventor
大体积分析计算	ANSYS
钢筋出图	三维钢筋图绘制辅助系统

开展三维模型设计，方便各专业的最新设计成果实时反映在三维模型上，同时并行的协同设计方式也更加高效。

工程在可行性研究阶段、招标阶段、施工详图阶段均全面开展三维设计（各阶段厂房三维模型见图 6.2），参与专业涵盖水工厂房、水力机械、电气一次、电气二次、金属结构、通风空调、消防、通信、建筑、测绘、地质等全部专业。

各专业需提交业主的施工图纸中，除板、梁、柱钢筋图外均要求在三维平台直接完成，板、梁、柱钢筋图采用将 Revit 模型导入 PKPM 计算分析出施工图方式完成。并借助 Revit 平台下二次开发的"大体积复杂结构三维钢筋图绘制辅助系统"开展观音岩厂房施工图设计工作。

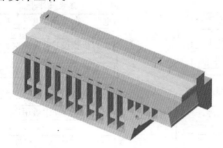

（a）招标阶段厂房三维模型

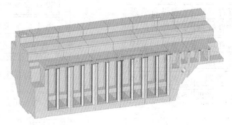

（b）可研阶段厂房三维模型

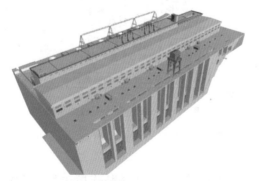

（c）施工详图阶段厂房三维模型

图 6.2 各阶段厂房三维模型示意图

6.2　HydroBIM 三维设计平台

6.2.1　平台架构

　　现有的设计软件多为商业化的成品化软件,不同软件供应商的产品难免会形成一个个数据孤岛,致使无法将数据信息关联起来,需要大量的人为干预核对,因此常出现由于数据不一致产生的设计错误。由于数据的孤立性,无法统一对数据进行科学管理,更实现不了有效的数据源统一输出,业主也就无法从设计源头轻松获得规范的设计成果数据。

　　HydroBIM 设计平台通过建立统一的数据库,并使各数据软件与其交互数据,从而做到数据唯一。该平台一方面整合多款设计软件,将设计流程和专业协同固化在软件流程中;另一方面集成人力资源管理、工程信息管理等工程管理功能,使之和平台工作流程有机结合,进而实现科学地项目管理和设计标准化,实现对设计数据的规范管理,为施工交互、自动数字化移交奠定基础。平台的数据逻辑架构见图 6.3。

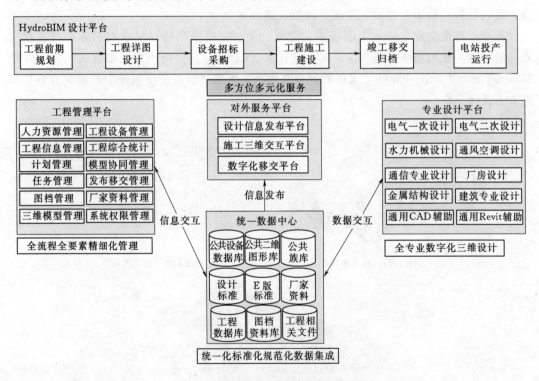

图 6.3　HydroBIM 设计平台框架图

6.2.2　平台目标

　　HydroBIM 设计平台将信息化技术融入企业协作模式和管理体系:一方面,创建高效优质的数字化系统平台,作为提升企业市场竞争力的科技支撑;另一方面,建设基于项目的全过程把控的长效管理平台,实现企业工程信息的多元化分享。

根据工程管理框架体系中集成的各类工程信息，为工程建设单位提供全面的工程项目管理服务，设计方的设计数据可以实时与客户端平台对接，提供数据更新服务。应用先选的三维设计手段和强大的数据管理功能，实现对施工过程的进度、质量、成本管理。

利用平台功能实现对工程建设单位的智能数字化移交，将水电站 BIM 模型也作为设计成果进行数字化移交，并提供良好的三维浏览界面来支持 BIM 浏览。平台可面向全生命周期项目管理，整个数据流都可以顺畅传递流转应用。通过平台设计移交与发布，满足设计方与其他关联方的良好互动，提高设计工作效率与设计技术水平，并为运维打下数据基础。

6.2.3 平台功能

HydroBIM 设计平台整合三维设计软件、CAE 分析软件、协同工作软件，以数据驱动为核心，连通整个设计流程，简化设计步骤，实现设计流程的自动化，上序的设计成果将自动作为下序的设计依据，自动通过平台传递，无需人工干预，减少人为操作错误、提高设计效率和质量。平台主要由以下几个子模块组成：

（1）工程设计数据平台。收集水电工程设计中涉及的基础设备数据、族库模型、二维图形、设计标准、体系管理文件、厂家资料等六大类数据。根据项目实施过程中各个专业设计深度要求、工程设计差异化实际现状等，为平台整体建设奠定统一的数据基础。经过数据分析与统计，建立数据标准化规范，形成专业化的设计数据管理平台，满足数据录入、维护、管理海量公共数据库及接口访问的应用需求。图 6.4 所示为设计数据平台。

图 6.4　设计数据平台

（2）一体化协同工程设计平台。建立满足厂房、建筑、消防、电气一次、电气二次、水机、通风、通信、金属结构专业业务需求的设计平台。实现各个专业的系统图设计、原理图设计、布置设计及专业计算整合，通过设计软件的大量二次开发和定制，实现各专业多软件之间的交互、对接,提高设计产品的质量,增大设计产品的信息容量,并通过设计管理平台完成设计移交与发布,满足设计与其他关联方的良好互动,提高设计工作效率与设计技术水平。工程设计平台实现设计软件在平台中进行整合,见图 6.5。

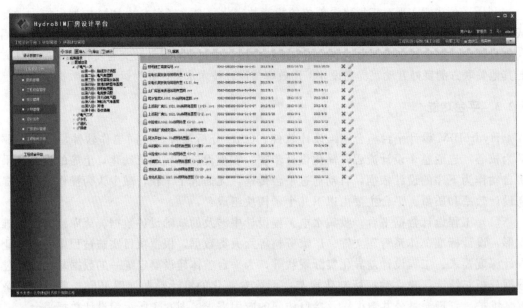

图 6.5　一体化协同工程设计平台

(3) 可视化工程综合管理平台。设计是水电站建设数据源头,通过前述的设计数据管理平台与工程设计管理平台,结合业主的管理目标,集成管理水电工程信息,建立起可视化的工程综合管理平台,见图 6.6。提供工程人员信息查询、工程概况查询、工程参与人

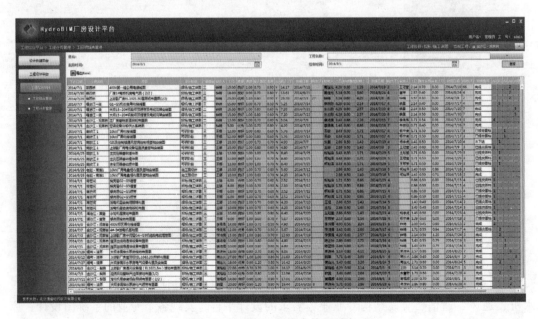

图 6.6　可视化工程综合管理平台

员及角色查询、绩效考核、工程计划与进度查询、各类机电设备的使用状况查询等功能；满足工程管理人员从全局、全方位掌握工程建设概况、进度执行情况、关键设备信息的要求；通过多工程的对比分析，实现辅助工程管理过程的实时监控与决策指导。

（4）设计信息发布平台。设计信息发布平台基于工程设计管理平台的数据而建立，保证设计信息透明公开，能够即时面向业主单位发布工程信息，实现工程业主单位对于水电工程建设的设计管理。图 6.7 所示为观音岩水电站设计信息发布平台。

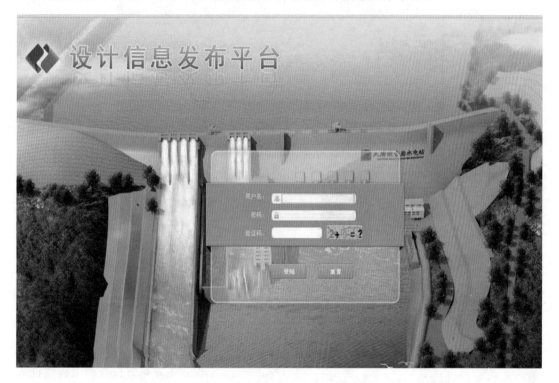

图 6.7　设计信息发布平台

（5）基于云的数字化移交平台。传统的工程设计成果是通过纸质图纸、文件等形式进行施工交互，设计变更是通过传真或网络向施工现场发送设计变更通知单，然后使用电话或 Email 通知对方。这些处理流程使信息的传递存在一定的滞后性，发送到施工现场的纸版施工图纸具有区域性，不同区域或专业图纸间缺乏联系，施工人员在施工前需要仔细阅读多张图纸，增加了施工难度，同时现场施工人员面对大量的图纸和更改通知单也容易出现人为错误，不能及时更新工程信息或是使用错误版本图纸，严重影响施工进度和质量。

为解决上述问题，观音岩水电站项目建立了基于云的数字化移交平台，见图 6.8。该平台是一个动态更新的系统。设计人员根据最新设计成果及现场更改通知，及时对云账户内的模型、图纸及相关文件进行更新维护，用户可直接通过 iPad 客户端通过网络从云服务器上实时得到最新的设计成果，及时更新现场工程信息。

（6）施工三维交互平台。平台建设在施工交互方面，将通过虚拟仿真技术将三维模型直接用于指导现场施工管理，使现场施工管理人员能及时、全面地了解设计数据信息，通过移动电子设备 iPad，就可进行准确施工，迅速查找设计数据信息，见图 6.9。三维实时

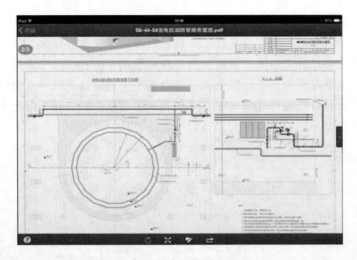

图 6.8　基于云的数字化移交平台

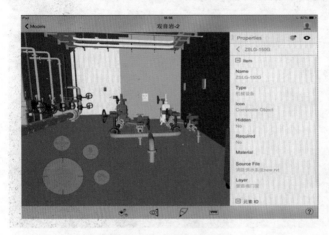

图 6.9　施工三维交互平台

仿真功能，使设计施工人员提前全面了解电站结构和布置，在每一个系统施工前就能全面掌握整体布局，更好地协调施工进度和工艺，保证电站建设的高质量、高效率。

施工三维交互平台可实现三维模型实时漫游浏览（图 6.10）、设备模型属性查询、测量等功能，补充纸版图纸表现不全面的缺陷和快速查找需要的工程数据信息。便于工程业主方全方位查阅工程建设成果、计划与执行情况，辅助工程业

主单位对工程建设监控和未来决策。

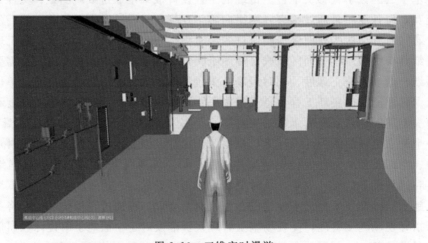

图 6.10　三维实时漫游

164

6.3 观音岩水电站中的 HydroBIM 应用

6.3.1 三维协同设计

1. 标准协同平台

在二维 CAD 时代，协作设计缺少一个统一的技术平台，人们的协作设计通常通过电话或者纸质文件进行，效率低下且难以避免错漏碰问题。为解决多业协同设计问题，观音岩水电站设计工作中引入 Bentley 公司的数据库管理软件 ProjectWise 作为三维协同设计基础平台，并通过二次开发将其嵌入 Autodesk 列三维设计软件和 Office 等常用办公软件中，见图 6.11。同时结合自主研发的文档协同系统作为文档编辑的协同平台，实现多项目组成员对同一个文档的异步管理和协同编辑。

图 6.11　ProjectWise 在 Revit 和 Office 中的应用

2. 标准协同规则

针对观音岩水电站三维设计建立了三维协同标准目录树，见图 6.12，并在各专业 HydroBIM 技术规程中对多专业协同规则、权限等做了明确规定。三维设计中各专业项目成员均基于协同平台开展设计，各专业在一个集中统一的环境下工作，随时获取所需的项目信息，了解其他设计人员正在进行的工作和其他专业设计的最新变化，避免设计中存在的"错漏碰"问题，既提高了效率，又保证了质量。

3. 标准协同流程

测绘专业通过现场测量提供三维地形资料，地质专业通过分析多方成果，采用自主研发三维建模软件土木工程三维地质系统（GeoBIM）建立三维地质模型，其他各专业在此

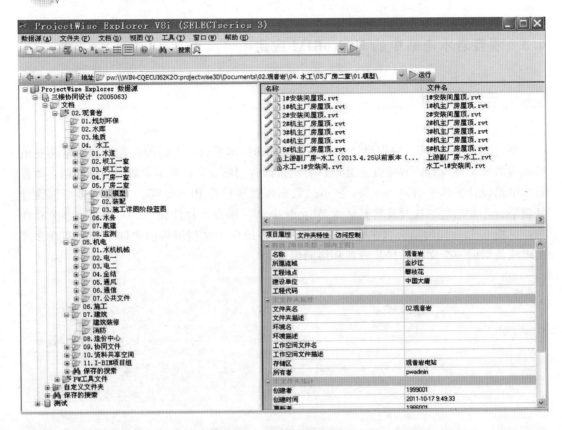

图 6.12　观音岩目录树结构

基础上开展枢纽布置及建筑物细部设计。大坝和金属结构应用 Inventor；厂房、建筑、机电应用 Revit。厂房和金属结构使用 CAE 分析软件对厂房结构和闸门进行分析计算。各专业协同合作，完成大坝 BIM、金结 BIM、厂房建筑 BIM、机电 BIM 的建设，在此基础上开展三维出图和施工交互服务。图 6.13 所示为观音岩项目的标准协同流程。

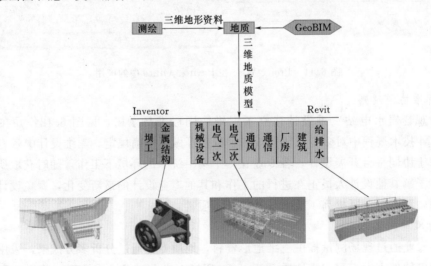

图 6.13　观音岩项目协同流程

6.3.2 三维设计模型质量控制

1. 建模质量控制

族是模型的最小单元，对族质量的控制直接影响模型总体质量。观音岩水电站设计工作中，在模型整体建设和布置过程中也对质量和各专业配合做出了严格规定。

（1）建族。族分为系统族和自建族，为了保证族的质量，在建模过程中尽量采用系统族。在系统族不满足要求的情况下，调用 HydroBIM 厂房设计平台族库内的企业自建族。如需要使用的族比较特殊，不是常规化产品族，则需使用人或平台族库维护员按照 HydroBIM 技术规程体系中规定的建族流程自建族，建族流程中对族样板选择、族命名规则、族类型、族插入点、族的详细程度、族的参数驱动形式、族参数分类等进行了详细的规定，经过严格的评审程序确认后才可调用。HydroBIM 厂房设计平台内的三维族库统一对 Revit 中使用的族进行分类管理，在 Revit 中设有族库调用插件，方便族的查询和调用布置。

（2）厂房布置。观音岩水电站厂房各专业三维协同工作模式采用"链接模型"方式。"链接模型"协同方式指不同专业的子文件以链接的方式共享设计信息的协同工作方法。该模式的特点是各专业主体文件独立，文件较小，运行速度快，主体文件可以随时链接其他子文件信息，但是无法在主体文件中直接编辑链接文件。该模式保证了设计师只能对当前编辑的模型文件有编辑权限，对其他链接文件只有借用查看的权利，有效地避免了误操作造成的错误模型修改。

在厂房内设备布置进行合理的成组，将散落的个体连接为一个整体，整体文件可以做阵列、复制等编辑操作，便于快速设备布置和修改。同时成组的文件区域更大，有效地避免了由于人为失误，将小设备误删除。

在三维并行设计协同下，各专业工程师间及时同步项目文件，共享设计信息，有效解决了传统设计中信息交互滞后和沟通不及时的问题。提高了建模质量和效率。

2. 碰撞检查

观音岩水电站针对模型的碰撞检查问题采用两种模式，以确保三维模型中不存在碰撞冲突：

（1）在设计软件内碰撞检查。Revit 三维设计软件自身具有碰撞检查功能，见图 6.14，能快速准确地帮助用户确定某一项目中图元之间或主体项目和链接模型间的图元之间是否互相碰撞。方便设计人员在做方案设计时自查。

（2）在设计软件外碰撞检查。通过将 Revit 模型导入到 Navisworks 中，对三维模型通过实时动态漫游和自动碰撞检查（图 6.15）。该方式适用于校核审查人员对三维设计方案的碰撞检查。

6.3.3 三维 CAD/CAE 集成应用

水电站设计中常碰到大体积异形复杂结构计算，均需进行 CAE 分析计算，但目前常用 CAE 分析软件建模过程繁琐复杂，而 Autodesk 系列三维设计软件建模方法简单快速，同时项目设计中均已建立相关三维模型，因此项目实施过程中为了简化计算分析过程，避

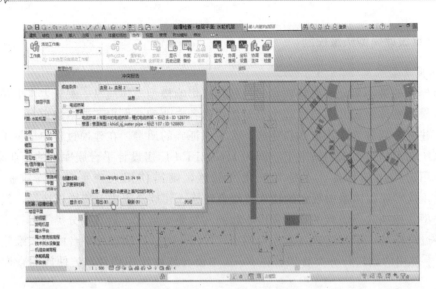

图 6.14　Revit 软件碰撞自查

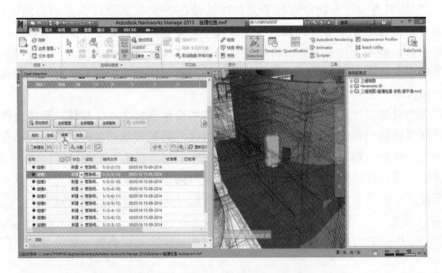

图 6.15　Navisworks 软件碰撞检查

免重复性建模，应用了三维 CAD/CAE 集成应用技术，实现将 Autodesk 系列三维设计软件中实体模型直接导入 CAE 分析软件中进行计算分析，根据 CAE 分析结果，对三维模型进行优化后利用三维钢筋图绘制辅助系统可完成相关结构配筋及出图。图 6.16 所示为厂房整体结构的 CAE 分析。

6.3.4　三维出图质量和效率

观音岩水电站通过多方比对最终确认采用 Revit 软件出施工详图。采用全专业三维施工详图出图的模式，在保证了产品设计的精确性的同时，缩短了设计周期，提高了设计产品质量。观音岩水电站厂房参与设计的全部专业均从三维设计平台直接出施工图，所提供施工图纸均为三维图纸。施工图纸均从三维模型直接剖切生成，其平立剖及尺寸标注自动

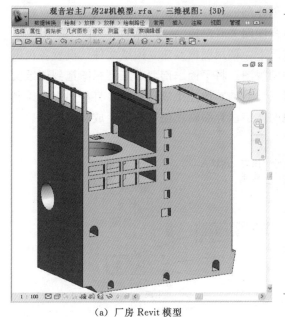

（a）厂房 Revit 模型

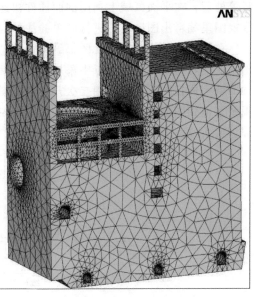

（b）导入 ANSYS 中的模型

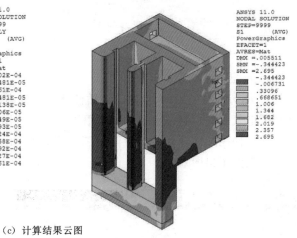

（c）计算结果云图

图 6.16 厂房整体结构 CAE 分析

关联变更，有效地解决了"错漏碰"问题，减少了图纸校审工作量，与二维 CAD 相比，三维出图效率提升 50% 以上。

1. 出图质量控制

三维出图结合传统制图规定及 HydroBIM 技术规程体系，针对三维设计软件本地化方面做了大量二次开发工作，建立了三维设计软件本地化标准样板文件及三维出图元素库，并制定了《三维制图规定》，对三维图纸表达方式及图元的表现形式（如线宽、各材质的填充样式、度量单位、字高、标注样式等）做了具体规定，有效地保障了三维出图质量。

2. 出图流程

首先各专业基于协同平台开展各自的三维设计，根据出图需要，链接需要显示的子模型文件。在平面视图下进行视图编辑，包括图面显示区域、尺寸标注、出图界面处理、注释等处理；在平面区域上利用剖面插件快速创建剖面，并在剖面视图里做视图编辑；在三维视图里编辑出图区域，进行简单的注释与视图间关联对应。

在平面、剖面、三维视图都编辑好的情况下，调用图框族建立图纸文件，设置各视图出图比例，可以在一个图纸中添加不同比例的视图。将平面、剖面、三维视图拖到图纸文件上就完成视图放置，利用二次开发的材料统计插件，快速生成材料表，将材料表在绘制视图下拖到图纸文件中，进行简单的图纸说明文字注释编辑，便可快速生成三维图纸。图6.17 所示为三维出图流程简图。

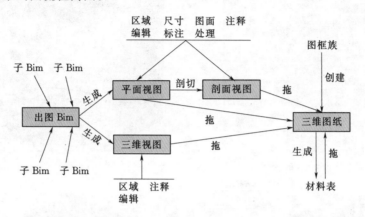

图 6.17　三维出图流程简图

3. 三维出图插件二次开发

针对 Revit 软件进行大量的二次插件开发，提高出图质量和效率。观音岩水电站中主要应用了电气插件、给排水插件、通用插件、建筑插件、水系统插件、风系统插件，见图6.18。通过使用二次开发的插件，使三维设计更加便捷，提高了工程师的建模质量和效率，大大提升了出图效率。

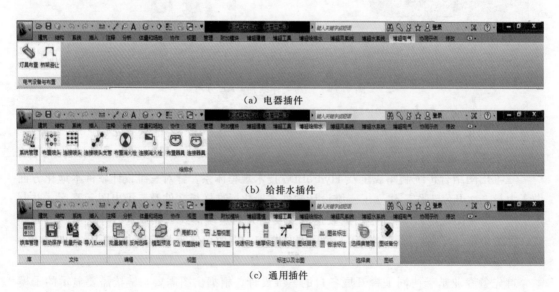

（a）电器插件

（b）给排水插件

（c）通用插件

图 6.18（一）　三维出图二次插件

（d）建筑插件

（e）水系统插件

（f）风系统插件

图 6.18（二） 三维出图二次插件

4. 三维钢筋绘制辅助系统

在水电站厂房施工详图设计工作中，钢筋施工图设计是厂房设计工作中图纸量最大的一个环节。为探索和解决三维钢筋模型的建立方法及钢筋施工详图的出图等问题，基于Revit 平台开发了大体积复杂结构三维钢筋图绘制辅助系统。该系统主要包括通用配筋、特殊钢筋、特征面配筋、常用工具、钢筋统计、钢筋标注六大模块共 31 个子功能，解决了观音岩水电站大体积复杂结构三维钢筋建模、钢筋自动编号、钢筋表材料表自动生成、钢筋图出图等问题。主要功能详见表 6.2。

表 6.2 大体积复杂结构三维钢筋绘制辅助系统功能列表

模　块	功　能　截　图	功　能　描　述
通用配筋	参照面配筋　参照线配筋　绘制钢筋　单面配筋　径向配筋 通用配筋	根据选择的配筋方式和设置的钢筋直径、间距自动配筋，遇孔自动截断并按设置弯折锚固
特殊配筋	肘管建模　蜗壳建模　钢筋表　材料表　平面图　剖面图 特殊配筋	根据单线图自动生成肘管、蜗壳三维模型并可自动配筋，可根据选择自动生成平面图及剖面图，自动统计钢筋表、材料表
特征面配筋	自动配筋　特征面创建　特征面配筋 特征面配筋 ▼	根据选择的配筋方式和设置的钢筋直径、间距自动配筋，遇孔自动截断并按设置弯折锚固

续表

模　块	功　能　截　图	功　能　描　述
常用工具	配置　钢筋编辑　钢筋编组　钢筋融合　**常用工具**	主要为初始设置及后处理工具。配置功能可设置钢筋直径、间距、保护层等。后处理功能主要为钢筋直径、锚固长度、弯钩形式等修改
钢筋统计	统计　查找钢筋　信息　钢筋表　材料表　**钢筋统计**	统计、查询钢筋编号、直径、根数、长度等信息，自动生成钢筋表、材料表
钢筋标注	钢筋标注　全图标注　标注类型转换　标注检查　标注配置　钢筋查找　禁用自动更新　**钢筋标注**	自动全固标注钢筋，钢筋标注自动更新，钢筋查找功能便于校审人员快速搜索目标钢筋

（1）三维配筋。根据需配筋的 Revit 构件，选取合适的配筋方式，系统可根据指定的钢筋直径及间距自动完成选择模型的配筋及钢筋编号，根据出图需要指定"平、立、剖"位置后程序可自动生成"平、立、剖"并标注钢筋，程序可自动生成钢筋表及材料表，见图 6.19。将程序生成的"平、立、剖"、钢筋表及材料表拖入图纸框即可完成钢筋图绘制。程序可识别模型孔洞，钢筋遇孔洞可自动断开并弯折锚圆。

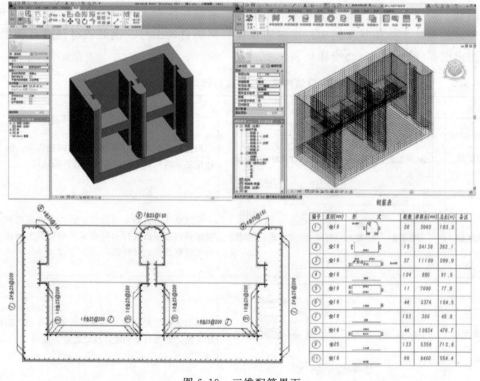

图 6.19　三维配筋界面

（2）蜗壳建模配筋。系统中特殊配筋模块提供水电站蜗壳肘管的建模及配筋解决方案。导入蜗壳肘管单线图数据后可快速生成蜗壳肘管模型并自动完成配筋及钢筋表材料表统计，见图 6.20。

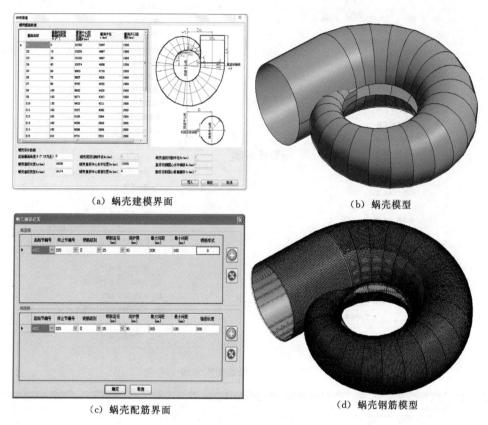

（a）蜗壳建模界面   （b）蜗壳模型

（c）蜗壳配筋界面   （d）蜗壳钢筋模型

图 6.20　蜗壳建模配筋

6.3.5　工程设计数据管理

为提高工程设计数据存储的有序性和传输的高效性，观音岩水电站依托 HydroBIM 设计平台数据库建立工程数据库，详细地定义了各类工程属性信息，并在此基础上借助云服务技术来实现工程数据的快速发布。

1. 工程设计数据建设

（1）数据库结构。整个设备数据库按照系统进行分类划分，在工程数据库中，对工程数据信息进行分类管理，该数据信息在协同平台 Projectwise 下，各专业可以实现数据协同交互和权限管理，工程数据库结构及工程数据信息结构图参见图 6.21 和图 6.22。

（2）工程数据属性信息。设备分类数据库内属性信息定义为关于设备的所有厂家参数信息，这些参数信息按照工程阶段进行划分，将阶段信息需求详细程度固化在软件中，实现自动按照阶段参数详细需求程度标注设备属性信息，设备分类部分属性信息参见表 6.3。二维族库属性信息仅为族自身的属性信息和尺寸信息，不包含设备分类数据库中的

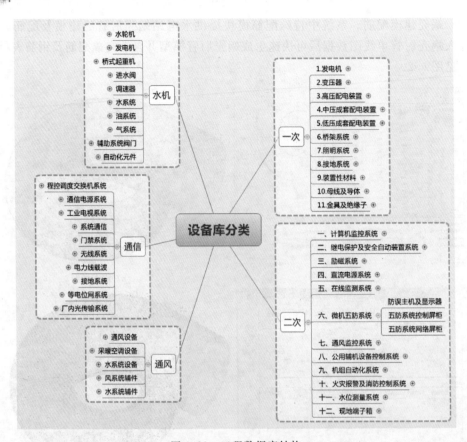

图 6.21　工程数据库结构

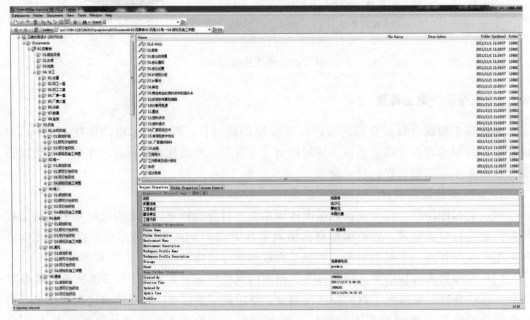

图 6.22　工程数据信息结构

设备参数信息。

表 6.3 设备分类部分属性信息表

一次系统及设备名称		设 备 属 性		
		施工详图阶段	可研阶段	预可研/MOU 阶段
发电机				
1	水轮发电机	所属系统，名称，型号，编码，额定容量（MVA，数值，0.00），额定电压（kV，数值，0.0），功率因数（数值，0.00），额定频率（数值，0），额定电流（A，数值，0.0），单位（台），备注	所属系统，名称，编码，额定容量（MVA，数值，0.00），额定电压（kV，数值，0.0），功率因数（数值，0.00），额定频率（数值，0），额定电流（A，数值，0.0），单位（台），备注	所属系统，名称，额定容量（MVA，数值，0.00），额定电压（kV，数值，0.0），功率因数（数值，0.00），单位（台），备注
2	柴油发电机	所属系统，名称，型号，编码，额定容量（kW，数值0.00），额定电压（kV，数值，0.0），功率因数（数值，0.00），额定频率（数值，0），单位（台），备注	所属系统，名称，编码，额定容量（kW，数值0.00），额定电压（kV，数值，0.0），功率因数（数值，0.00），单位（台），备注	
变压器				
1	油浸变压器	所属系统，名称，型号，编码，额定容量（MVar，数值，0），变比（字符），连接方式（字符），冷却方式（字符），阻抗电压值（数值，0.0%），单位（台），备注	所属系统，名称，型号，编码，额定容量（MVA，数值，0），变比（字符），连接方式（字符），冷却方式（字符），阻抗电压值（数值，0%），单位（台），备注	所属系统，名称，额定容量（MVA，数值，0），变比（字符），单位（台），备注
2	并联电抗器	所属系统，名称，型号，编码，额定容量（MVar，数值，0），首端额定电压（kV，数值，0），末端额定电压（kV，数值，0），电抗值（欧，数值，0），连接方式，单位（组），备注	所属系统，名称，型号，编码，额定容量（MVar，数值，0），首端额定电压（kV，数值，0），末端额定电压（kV，数值，0），单位（组），备注	所属系统，名称，额定容量（MVar，数值，0），首端额定电压（kV，数值，0），末端额定电压（kV，数值，0），单位（组），备注
3	中性点电抗器	所属系统，名称，编码，额定电压（kV，数值，0），电抗值（欧，数值，0），单位（台），备注	所属系统，名称，编码，额定电压（kV，数值，0），电抗值（欧，数值，0），单位（台），备注	所属系统，名称，额定电压（kV，数值，0），单位（台），备注
4	干式变压器	所属系统，名称，型号，编码，额定容量，变比，连接方式，阻抗电压值（数值，0%），单位（台），备注	所属系统，名称，型号，编码，额定容量，变比，单位（台），备注	所属系统，名称，额定容量，变比，单位（台），备注

续表

一次系统及设备名称	设　备　属　性		
	施工详图阶段	可研阶段	预可研/MOU 阶段
5　箱式变压器	所属系统，名称，编码，额定电压，单位（台），备注	所属系统，名称，编码，额定电压，备注	所属系统，名称，额定电压，备注
6　变压器中性点成套装置	所属系统，名称，编码，型号，额定电压，单位（台），备注	所属系统，名称，编码，型号，额定电压，单位（台），备注	

2. 工程设计数据发布

Autodesk 三维设计软件 Revit 与云存储 BIM360、虚拟仿真 Navisworks、iPad 三维交互 Glue 均有良好的兼容性，通过 Revit 的附加模块均可将设计软件 Revit 下的模型数据对外进行快速发布。这种良好的兼容性使得 HydroBIM 三维模型在施工阶段的多形式设计数据交底成为了可能，同时也更加便利。

除此之外，对业主工程信息发布通过"设计信息发布平台"进行，并与招标采购信息等进行关联，发布页面参见图 6.23。

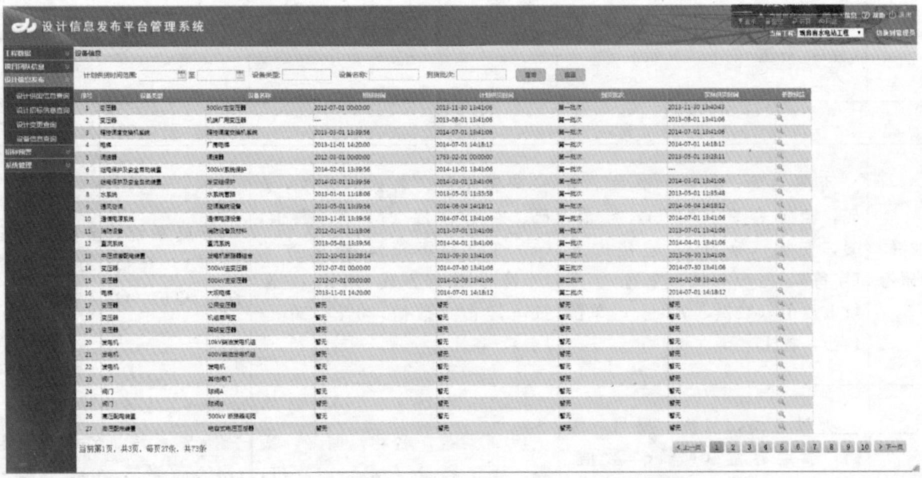

图 6.23　面向业主的工程设计信息发布界面

6.3.6　施工三维交互

智能三维模型包含了丰富的数据信息，更利于设计交底和用户理解设计意图。观音岩水电站依托强大的施工三维交互技术，对 HydroBIM 模型充分挖掘其应用价值。通过基于云的数字化移交平台与施工现场进行设计数据移交，为观音岩施工现场开辟一条专有数据通道，实现设计数据实时动态更新。

通过三维交互平台的移动端应用（图 6.24），施工方可在现场通过 iPad 从云服务器上实时得到最新的设计成果，提高设计数据传递效率，从而获得全面、及时、便捷的数据交互服务。

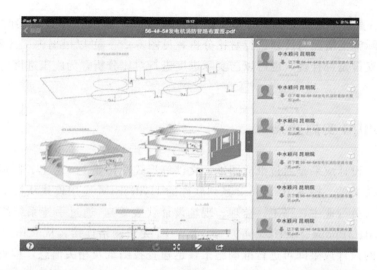

图 6.24　iPad 施工三维交互在施工现场的应用

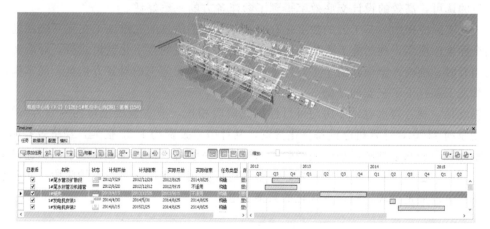

图 6.25　Navisworks 进度模拟仿真

在 PC 端，直接将云服务器中的移交模型导入到 Navisworks 中进行实时进度仿真模拟，并根据实际施工情况与计划进行对比分析，见图 6.25。可以根据施工计划通过模拟，提前预判计划安排是否合理，也可以与实际进度进行对比分析，为施工进度管理提供辅助手段。

6.4　HydroBIM 实施效果

传统的工程设计成果是通过纸质图纸、文件等形式交付业主。施工、监理人员在现场使用的也是纸质文件。搭载 Autodesk 系列软件的 HydroBIM 应用模式从根本上克服了上述弊端。使用人员（业主、施工、监理、现场设计代表等），通过手持系统终端——移动电子设备（iPad、iPhone、Surface 等），通过 WIFI 无线网络连接，从 iCloud 云服务器上实时得到最新的设计成果即可进行准确施工，迅速查找图纸及相关信息，检查设备的安装情况等。

对于观音岩项目工程建设各方来说，HydroBIM 的应用模式及其应用平台均发挥了积极的作用。

对设计方来说，通过应用该系统，可以准确、及时、有效地表达设计意图，便利了各专业之间的协作，缩短了设计周期，提高了设计质量，为业主及施工、监理方提供优质的设计成果。对施工方及监理方来说，以往的工程经验表明，电站在施工过程中，因设计信息不明确以及设计修改不能及时传达，导致施工人员对设计信息的理解存在偏差，施工现场不断出现"错、漏、碰"等问题。极大地影响了工程进度和质量。而通过 HydroBIM 技术，施工人员可以从移动终端查看三维模型，进而明确设备、管路等布置情况；并能查阅设计修改通知、各个设备部件的参数属性等。极大限度地减少了"错、漏、碰"，减少返工和浪费，从而达到节省投资、保证工期和达到优质工程的目的。

对业主方来说，可对施工主要环节进行有效的控制，及时了解工程建设面貌，提升施工管理水平。

观音岩水电站全专业三维施工详图的出图模式和设计质量得到了观音岩业主和现场施工单位的认可，高效的设计交底效率得到了参建各方的一致好评。

工程实际应用中，基于云的数字化移交和基于虚拟仿真的三维施工交互系统在施工现场的全面推广应用，现场施工人员在比对传统模式和现在的数字化新模式后，对后者的数据传递及时、准确、全面性给予了高度评价。真正做到在施工前对各方信息全面掌握，为建设优质工程打下了坚实的基础。

据统计，观音岩水电站厂房与可行性研究阶段相比，节省混凝土量约 6.5 万 m^3，节省钢筋量约 4100t，计入机电设备优化投资，共计节省投资约 1.29 亿元，经济效益明显。

根据观音岩水电站的成功应用经验，该模式和系统可以推广至其他水电工程建设项目使用。同时，通过进一步的研究开发，该系统还可应用于水电站运行维护阶段，实现水电工程的全生命周期管理，打造现代化的数字水电厂。

第7章　世界在建最高碾压混凝土重力坝
——黄登水电站应用实践

7.1　应用概述

7.1.1　工程概况

黄登水电站位于云南省怒江州兰坪县内，采用堤坝式开发，为澜沧江上游河段规划中的第六个梯级，其上游与托巴水电站衔接，下游梯级为大华桥水电站。电站以发电为主，是兼有防洪、灌溉、供水、水土保持和旅游等综合效益的大型水电工程。坝址位于营盘镇上游，电站地理位置适中，对外交通十分便利。坝址左岸有县乡级公路通过，公路距营盘镇约12km，距兰坪县城约67km，距下游320国道约170km。坝址控制流域面积9.19万km²，多年平均流量901m³/s。

黄登水电站拦河大坝为碾压混凝土重力坝，最大坝高为203m，为国内已建和在建的最高碾压混凝土重力坝。电站装机容量为1900MW，多年平均年发电量为85.7亿kW·h。电站正常蓄水位为1619.00m，相应库容为15.49亿m³。工程总投资238亿元，为Ⅰ等大(1)型工程，其主要建筑物为1级建筑物，次要建筑物为3级建筑物。工程枢纽主要由碾压混凝土重力坝、坝身泄洪表孔、泄洪放空底孔、左岸折线坝身进水口及地下引水发电系统组成。图7.1所示为黄登水电站鸟瞰图。

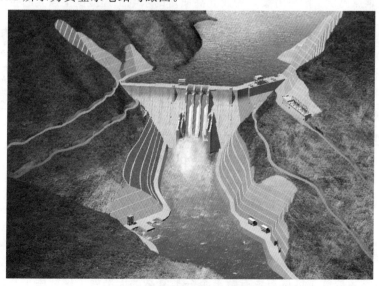

图7.1　黄登水电站鸟瞰图

工程于 2008 年正式启动前期筹建工作，2013 年 4 月可研报告通过审查，2013 年 11 月实现大江截流，2014 年 5 月通过国家发展和改革委员会核准，预计 2018 年首台机组投产发电，2019 年年底工程完工。

7.1.2 工程的特点及难点

黄登工程是高山峡谷区、高碾压混凝土重力坝代表性工程，位于高地震区，壅水建筑物水平地震峰值加速度代表值为 $0.251g$，为国内碾压混凝土重力坝地震设防烈度较高的大坝之一，具有以下特点：

（1）工程自然条件差，冰水作用形成的堆积体分布普遍，枢纽区高程 1700.00m 以上分布有倾倒蠕变岩体，工程地质条件复杂。

（2）最大坝高 203m 为拟建的国内最高的碾压混凝土重力坝，地震设防烈度较高，坝体结构和抗震工程措施要求高。

（3）工程枢纽区河谷狭窄，工程布置紧凑，施工道路、施工设施、工厂等布置困难，面临高山峡谷区高碾压混凝土重力坝快速施工的难题。

（4）坝址区为横向谷，两岸岩体卸荷较深，坝址区两岸岩体分布有层状相对火山角砾岩较软的凝灰岩夹层，对坝体的应力和稳定有不利影响。

（5）工程区昼夜温差大，对坝体混凝土温控措施的实施影响大。

7.1.3 HydroBIM 应用总体思路

黄登水电站工程充分发挥了 HydroBIM 在工程建设中的承上启下作用，见图 7.2。在黄登水电站设计阶段，引入施工要求，建立施工总布置全场地 HydroBIM 模型，为施工过程的场地布置提供了可视化支持，在一定程度上加快了施工速度的同时，提高了设计方案的可施工性；在施工阶段，复用设计 HydroBIM 模型，建立了"数字黄登"，发挥了 HydroBIM 模型在施工仿真、安全监测、质量管控等领域的巨大作用，加强了施工过程的信息化管理，为黄登工程建设难点提供了解决方案，为建立高质量的水电工程提供了强大的技术支持。

图 7.2 黄登水电站 HydroBIM 模型的承上启下作用

7.2 基于 HydroBIM 施工总布置三维设计

7.2.1 应用背景

黄登水电站主要施工区域布置有数十个分类复杂的大型施工区，施工交通系统纵横交错，主体建筑物中挡水建筑物、地下厂房、导流建筑物等均包含大量的体型庞大且结构复杂的建筑设施，设计流程与专业协调非常复杂，涉及规划、勘测、水工、厂房、机电、施工等主要设计专业，因此，采用信息化和可视化设计技术，实现整体设计的全面协调化。

BIM 技术理念的发展以及欧特克公司一系列 BIM 设计软件的应用，带来了全新的设计思路和方式。通过实践研究，BIM 软件平台的应用为各专业在设计方面带来了巨大的转变，在进行专业三维数字化设计进程中，从水工结构设计采用 Autodesk Revit Structure 和 Autodesk Revit Architecture 开始，逐步到机电专业、金属结构采用 Autodesk Revit MEP 和 Autodesk Inventor，以及施工等专业采用 AutoCAD Civil 3D、Autodesk Infraworks（以下简称 AIW），BIM 理念的实践应用得到了迅速发展。

中国电建昆明院在 BIM 软件的基础上，应用 HydroBIM 理念，创建了由测绘、规划、坝工、水道、厂房、地质、施工总布置、施工导流、施工工厂、施工交通、金属结构、水力机械（含通风）、电工一次、电工二次等各专业集成的 HydroBIM 设计平台，为解决黄登水电站施工总布置设计提供了技术支持。

7.2.2 技术应用创新

（1）WBS 建模及并行工作设计方法。黄登水电站施工总布置三维设计需建立在统一的地形基础上，且建筑物之间关系复杂，通常同一时间只能一个人工作（典型串联工作模式），越是到后面数据量就越大，系统运行速度加速下降，稳定性越来越差。

通过制定各相关模型的统一建模标准，规范化设计流程，引入 WBS（work breakdown structure）工作分解结构理论，运用三维建模技术中相关建模过程的快速拆离与重整以及信息关联的技术方法，自上而下建立了施工总布置管理结构模式，统一进行设计与管理。在项目实施过程中，减少了不必要的等待环节，从根本上减小了实时工作文件的大小，实现了各环节人员及计算机的工作效率的数倍提升（图 7.3），有效地解决了超大型模型的建立难题。

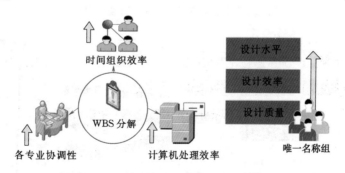

图 7.3 WBS 建模及并行工作设计方法优势

（2）AIW 概念化设计与可视化表达。利用 AIW 在可视化、参数化、信息化方面的优势，为工程设计、方案比选等提供了新的平台和技术支持，特别是在初步设计阶段，其概念化建模形式（如道路、水域、植被、建筑、场地等）为设计师提供了快速直观的设计表达方式。利用 AIW，在其他 BIM 建模软件的支撑下，可快速实现工程从整体到细部的可视化和信息化，实现模型文件设计信息的自动连接与更新。

（3）航拍影像与地形定位设计与分析。利用 AIW 贴图优势，实现航拍或卫星影像与地形数据的精确贴图，并通过强大的高程分析及区域分析功能，让设计环境更加真实化。

（4）工程信息可视化索引与数据关联。在 AIW 可视化环境中，通过模型信息载入并关联到设计文件，在浏览漫游中则可随时了解相关信息，进行细部观察或者进行修改变更，实现工程整体的可视化信息索引，提供直观、高效的数据支持。

7.2.3　实施方案

1. HydroBIM 协同规划

黄登水电站施工总布置三维设计以 Civil 3D、Revit、Inventor 等软件为各专业 HydroBIM 建模基础，以 AIW 为施工总布置可视化和信息化整合平台，以 ProjectWise 进行方案部署、项目概况、工程信息、设计信息等数据的同步控制，利用 HydroBIM 设计平台进行各专业协同设计与信息互联共享，为施工方提供了可视化的场地布置方案，见图 7.4 和图 7.5。

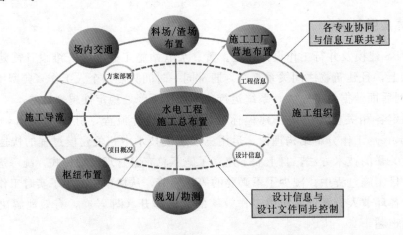

图 7.4　施工总布置 HydroBIM 协同规划

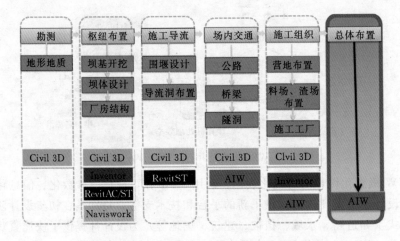

图 7.5　工作流程及各专业软件选择路线图

2. 总体规划

Civil 3D 强大地形处理功能，可帮助实现工程三维枢纽方案布置以及立体施工规划，结合 AIW 快速直观的建模和分析功能，则可轻松、快速地帮助布设施工场地，有效传递设计意图，并进行多方案比选。图 7.6 所示为黄登水电站总布置方案规划设计。

图 7.6　黄登水电站总布置方案规划设计

3. 枢纽布置建模

（1）基础开挖处理。结合 Civil 3D 建立的三角网数字地面模型，在坝基开挖中建立开挖设计曲面，可帮助生成准确施工图和工程量，见图 7.7 和图 7.8。

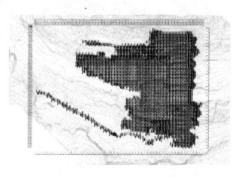

图 7.7　Civil 3D 地基开挖曲面　　　　　图 7.8　Civil 3D 自动生成土方施工图

（2）土建结构。水工专业利用 Revit Architecture 进行大坝及厂房三维体型建模（图 7.9 所示为重力坝三维模型），实现坝体参数化设计，协同施工组织实现总体方案布置。

挡水建筑物为碾压混凝土重力坝，采用 CAD/CAE 集成分析系统（图 7.10 所示为 CAE 分析结果），对建筑物进行三维数值结构分析，评价建筑物的安全性，并对建筑物体型进行优化。

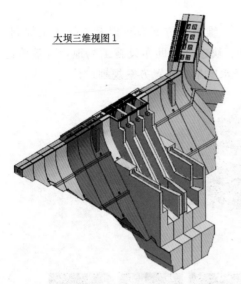

大坝三维视图1

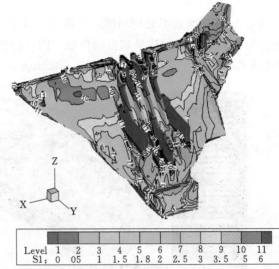

图 7.9　碾压混凝土重力坝三维视图　　　　图 7.10　碾压混凝土重力坝三维 CAE 分析结果

泄洪建筑物由 3 个溢流表孔及 2 个泄洪放空底孔组成，见图 7.11，消能方式采用挑流消能。通过水力学三维数值计算对泄水建筑物进行分析，并与模型试验成果进行对比，确定消能方式的合理性。图 7.12 所示为泄洪建筑物水力学三维数值分析结果。

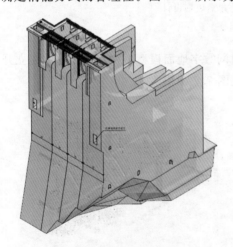

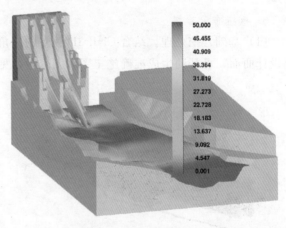

图 7.11　泄洪建筑物三维视图　　　　　图 7.12　泄洪建筑物水力学三维数值分析

引水发电系统布置在左岸，采用地下厂房布置形式，主要由引水系统、地下厂房洞室群、尾水系统及 500kV 地面 GIS 开关站组成。厂区主副厂房、主变室、尾闸室及尾水调压室等主要洞室群采用平行布置，见图 7.13。

（3）机电及金属结构。机电及金属结构专业在土建 HydroBIM 模型的基础上，利用 Revit MEP 和 Revit Architecture 同时进行设计工作，并利用 CAD/CAE 集成分析系统对闸门等结构进行分析计算，并进行优化。图 7.14 所示为厂房机电设备布置图，图 7.15 为金属闸门三维结构图。

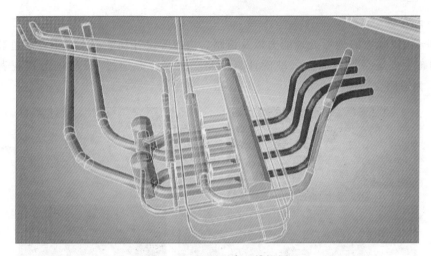

图 7.13 地下厂房三维视图

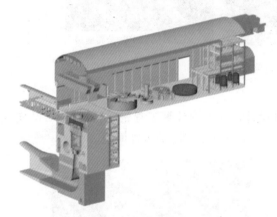

图 7.14 厂房机电设备布置图

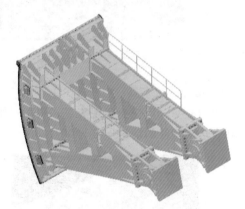

图 7.15 金属闸门三维结构

4. 施工导流布置

导流建筑物如围堰、导流隧洞及闸阀设施等，以及相关布置由导截流专业按照规定进行三维建模设计，其中 Civil 3D 帮助建立准确的导流设计方案，AIW 利用 Civil 3D 数据进行可视化布置设计，可实现数据关联与信息管理，见图 7.16 和图 7.17。

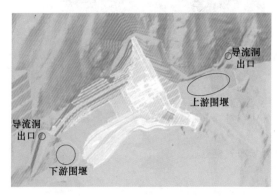

图 7.16 Civil 3D 建立导流设计方案

图 7.17 AIW 中导流洞示意图

5. 场内交通

在 Civil 3D 强大的地形处理能力以及道路、边坡等设计功能的支撑下，通过装配模型可快速动态生成道路挖填曲面，准确计算道路工程量，并通过 AIW 进行直观表达。图7.18 所示为道路交通模型。

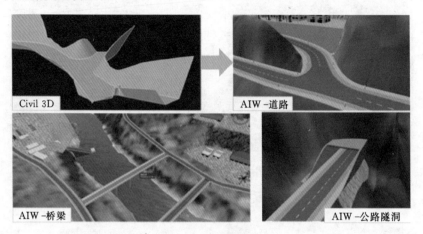

图 7.18　道路交通模型

6. 渣场料场布置

利用 Civil 3D 快速实现渣场、料场三维设计，并准确计算工程量，且通过 AIW 实现直观表达及智能的信息连接与更新。图 7.19 所示为渣场、料场布置模型。

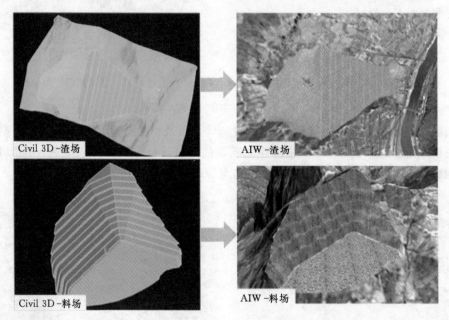

图 7.19　渣场、料场布置模型

7. 营地布置

施工营地布置主要包含营地场地模型和营地建筑模型，见图 7.20。其中营地建筑模型可通过 Civil 3D 进行二维规划，然后导入 AIW 进行三维信息化和可视化建模，可快速实现施工生产区、生活区等的布置，有效传递设计意图。

图 7.20　施工营地布置模型

8. 施工工厂

利用 Inventor 参数化建模功能，定义造型复杂施工机械设备，联合 Civil 3D 实现准确的施工设施部署，最后在 AIW 中进行布置与表达，见图 7.21。

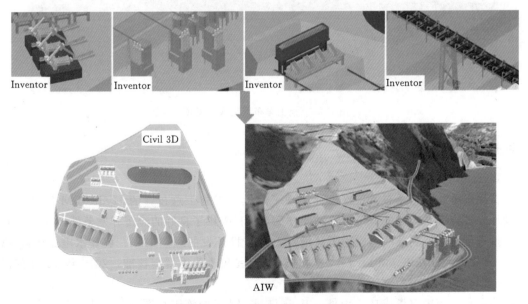

图 7.21　砂石交工系统布置模型

9. 施工总布置设计集成

在 HydroBIM 建模过程中将设计信息与设计文件进行同步关联，实现整体设计模型的碰撞检测、综合校审、漫游浏览与动画输出。其中，AIW 将信息化与可视化进行完美整合，不仅提高了设计效率和设计质量，而且大大地减少了不同专业之间协同和交流的成本。

在进行施工总布置三维数字化设计中，通过 HydroBIM 模型的信息化集成，可实现工程整体模型的全面信息化和可视化，而且通过 AIW 的漫游功能，可从坝体到整个施工区，快速全面地了解项目建设的整体和细部面貌，并可输出高清效果展示图片及漫游制作视频文件。图 7.22 为施工总布置集成示意图。

图 7.22　施工总布置集成示意图

7.2.4　应用成果

1. 应用推广

黄登水电站施工总布置三维设计实现了水电工程施工总布置的 HydroBIM 信息化三维设计，其合理、高效的枢纽布置设计方案为工程提供了良好的经济开发条件，为工程的顺利推进创造了有利条件，成为了澜沧江上游首批开发的重点工程。黄登水电站于 2013 年 11 月实现大江截流，2014 年 5 月通过国家发展和改革委员会核准，2015 年 12 月首台机发电，受到业主方的广泛好评。

除黄登工程中取得成功应用外，基于 HydroBIM 的施工总布置三维设计还应用到其他多个工程的设计中，见图 7.23，在新能源、水库等平行专业中也得到了积极响应。

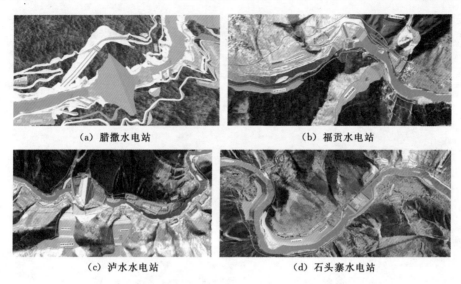

(a) 腊撒水电站　　　　　　　　　　(b) 福贡水电站

(c) 泸水水电站　　　　　　　　　　(d) 石头寨水电站

图 7.23　基于 HydroBIM 的施工总布置三维设计应用案例

2. 所获荣誉

黄登水电站施工总布置三维设计成果参加了全国勘察设计协会举办的 2012 年全国"创新杯 BIM 设计大赛"，图 7.24 和图 7.25 所示为所获奖项。协会肯定了所取得的成果，认为该项目实现了水电工程等基础设施设计理念的转变及提升，采用多种 BIM 软件进行交互设计，实现了设计效率及质量的飞跃，有效地促进了 BIM 理念和技术的应用发展。

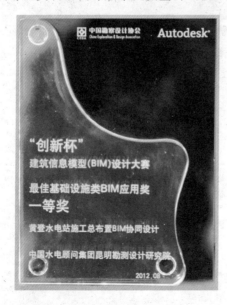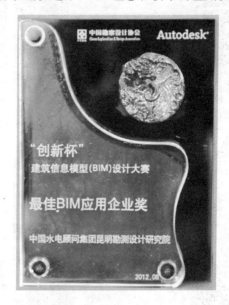

图 7.24　基础设施类 BIM 应用一等奖　　　　图 7.25　最佳 BIM 应用企业奖

同时，该项目参加了 Autodesk 美国 AU 协会举办的"全球基础设施卓越设计大赛"，在全球六位业界资深专家组成评委会的严格审核下，在与全球各国众多大型项目作品中脱颖而出，得到评委会一致推荐，获得第一名的成绩，见图 7.26。

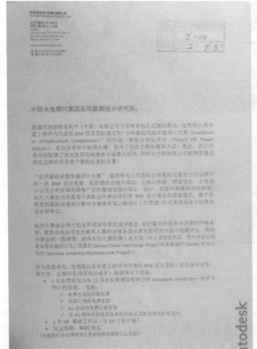

(a)

(b)

图 7.26　全球基础设施卓越设计大赛第一名

7.3 数字黄登：HydroBIM 在施工期的应用

"数字黄登"以黄登水电站 HydroBIM 设计成果为基础，以结构风险评估为中心，GIS 为协同，综合运用工程技术、计算机技术、无线网络技术、手持式数据采集技术、数据传感技术、数据库技术等多方面技术，实现施工过程的数字化、信息化、规范化、智能化管理，保证工程的全面施工质量，主要包括大坝施工质量监控系统、地下洞室围岩稳定动态反馈分析及安全预警系统、边坡安全评价和预警决策系统等。

7.3.1 大坝施工质量监控系统

大坝施工质量控制监控系统以黄登水电站设计阶段成果为基础，实现坝体工程信息数字化，建立 HydroBIM 数字坝体，就大坝施工各环节的质量控制、施工期温度过程控制、基础灌浆质量控制和应力、变形控制等指标建立实时智能监控系统，在控制指标超出设定的预警指标时，可实时向相关人员发出警报，以及时发现现场施工存在的问题，提出具体的解决方法，保证大坝混凝土施工质量，具体结构见图 7.27。

图 7.27　大坝施工质量监控系统整体结构

1. 混凝土拌和楼生产信息自动采集监控系统

采用混凝土拌和楼接口与无线传输集成设备，实时采集拌和楼混凝土生产过程中的每一盘混凝土的生产数据，包括沙子、石子、水泥、粉煤灰、外加剂等各组分的含量，并通过无线网络发送，自动地将监测到的拌和楼信息传输至系统中心数据库。以混凝土拌和知识库中的拌和理论、经验为基础，对拌和过程的各项因素（如温度、湿度、时间、加料方式、顺序等）进行控制，以期获得最佳的混凝土拌和质量。

待拌和完成后，分析每一盘混凝土的生产数据，当发现混凝土浇筑出现质量问题，可实时查询混凝土生产配料单和实际各组分等信息，并进行对比分析，以确定原材料及拌和过程中是否存在问题，如有问题及时采取相应措施。图 7.28 所示为混凝土拌和楼生产信息自动采集监控系统功能结构。

2. 混凝土运输过程智能监控系统

基于黄登水电站大坝施工全范围的无线网络覆盖区，采用物联网、RFID（无线射频）等技术，创建混凝土运输过程智能监控系统，并将信息写入相应的 HydroBIM 构件中，方便后续过程的检索。系统主要分为两部分，分别是混凝土运输过程数据实时采集与显示及混凝土运输智能反馈控制，详细内容见表 7.1。

3. 大坝混凝土温控智能监控系统

混凝土裂缝一般可分贯穿、深层、表面三类，如因结构物温差梯度过大而造成贯穿裂缝，将危及坝体整体性和稳定性，因此，做好混凝土施工的温控工作是保证工程质量的

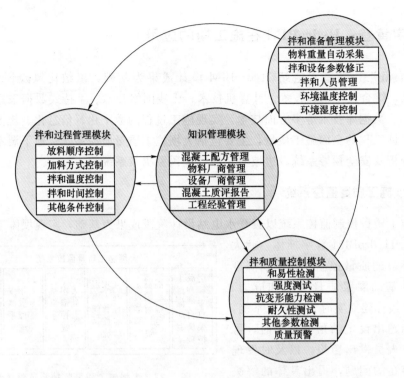

图 7.28　混凝土拌和楼生产信息自动采集监控系统功能结构图

关键。

表 7.1　　　　　　　　　　混凝土运输过程智能监控系统主要内容

模块	菜单	内容
混凝土运输过程数据实时采集与显示	数据采集	缆机吊钩（三维坐标、运动速度、料罐的卸料动作、监控设备与服务器的通信状态）、侧卸车（卸料动作、监控设备的工作状态、监控设备与服务器的通信状态）、相应位置的源标签（供 RFID 模块识别）
	状态监控	监控并显示缆机状态（轨迹、瞬时速度等）、侧卸车状态（位置、运输状态、调度信息等）及标签识别，并突出显示与调度不符预警状态
	装料过程匹配分析	侧卸车到达和离开拌和楼出机口时，侧卸车监控终端扫描接收到出机口处设置的标签数据，将标签编号信息、收到标签数据的时间一起发送给服务器。服务器接收到信息后，将标签编号信息与数据库中各关注点设置标签的信息进行比对，得到该台侧卸车装料的出机口信息、到达出机口时间、离开出机口时间、装料时长等
	转运过程匹配分析	侧卸车到达卸料平台缆机料罐处后，终端监测侧卸车卸料动作时，开始扫描标签信号；接收到标签信号后，将标签编号信息、卸料开始时间、持续接收标签数据的时长发送服务器。服务器接收到信息后，将标签编号信息与数据库中各关注点设置标签的信息进行比对，得到该台侧卸车卸料缆机信息、卸料开始时间、离开缆机时间、卸料时长等
	卸料过程匹配分析	缆机到达浇筑仓面后，监控终端监测到缆机料罐卸料动作时，获取缆机当前位置、下料时间，将缆机下料点信息经中转站发送给服务器

模块	菜单	内容
混凝土运输智能反馈控制	装料过程反馈控制	在完成装料过程分析后，服务器搜索侧卸车的调度信息（由调度人员或管理人员及时录入），得到当前时段侧卸车规划装料的出机口信息，与其实际装料的出机口信息进行比对，若不匹配则发出侧卸车装料错误报警，并可结合拌和楼生产混凝土标号与级配、缆机规划运输的混凝土标号与级配智能规划侧卸车临时卸料缆机，实时告知侧卸车驾驶员、现场管理人员和调度人员报警信息和相关建议
	转运过程反馈控制	在完成转运过程分析后，服务器搜索侧卸车的调度信息（由调度人员或管理人员及时录入），得到当前时段侧卸车规划卸料的缆机信息，与其实际卸料的缆机信息进行比对，若不匹配则发出侧卸车卸料错误报警，并可结合拌和楼生产混凝土标号与级配、仓面使用的混凝土标号与级配区域智能规划缆机临时卸料部位，实时告知侧卸车驾驶员、现场管理人员和调度人员报警信息和相关建议
	卸料过程反馈控制	在完成卸料过程分析后，服务器搜索缆机运输混凝土计划使用区域，与其实际卸料的位置进行比对，若不匹配则发出缆机卸料错误报警，实时告知现场管理人员和调度人员报警信息和相关建议

以黄登水电站大坝 HydroBIM 模型为基础，建立大坝混凝土温控智能监控系统，包括温控要素信息采集和智能化自动通水冷却控制。通过对浇筑温度、混凝土内部温度等温控要素的全过程实时监测，直接获取大坝每一仓混凝土的温控状况并在模型中显示，并对温控施工进行实时评价、预警和干预。借助智能通水管理，实现无人工干预、个性化、智能化的通水冷却，提高温控施工水平，最终形成大坝 HydroBIM 温控子模型。系统的主要物理架构见图 7.29。

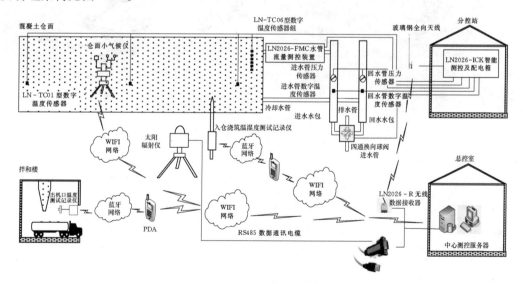

图 7.29 大坝混凝土温控智能监控系统主要物理架构

（1）温控要素信息采集。温控要素包括骨料温度、出机口温度、入仓温度、浇筑温度、仓面小气候、混凝土内部温度过程、温度梯度、通水冷却进水水温、出水水温、通水流量等。

通过内部温度计、温度梯度仪、太阳辐射仪、仓面小气候设备、水温计、水压计、通水流量测控装置、气温计、手持红外或插入式测温仪等，实现大坝内部温度、表面温度梯度、太阳辐射热、仓面温湿度和风速、通水水温和流量、坝区气温、骨料、机口、入仓和浇筑温度等温控要素的自动和半自动化采集。

（2）智能化自动通水冷却控制。根据给定的动态优化的理想温度过程、实时监测的内部温度、气象信息和通水冷却信息，考虑每一仓混凝土实际的边界条件和初始条件，利用黄登大坝混凝土智能通水冷却参数预测模型，自动评估计算出第二天将要采用的通水冷却指令，并自动将此通水指令发送到每一个测控装置，及时自动调整每一根水管的通水流量和通水方向，达到精确、及时、无人工干预的自动控制大坝每一仓混凝土的通水冷却，具体结构见图7.30。

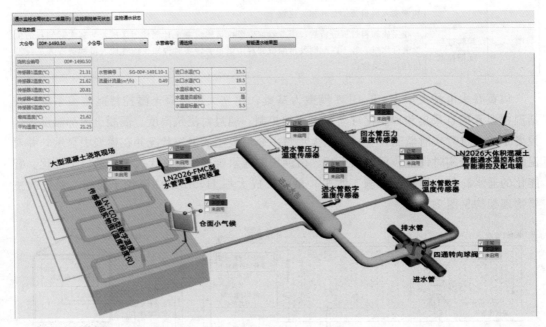

图7.30　智能化自动通水冷却控制

4. 大坝基础灌浆监控系统

通过具有数据无线发送功能的灌浆自动记录仪，实时采集大坝基础工程的灌浆信息，对不达标情况进行及时报警并采取相应措施，主要功能见表7.2。

表7.2　　　　　　　　　　　　大坝基础灌浆监控系统主要功能

功能名称	内　　容
灌浆信息自动采集	采用具有数据无线发送功能的灌浆记录仪，定时采集大坝基础工程的灌浆信息，并传输至中心数据库
灌浆过程监控	通过与设定灌浆标准的动态对比分析，实施监控灌浆过程，对灌浆压力、灌浆量等不达标情况进行报警
灌浆工艺监视	通过在灌浆廊道内安装录像装置及相应数据存储和传输设备，对廊道内的灌浆工艺进行录像实时监控和记录

续表

功能名称	内 容
灌浆前后其他信息补录	灌浆记录仪埋设位置及编号，灌浆孔续标志、灌浆成果物探检测资料及特殊问题等
数据信息动态集成管理	将采集到的灌浆信息进行信息管理及数据汇总，及时分析得到灌浆施工过程线、灌浆量柱状图、灌浆进度展示图等分析成果，作为基础灌浆验收的材料

5. 大坝安全监控系统

大坝安全监测管理系统应与大坝施工期及运行期自动化监测相衔接，自动获取的大坝应力、应变、位移等监测数据，形成大坝全过程工作性态自动化监测与管理，主要功能见表 7.3。

表 7.3　　　　　　　　　　　大坝安全监控系统主要内容

功 能 名 称	内 容
大坝环境量监测	采用自动化监测仪器，实现大坝环境量的自动化采集，主要包括气温、湿度、河水水温、地温、风速、太阳辐射热、降雨及蓄水后的上下游水位变化、水库水温等
大坝施工期安全监测	结合温度控制系统采集的混凝土内部温度，并增加应力、应变、位移、渗流等要素的自动化监测数据
大坝运行期安全监测	大坝施工期安全监测系统应延续至大坝运行期，实现大坝全过程工作性态自动化监测与管理
数据信息动态集成管理	所有大坝安全监测数据都保存至系统数据库，以实时动态监控大坝工作性态，进行阶段性的大坝安全性评价

6. 大坝施工实时仿真与控制系统

水电工程施工进度受到施工方案、人材机等资源调配、天气情况、人员素质和项目管理水平等多种因素的动态影响，使得工程难以按期完工。黄登水电站大坝施工进度管理在总结同类工程进度管理经验的基础上，结合仿真技术、HydroBIM 理念、4D 虚拟建造技术等，创建了大坝施工实时仿真与控制系统，为解决施工进度动态化管理提供了一个良好的技术支持和应用平台。

在大坝建设期内，以大坝施工工艺监控、大坝混凝土温度控制监控相关数据信息为基础，及时跟踪分析大坝施工实际进度情况，并结合大坝混凝土温控反演和预测分析成果及施工现场实际情况，进行施工进度、施工方法等仿真研究及多方案论证跟踪服务，实现施工进度的实时控制。

7.3.2　地下洞室围岩稳定动态反馈分析及安全预警系统

1. 研究思路

（1）依据建立的黄登水电站基础数据库和监测数据库，研究建立黄登水电站地下洞室群工程统一的 HydroBIM 模型。

（2）通过开发基于 HydroBIM 的 CAD/CAE 集成分析方法以及基于监测的围岩力学参数动态智能反演方法，实现 HydroBIM 模型的动态更新。

（3）实现基于 HydroBIM 的洞室围岩稳定动态反馈分析：①实现当前施工状态下结

构安全评价，保证施工安全；②建立支护方案优化方法，优化后续施工支护参数；③建立后续施工围岩变形预警等级，保证施工安全运行。

（4）基于地下洞室群工程 HydroBIM 和围岩稳定动态反馈分析研究成果，进行安全预警系统开发。

2．系统总体结构

将虚拟现实技术与 HydroBIM 技术相结合，应用于黄登水电站地下洞室群工程，开发集工程信息、地质信息、安全监测信息、施工信息等的三维可视化管理、洞室围岩稳定性评价以及洞室变形预警决策功能的黄登水电站地下洞室工程应用软件系统。根据洞室群工程的具体特点，综合考虑洞室监测数据、监测断面布置、施工信息、综合地质信息、设计需求等，在满足信息数据管理的基础上，系统结构设计总体上包括以下几个主要的模块：①安全监测信息管理模块；②数据采集及预处理子系统；③工程信息三维可视化管理及辅助分析模块；④监测成果和数值计算成果对比分析模块；⑤施工期结构安全实时仿真与反馈分析模块；⑥施工期洞室围岩实时安全评价与预测模块；⑦洞室围岩安全预警及辅助决策模块。系统的组成结构见图 7.31。

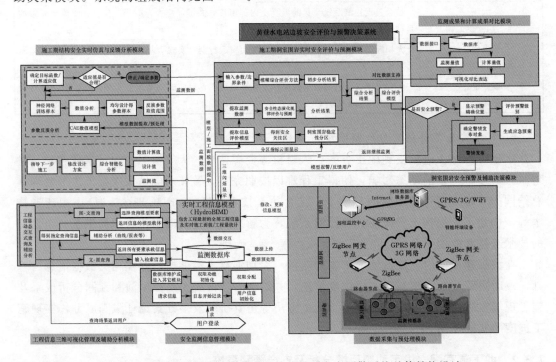

图 7.31　地下洞室围岩稳定动态反馈分析及安全预警系统总体结构设计

3．系统应用实践

（1）安全监测信息管理模块。密切结合黄登水电站大型地下洞室群工程建设和安全管理的实际情况，建立地下洞室群安全监测数据库，包括工程全生命周期（设计、施工、运行）所有数据和资料。模块主要实现安全监测数据库、系统用户信息及系统模块的管理与维护。

（2）数据采集及预处理模块。基于物联网的黄登水电站地下洞室监测系统可实时快速准确地采集地下洞室监测信息，适应复杂危险的工程环境，为安全施工提供基础性保障。物联网架构分为三层，分别是感知层、网络层和应用层。其中应用层是物联网中的用户和计算机系统的接口，由数据库服务器、管理终端、Internet 通信网络及相关的系统软件组成。主要利用计算机技术和数据库技术搭建软件平台（图 7.32），实现对监测区域的地下洞室监测数据远程管理与显示。监控中心可以对运行中的监控终端进行参数设置，以及对地下洞室监测数据的处理、存储和分析，便于施工人员对监测区域的情况进行实时分析。

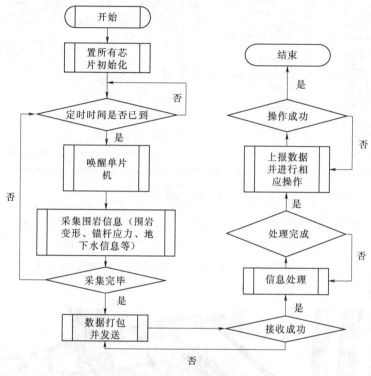

图 7.32 物联网监测系统的软件实现流程

以黄登水电站地下洞室三维模型可视化构建和监测网络模型构建为基础，利用自主开发的监测信息自动录入接口，实现数据库与监测仪器的数据同步和实时更新录入、整编，通过数据审查、疑点识别等预处理分析后得到可供安全性评价及其他模块应用的二次数据。图 7.33 所示为变值系统误差分析界面。

（3）工程信息三维可视化管理与辅助分析模块。以监测网络模型为基础，实现监测信息的可视化集成管理，方便查询，主要实现如下功能：

1）通过 HydroBIM 模型把握工程在任何时期的准确状态与面貌，使各类用户都可以从中提取到自己所需要的各种数据信息及了解工程当前存在的问题，为决策者更是提供直观的技术支持。

2）建立三维可视化综合集成工程模型与数据库中的数据的有效映射关系，达到点击模型得到数据信息、输入数据信息检索指定模型的双向动态可视化查询功能，见图 7.34。

3）网络环境下安全监测观测值的初步统计分析，绘制任意监测点、任意监测项的信息变化发展曲线。

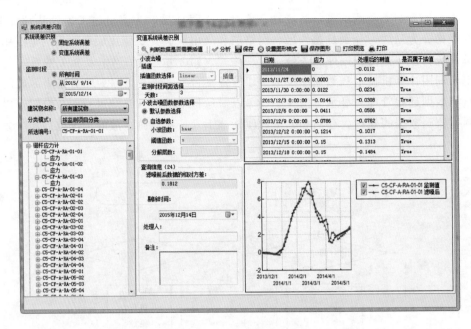

图7.33 变值系统误差分析

4）报表（图形、图表）自动生成和输出，如生成测值各分量变化过程、趋势图、变化速率图以及相应的空间分布和时间分布图等，以及输出指定格式（如.doc格式、.xls格式和.txt格式文件）的各类报表，并能够与数值分析的相应结果进行对比，分析差异及其产生原因。

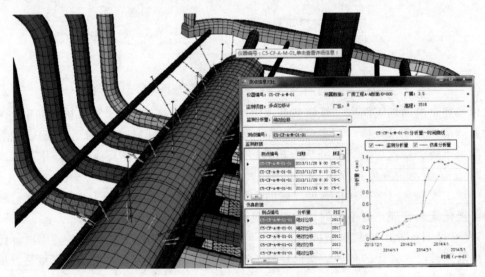

图7.34 基于HydroBIM的监测信息三维可视化

（4）监测成果和数值计算成果对比模块。数值模拟技术已经在洞室围岩稳定性评价中已经得到广泛的应用，模块通过开发数据接口，使用不同的数值计算方法，实现对有限元分析软件计算结果整编、归类及预处理；取与指定监测点和监测项对应的数值计算结果，实现与监测量曲线的可视化对比、查询与输出，通过以专家知识库为基础的推理机，对结果进行智能分析，为全面评价地下洞室群工程的施工安全性提供知识支持。

（5）施工期结构安全实时仿真与反馈分析模块。黄登水电站地下洞室群结构复杂，在施工期需依据大量的现场监控测量（洞周位移、接触应力、锚杆应力等），进行快速地科学研究、反复论证、动态修改和优化设计方案以指导现场施工，消除随时出现的险情。因而在施工期进行动态反馈分析与围岩结构安全实时仿真变得尤为重要。模块以施工期洞室围岩稳定动态反馈分析方法研究成果为理论依据，主要实现以下功能：

1）根据位移监测信息分析洞室围岩稳定性状况并将分析结果用于当前设计施工方案的修改与补充。

2）根据支护结构的围岩压力及结构内力监测信息分析支护措施的合理性及洞室围岩的稳定性状况，并将分析结果用于优化当前设计施工方案。

3）综合考虑洞周位移、围岩压力与结构内力以及其他监测信息，将分析结果用于当前设计施工方案的调整与完善。

4）与洞室开挖支护进度面貌相对应的模型生成及实时可视化展示。能够从真实反映当前开挖、支护面貌下的三维可视化模型中任意选取关注剖面或局部三维区域，从而得到洞室开挖支护数据及相关模型信息，为后续分析提供模型支持。

5）根据厂址区实测地应力数据，通过正交设计或均匀设计试验方法生成待反演样本，利用开发的反演样本循环自动数值计算功能得到每组样本的监测点计算值，最后输入 BP 人工神经网络模型进行训练（图 7.35），训练满足精度后，根据输入的实际位移监测值利用基因遗传算法进行寻优得到反演结果（图 7.36）；基于监测资料及现场新揭露地质条件，考虑洞室分层分期开挖特点，利用数值模拟技术和智能反演分析方法对洞室围岩力学参数进行动态识别；利用云计算思想，远程控制高性能计算机，以提高反演分析效率及基

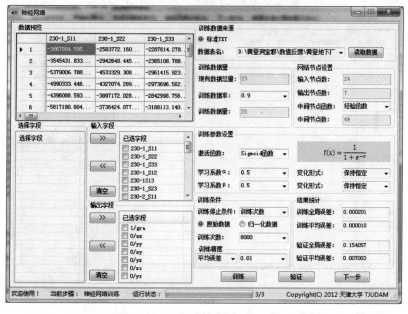

图 7.35　BP 神经网络参数设置

于反演分析结果的结构安全性评价及预测，提高后续支护方案优化的效率。

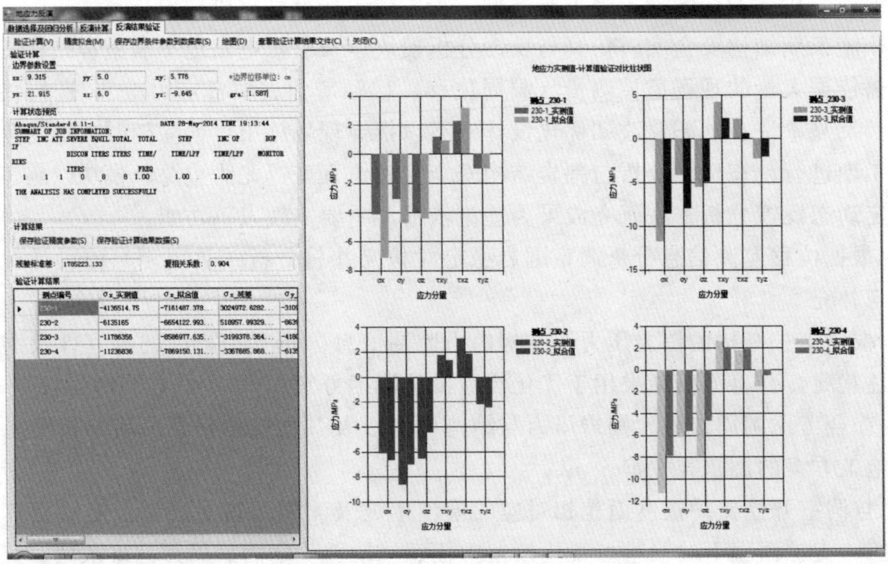

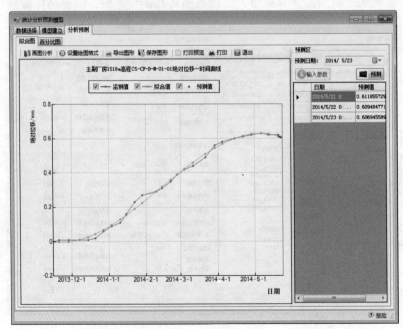

图 7.36 反演分析结果对比验证

（6）施工期洞室围岩实时安全评价与预测模块。基于建立的 HydroBIM 模型和入库的监测信息，以现场监测信息为主体，结合数值分析结果，实现黄登水电站地下洞室群工程施工阶段与开挖支护过程相适应的实时安全评价与预测模块。从监测信息和数值模拟出发，结合洞室围岩整体稳定性评价与支护方案优化研究成果，给出施工期各阶段整体稳定评价结果，为施工期后续开挖顺序及支护参数的动态优化提供参考，主要实现如下功能：

图 7.37 利用统计分析模型预测某测点绝对位移

　　1）以监测信息为基础的洞室围岩变形趋势显示及预测。根据监测得到的洞室岩体变形（变形速率）信息及支护体系应力信息，利用各种分析模型进行数据分析，实时显示洞室围岩变形趋势，并建立洞室围岩变形演化规律预测模型，对其变形趋势进行预测（图7.37），对下一步开挖起到指导作用。

　　2）研究地下洞室群施工期影响地下洞室围岩稳定性的因素，结合洞室围岩整体稳定性评价与支护方案优化研究成果，对当前开挖状态下洞室围岩整体稳定性进行综合评价，评价结果为施工期后续开挖顺序及支护参数的动态优化提供参考。

　　3）根据洞室现场监测信息评定洞室围岩的安全等级，并采用可视化技术进行安全等级的分区显示（图7.38和图7.39）；在实现以监测数据进行安全分区的基础上又提出一套基于参数反演及数值模拟的安全性分区方法。

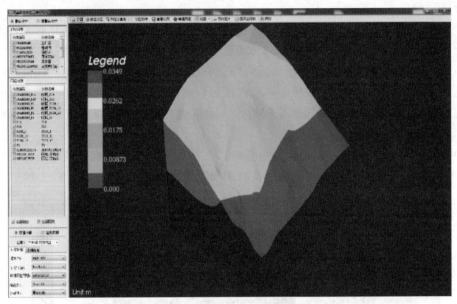

图 7.38　安全信息三维可视化

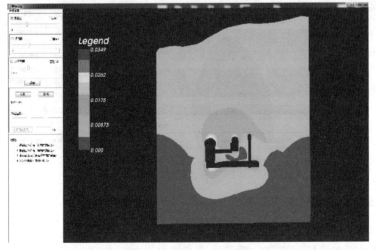

图 7.39　剖面安全可视化

（7）洞室围岩安全预警及辅助决策模块。利用基于物联网的洞室围岩安全实时监测系统得到黄登水电站地下洞室围岩变形、裂缝、渗流、锚杆应力等实时数据，进行数据的自动识别和联动分析，获取隐藏于数据内部的围岩不稳定因素信息，并进行可能的后果预测和警情控制决策，见图 7.40。对于超出警度容忍界限的洞室围岩安全隐患，通过警情发布模块进行警情发布，主要实现如下功能：

1）监测数据异常值的自动识别，剔除严重偏离目标真值的异常数据。

2）采用围岩劣化折减方法，结合围岩参数动态智能反演，提出地下洞室围岩变形的动态预警方法。

3）建立警情分析及联动分析模型。对单项监测数据进行分析的数理统计模型、灰理论模型已不能满足洞室围岩警情分析的需要，模块将开发更先进的人工智能方法对各监测量进行联动分析。

4）构建警度划分标准集。建立影响洞室围岩安全警度的指标体系。针对单项洞室围岩安全指标和综合安全指标，制定一个与预警指标体系相适应的合理尺度。

5）警情应对专家系统构建。搜集国内外已有的地下洞室安全事故案例以及相应的处理措施，将其收录到预警决策系统中来，构建警情案例库、专家知识库、应急方法库，结合目前先进的计算机技术编制知识推理机，从而搭建完整的警情应对专家系统（experts system for alert solving）。

6）警情发布网络的搭建。结合办公系统、工程管理系统、手机等现代通信技术以及报警器等传统信息传播手段，构建快速及时的预警发布平台。

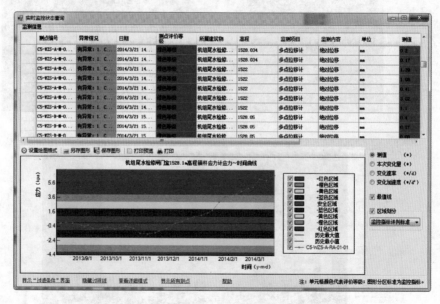

图 7.40　测点过程线

7.3.3　边坡安全评价和预警决策系统

1. 研究背景及目标

黄登水电站所在区域属于高山深谷地带，岸坡陡峻，沟梁相间，层间挤压带发育，陡倾角薄层（板）状岩体复杂，并且枢纽区建筑物与交通布置错落多样。工程施工后，电站进水口开挖将在左岸形成高约 305m 的高陡边坡。类似这种开挖边坡的规模大，不同部位地形地质条件及边坡地质结构各异，潜在的变形失稳模式复杂多样。因此，为了全面掌握高边坡在复杂环境因素及施工过程中的工作性态，保证工程安全，消除和减少隐患，对边坡施工安全进行全自动化监控，并在此基础上对工程未来运行状态做出准确的预报预警是至关重要的。

黄登水电站工程进入施工阶段后，如何对边坡工程进行监测布置、对边坡施工安全进行全自动化监控，数据采集与实时分析评估如何结合，进而构建一个统一、网络化、智能化的监测信息集成管理和实时分析、决策辅助平台，解决基于实时分析的辅助安全运行决策等问题，是工程建设与管理人员所需面临的重要工程技术问题。针对上述问题，本系统主要实现如下目标：

（1）架构可视化仿真与监测信息管理平台。实现枢纽区全尺度边坡工程地形、地质、地貌三位一体的可视化仿真；实现开挖方量和开挖进度的可视化查询和管理，实现安全监测数据的可视化查询和管理；实现施工过程、施工面貌、支护措施的三维实时可视化表现。

（2）建立合理的安全评价技术体系。将边坡安全的数值分析结果和现场监测结果进行集成，在传统的分析评价指标的基础上，提出数值评价结果和监测评价结果的综合安全监控评价指标或者评价模型。

（3）构建边坡工程预警决策平台。为工程运行管理提供一个监测信息管理、实时分析评价和预警决策辅助的平台。

（4）完成安全评价和预警总体系统研发。将上述技术问题统一实现并应用于系统的功能框架中，并进行系统维护和数据更新。

2. 系统总体结构

基于对监测信息分析预测、综合评价法、实时数值仿真和安全预警等理论和方法的研究，针对大型水电站边坡工程，开发具备水电工程专业特色的集工程信息可视化管理、边坡实时安全评价以及边坡灾害预警决策功能相结合的大型工程应用软件系统。根据边坡工程的具体特点，综合考虑边坡设计信息、施工信息和监测信息等，并在满足实际功能需求的基础上，设计系统结构主要包括以下几个主要模块：①系统管理；②信息录入与管理；③数据处理与分析整编；④工程可视化平台；⑤施工进度与质量控制；⑥安全分析评价；⑦在线监控；⑧预警决策。

3. 系统特色

（1）采用面向对象的思想进行设计，较好地实现了工程边坡实体三维可视化技术、人机交互技术以及数据库管理技术等软件组件的高效集成。

（2）所有操作都以可视化的形式进行，可以全方位、动态地显示（旋转、平移、放大、缩小等）工程边坡三维实体整体构造模型图，并采用"层次化"和"即用即得"操作方式，可按需要显示单个层面，从而清楚地表达地层地质模型的整体轮廓、地层之间的空间位置关系及地层的厚度等信息；实现边坡开挖进度、支护进度、开挖面貌的实时可视化展示。

（3）在建立三维地层地质模型的基础上，采用人机交互方式，以"所见即所得"的方式进行编辑操作，可作任意方向、任意地点和任意深度的三维剖切面，并可生成规范的二维 CAD 剖面图，观察边坡实体内部结构构造、空间特征和变化规律，为边坡稳定性评价提供参考。

（4）采用信息热点查询技术，对工程地质信息、工程措施、监测仪器、实时及历史监测数据、边坡数值分析结果、边坡稳定性分区等信息进行可视化查询，实现了"图形-属性"双向查询，其查询方式包括任意点击查询、分层查询、定位查询、区域查询、条件查询等，从而增强了模型解释分析操作的方便性与友好性。

（5）实现对边坡警情的自动分析和一键分析。通过设置自动分析周期，可以在无人值守的情况下自动分析边坡的安全状况，并将警情信息自动发送给相关人员；一键分析使得工程人员可以在任意时刻对边坡安全状况进行分析，方便工程人员及时地了解边坡安全状况和警情。

（6）实现基于现场监测数据以及及时暴露出来的地质、水文信息的边坡安全预警功能，评判预警等级；辅助决策模块可根据预警级别提出相应应急预案，为工程人员有效地应对边坡施工过程中的安全问题提供决策支持。

4. 右岸缆机平台以上边坡应用实践

（1）建立边坡 HydroBIM 模型。通过解析工程图纸，获取图形信息，以获取的工程图形信息为基础，建立右岸缆机平台以上边坡的三维实体模型库，将模型进行整合，利用 HydroBIM 设计平台在系统中形成相应的 HydroBIM 边坡模型。

图 7.41 所示为右岸缆机平台以上边坡的 HydroBIM 模型。

图 7.41 右岸缆机平台以上边坡的 HydroBIM 模型

（2）边坡稳定性综合评价及后续变形位移预测。以右岸缆机平台以上边坡的变形位移监测数据为基础，建立分析预测模型，对该边坡的后续变形位移进行预测，指导安全监控。

1）数值分析。右岸缆机平台典型剖面的计算分析有天然工况、开挖工况、加固工况、暴雨工况以及地震工况五个工况。综合分析可得，该边坡开挖基本满足稳定要求，系统锚杆支护即可。

2）警情综合分析专家规则库。

a. 预警准则库。利用系统为右岸缆机平台以上边坡制定预警准则库，以此为基础，结合警情综合分析结果即可确定出右岸缆机平台以上边坡预警级别。

图 7.42 所示为右岸缆机平台以上边坡的综合预警准则库。如编号为右岸缆机平台以上边坡-wdmn-4.1 的预警准则，当数值模拟整体安全评价评价等级为橙色等级，并且边坡稳定评价等于橙色等级时，预警级别为橙色等级，建议为边坡处于较严重异常状态，请暂停施工，加强监测，启动相关预案。

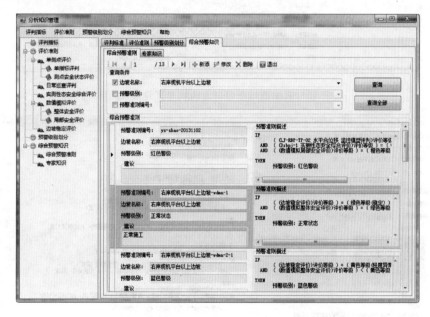

图 7.42　右岸缆机平台以上边坡综合预警准则库

b. 专家建议规则库。利用系统为右岸缆机平台以上边坡制定专家建议规则库，以此为基础，结合警情综合分析结果即可确定出右岸缆机平台以上边坡的专家建议。

图 7.43 所示为右岸缆机平台以上边坡的专家建议规则库。如编号为右岸缆机平台以上边坡-zs-wdmn-4.1 的专家建议规则，专家知识的结论是该边坡处于较严重异常状态，专家建议请暂停施工，加强监测，启动相关预案。

3）警情综合分析。依据产生式规则专家系统的理论方法，根据右岸缆机平台以上边坡的在线监控、日常巡视、实测性态综合分析以及仿真分析等成果，结合此边坡的警情综合分析专家规则库，得出预警级别和专家建议。

图 7.44 所示为右岸缆机平台以上边坡的警情综合分析。对应的预警准则和专家建议规则分别是右岸缆机平台以上边坡-wdmn-4.1 和右岸缆机平台以上边坡-zs-wdmn-4.1。

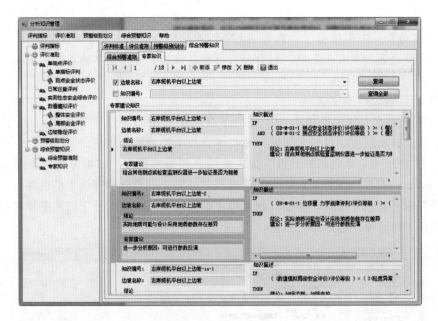

图 7.43　右岸缆机平台以上边坡专家建议规则库

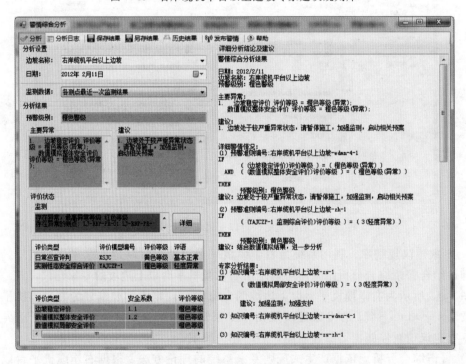

图 7.44　右岸缆机平台以上边坡警情综合分析

4) 后续变形位移预测。根据右岸缆机平台以上边坡的多点位移计的监测数据,采用统计模型、时序模型、神经网络模型等对该边坡的后续变形位移进行预测。

以统计模型为例,样本数据的测点编号为 LJ-RBP-M-01.00,分析量为绝对位移。样本数据确定以后,需要以此为基础建立统计模型。选择参数优化方法、模型因子、函数表达式以及参数初始值之后即可建立模型（图 7.45）。模型的残差标准差为 0.653，复相关系数为 0.996。

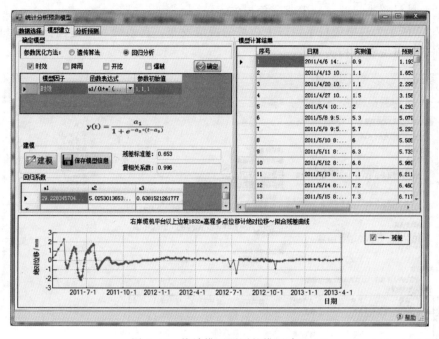

图 7.45 统计模型预测的模型建立

统计模型建立之后即可用来分析预测后续的变形位移。选择预测日期后便可进行预测（图 7.46）。

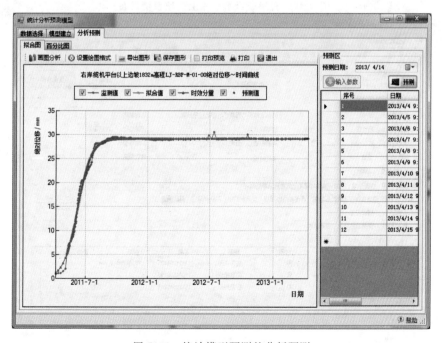

图 7.46 统计模型预测的分析预测

（3）预警系统。预警系统主要包括两部分：一是得出警情，即警情综合分析；二是警情的发布。当右岸缆机平台以上边坡出现警情时，利用警情系统中的警情发布及时的通知相关人员，尽早解决问题，减少或避免损失。

图 7.47 所示为右岸缆机平台以上边坡的警情发布。在系统界面选择该边坡和相应的预警级别后即可发布给相关人员。

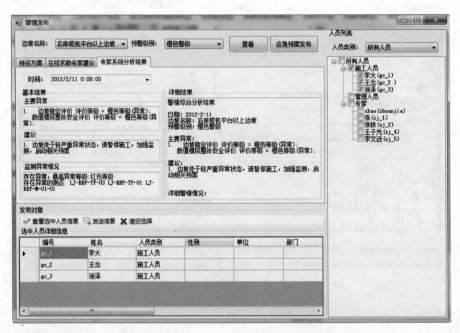

图 7.47 右岸缆机平台以上边坡警情发布

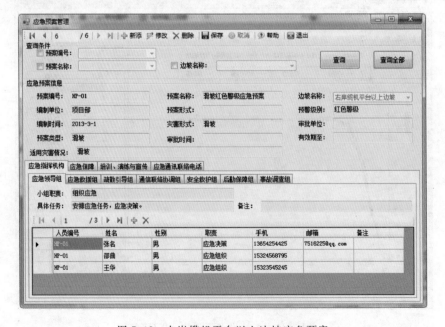

图 7.48 右岸缆机平台以上边坡应急预案

（4）应急预案。

1）应急预案制定。根据应急预案制定的要点，在系统中为右岸缆机平台以上边坡制定各种应急预案，保证出现问题时利用系统能够第一时间确定解决方案。图 7.48 所示为右岸缆机平台以上边坡的应急预案库。

2）应急预案发布。右岸缆机平台以上边坡一旦出现问题，利用系统可以及时地发布相关的应急预案，通知相关人员。图 7.49 所示为右岸缆机平台以上边坡的应急预案发布。

图 7.49　右岸缆机平台以上边坡应急预案发布

7.3.4　应用效果

"数字黄登"是黄登水电站混凝土重力坝施工质量智能控制及管理信息化的综合系统，将实现大坝混凝土从原材料、生产、运输、浇筑到运行的全面质量监控。2013 年 10 月，"数字黄登"立项完成，并启动系统平台的开发工作；2014 年 12 月，完成研发和现场试运行工作；2015 年 3 月，现场碾压混凝土碾压实验，系统试运行成功。2015 年 5 月，现场碾压混凝土正式浇筑，系统在外网环境运行正常。2015 年 7 月，系统全部集成到内网，正式运行。截至 2015 年 12 月底，系统共对现场 38 仓、353 层碾压混凝土施工过程进行了完整的碾压监控和热升层监控。

"数字黄登"的应用，实现了对黄登水电站大坝建设质量（混凝土温控和浇筑碾压环节等）和施工进度的在线实时监测和反馈控制；将大坝碾压质量、温控、仓面施工、坝面检测以及大坝施工进度等信息进行集成管理，为大坝建设质量和进度监控以及坝体安全诊断提供信息应用和支撑平台，为实现黄登工程综合信息（施工期和运行期）数字化管理提供了基础；将地下洞室群及边坡工程纳入监控下，解决了复杂地质施工困难问题，有效地提升了黄登水电工程建设的管理水平；实现了工程建设的创新化管理，极大地提高了工程的建设速度与质量，使施工过程中的大量工作和工艺过程被量化、数字化、参数化、信息化，使精益建造成为可能，设计检查、施工进度监控、施工工艺组织、方案优化、资源分配等以前无法精确管理的施工生产活动将变得容易和规范，为打造优质精品工程提供了强有力的技术保障。为大坝枢纽的安全鉴定、竣工验收及今后的运行管理提供了数据信息平台。

第8章　西藏觉巴水电站 EPC 总承包应用实践

8.1　应用概述

8.1.1　工程概况

觉巴水电站位于澜沧江右岸一级支流登曲中下游河段，坝址位于西藏自治区昌都地区芒康县曲登乡上游 1km 处，坝址距昌都市约 360km。觉巴水电站采用混合式开发，正常蓄水位 3228.00m，装机容量 30MW，多年平均年发电量为 1.47 亿 kW·h，工程任务为发电，近期向芒康县当地无电或缺电地区供电，同时为澜沧江干流如美水电站提供施工用电，远期通过芒康县电网接入昌都电网。本工程属Ⅳ等小（1）型工程。

觉巴水电站主要由首部枢纽建筑物、引水建筑物和发电建筑物组成，位置关系见图 8.1。

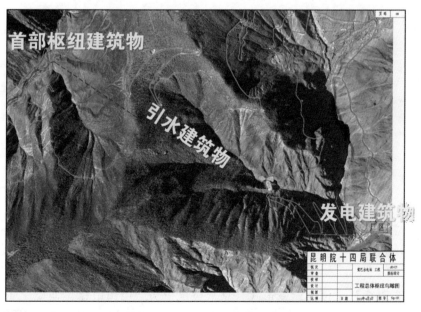

图 8.1　觉巴水电站总体枢纽鸟瞰图

首部枢纽建筑物由挡水建筑物、泄水消能建筑物和变压式沉沙池组成。挡水建筑物为混凝土闸坝，坝顶总长 67m，坝顶高程 3230.00m，最大坝高 20m。泄水消能建筑物包括 1 孔泄洪冲沙底孔、1 孔溢流深孔、1 孔溢流表孔、下游消力池。变压式沉沙池包括取水口、渐变段、工作段、尾部溢流堰和冲沙孔，分两厢设计，工作段长 199m，图 8.2（a）

为觉巴水电站首部枢纽三维设计模型与实景对比。

引水建筑物主要由引水隧洞、调压井、浅埋式压力钢管组成。机组采用一管三机供水。有压引水隧洞总长 4191.8m，城门洞型断面尺寸为 3.0m×3.5m（宽×高）。阻抗式调压井位于引水线路末端。压力钢管以浅埋方式敷设在山脊上，管径 1.3m，壁厚 10～28mm，钢管外包泡沫混凝土，最大设计水头 672.1m，总长 1385.8m，沿线共设 14 个镇墩。

发电建筑物主要由上游副厂房、主厂房、下游副厂房、尾水渠等组成，厂房内安装 3 台额定功率 10MW 的冲击式水轮发电机组，单机引用流量 2.15m³/s，机组转速达 750r/min。主厂房尺寸约为 45.9m×33.3m×29.8m（长×宽×高），图 8.2（b）为觉巴水电站地面厂房。

（a）首部枢纽三维设计模型与实景照片对比图（工程完建程度高）

（b）地面厂房

图 8.2　觉巴水电站实景

工程采用 EPC 总承包的建设形式，总承包单位为"中国电建昆明院·十四局联合体"，总包合同价约 5 亿元。工程于 2013 年 7 月开工，2014 年 10 月大江截流，2015 年 12 月首台机组发电，2016 年 6 月底全部投产发电。

8.1.2　工程的特点与难点

觉巴水电站工程具有技术上的挑战性、功能上的综合性、管理上的复杂性、时间上的紧迫性等特点，工程的建造过程是一个庞大而复杂的系统工程。该工程总承包模式下的信息管理具有以下特点与难点：

（1）整体经济性高。觉巴水电站在采用 EPC 总承包模式的情况下，从一开始就将设计、施工和采购结合一起，这样就可以充分发挥设计和施工的优势，整合项目资源，实现各阶段无缝连接，便于进度控制和投资控制，实施最优化的综合管理，因此，其整体经济性较高；工程建设的基本出发点在于促成设计和施工的早期结合，从整体上提高项目的经济性。

（2）工程管理风险性大。觉巴水电站项目的总承包模式要比传统的设计或施工等单项承包复杂得多，风险也大得多，因为它必须承担设计、采购、施工安装和试运行服务全过程的风险，所以工程项目风险控制的难度必然更大。总承包的管理模式在给承包商的主动经营带来机遇的同时也使其面临更严峻的挑战，承包商需要承担更广泛的风险责任，如出现不良或未预计到的场地条件以及设计缺陷等风险。除了承担施工风险外，还承担工程设计及采购等更多的风险，特别是在决策阶段，在初步设计不完善的条件下，就要以总包价签订总承包合同，存在工程量不清、价格不定的风险。

（3）工期紧。该工程的有效工期为 52 个月，相对于庞大的体量和复杂的结构而言工期异常紧张，需要进行严格的进度管理。需要计划和控制每月、每周甚至每天的施工操作，动态地分配所需要的各种资源和工作空间。现有的计划管理软件不适用于建立这种计划，抽象的图表也难以清晰地表达其动态的变化过程，施工管理人员只能根据经验制订计划，计划的正确与否只能在实践中被检验。需要开发应用 HydroBIM 的项目管理系统，以使管理者、施工参与者、领导都可以通过观察 3D 模型，以非常直接的方式查看到与进度相关联的施工进展情况。

（4）协调管理与控制难度大。工程现场除建设、设计、监理单位外，还包括众多的国内外分包及材料供应商，参建各方的沟通、协调和管理的效率直接影响工程建设，需要采用信息技术建设和应用多参与方之间的信息沟通平台、协同工作平台。

（5）施工资源繁多。需要一个先进的施工资源管理工具，以实现与施工进度计划相对应的动态资源管理、方便的资源查询和可视化的资源状态显示。对应于不同的施工方案，将施工进度、3D 模型、资源需求有机地结合在一起，通过优化施工方案和进度安排以降低工程成本。

8.1.3　HydroBIM 应用实施方案

结合觉巴水电站工程的项目特点和工程总承包管理的需求，建立起集 HydroBIM 几何模型的建立、HydroBIM - EPC 信息管理系统两部分内容的 HydroBIM 集成应用方案。

1. HydroBIM 几何模型的建立

根据觉巴水电站工程的实际需求，使用 Autodesk Revit 系列软件创建工程的 Hydro-BIM 模型。建模工作分成三个阶段：第一阶段为首部枢纽部分；第二阶段为引水发电建筑物部分；第三阶段为工程整体模型的碰撞检查。HydroBIM 建模工作范围具体如下：

（1）首部枢纽。包括挡水建筑物、泄水消能建筑物和沉沙池。

（2）引水发电建筑物。引水建筑物主要由电站进水塔、引水隧洞、调压室、明钢管和镇支墩组成。发电建筑物主要包括上游副厂房、主厂房、下游副厂房、安装场及尾水渠等。厂房包含建筑专业和结构专业的施工图设计中的主体混凝土结构，钢结构、幕墙、门窗等，不包含装饰装修、建筑设计相关家具、洁具、照明用具等。机电安装包含综合布线、暖通、给水排水、消防的主要管线、阀门等，不含末端细小管线、机电设备详细模型。

（3）模型属性录入。根据提供的资料录入 HydroBIM 构件的基本信息，如编号、尺寸、材料等。除此之外的构件细节信息、装修信息、屋内设施等信息录入不包含在工作范围中。

2. HydroBIM – EPC 信息管理系统

HydroBIM – EPC 信息管理系统采用 C/S 和 B/S 混合模式，该模式集合了 C/S 和 B/S 的优点，既有 C/S 高度的交互性和安全性，又有 B/S 的客户端与平台的无关性，既能实现信息的共享和交互，又能实现对数据严密有效的管理。对于数据流量大、交互多、实时性要求高的功能，HydroBIM 几何模型集成工程建设实施信息，采用 C/S 模式。C/S 客户端通过局域网向数据库服务器发出 SQL 请求，完成数据库的输入、查询、修改等操作；对于数据流量小、交互性不强的、执行速度要求不高的功能采取 B/S 模式，完成对网页的查询、信息发布等操作。

系统整体设计遵循以成本控制为核心，以进度为主线，以合同为纽带，以质量和安全为目标，基于全生命周期的项目管理模式，主要完成四控四管一协调的工作，即过程四项控制（成本控制、进度控制、质量控制、安全控制）和四项管理（项目策划与合同管理、资源管理、设计管理、招标采购管理）以及项目组织协调的工作。系统模块从整体上划分为综合管理、项目策划与合同管理、资源管理模块、设计管理、招标采购管理、进度管理、质量管理、费用控制管理、安全生产与职业健康管理、环境管理、财务管理、风险管理、试运行管理、HydroBIM 管理和系统管理，总计十五个功能模块。

8.2　HydroBIM 模型创建及信息升值

基于 HydroBIM 应用的 EPC 模式在工程项目整个生命周期内实现了信息交流的有效性和信息价值的显著提高，HydroBIM 的信息载体——多维参数模型（nD parametric model），保证了信息的一致性以及不断升值的趋势。首先用简单的等式来体现 HydroBIM 参数模型的维度。

$3D = Length + Width + Height$

$4D = 3D + Time$

$5D = 4D + Cost$

$6D = 5D + \cdots$

$nD = BIM$

HydroBIM 的 3D 模型为交流和修改提供了便利。以设计工程师为例，其可以运用 HydroBIM 平台直接设计，无需将 3D 模型翻译成 2D 平面图以与业主进行沟通交流，业主也无需费时费力去理解繁琐的 2D 图纸。

HydroBIM 参数模型的多维特性（nD）将项目的经济性及可持续性提高到一个新的层次。例如，运用 4D 模型可以研究项目的可施工性、项目进度安排、项目进度优化、精益化施工等方面，给项目带来经济性与时效性；5D 造价控制手段使预算在整个项目生命周期内实现实时性与可操控性；6D 及 nD 应用将更大化地满足项目对于业主对于社会的需求，如舒适度模拟及分析、耗能模拟以及可持续化分析等方面。

考虑到觉巴水电站工程的建设模式以及 HydroBIM‐EPC 信息管理系统的需求分析，其模型的创建以及模型信息的不断升值过程主要集中在规划设计和工程建设两大阶段。

8.2.1　HydroBIM 建模规范

HydroBIM 模型是项目信息交流和共享的中央数据库。在项目的开始阶段，就需要设计人员按照规范创建信息模型。在项目的生命周期中，通常需要创建多个模型，例如用于表现设计意图的初步设计模型、用于施工组织的施工模型和反映项目实际情况的竣工模型。随着项目的进展，所产生的项目信息越来越多，这就需要对前期创建的模型进行修改和更新，甚至重新创建，以保证当时的 HydroBIM 模型所集成的信息和正在增长的项目信息保持一致。因此，HydroBIM 模型的创建是一个动态的过程，贯穿项目实施的全过程，对 HydroBIM 的成功应用至关重要。

HydroBIM 模型必须按照符合工程要求的有序规则创建，才能将其真正称为工程数据 HydroBIM 模型，成为后续深层应用的完整有效的数据资源，在设计、施工、运维等建筑全生命周期的各个环节中发挥出其应有的价值。建模规范的具体内容应根据建模软件、项目阶段、业主要求、后续 HydroBIM 应用需求和目标等综合考虑制定。HydroBIM 建模应遵循以下准则：

（1）注意模型结构与组成的正确性与协调性。

（2）根据需要，分阶段建模。

（3）根据各阶段的设计交付要求，采用对应的建模深度，避免过度建模或建模不足。

（4）建立构件命名规则。规范建筑、结构、机电等构件模型的命名，对 HydroBIM 模型从设计、施工到运营全过程带来极大的便利。

（5）修改或更新模型时，保留构件的唯一标识符，会使记录模型版本以及跟踪模型更加容易。

（6）构件之间的空间关系规则。构件间的空间关系将影响构件的外观、数据统计等。

（7）构件的主要参数设置规则。约定不同建筑构件的主要参数设置规则不仅影响到构件自身的外观、统计，还会影响到构件间的关联关系及软件系统的自动识别能力。

（8）在各阶段建模时，限制使用构件属性的实际要求，避免过度使用属性而导致模型过于庞大和复杂，从而引起不必要的重新设计。

（9）建筑构件按楼层分别创建，并合理分组，应区分类型构件和事件构件，并区分通用信息和特定信息。

（10）避免产生不完整的构件或与其他构件没有关联的构件，并应避免使用重复和重叠的构件，输出 HydroBIM 模型前，应当使用建模软件或模型检查软件进行检查。

（11）模型拆分原则、文件名命名规则、模型定位基点设置规则、轴网与标高定位规则等。

8.2.2　规划设计阶段

水电站设计涉及多个不同专业，包括地质、水工、施工、建筑、机电等。觉巴水电站项目首先由水工专业利用 Revit Architecture 进行土建模型的建模，然后建筑及机电专业（包括水力机械、通风、电气一次、电气二次、金属结构）在此 HydroBIM 模型的基础上，同时进行并行设计工作，完成各自专业的设计，最终形成觉巴水电站项目的 HydroBIM 设计工作。

1. 首部枢纽 HydroBIM 模型

建模范围包括挡水建筑物、泄水消能建筑物和沉沙池。水工专业设计人员使用 Revit Architecture 进行以上建筑物的三维体型建模。图 8.3 所示为利用 Revit Architecture 软件建立的觉巴水电站首部枢纽部分的 HydroBIM 模型。

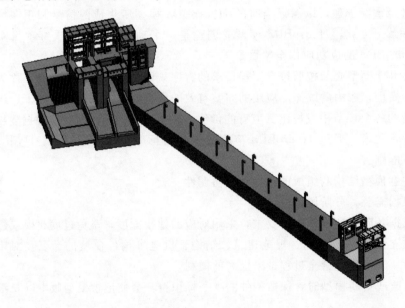

图 8.3　觉巴水电站首部枢纽 HydroBIM 模型

2. 厂房 HydroBIM 模型

建筑专业设计人员使用 Revit Architecture 进行觉巴厂房 HydroBIM 模型的创建，在觉巴厂房模型中建立基础、筏基、挡土墙、混凝土柱梁、钢结构柱梁、楼板、剪力墙、隔间墙、帷幕墙、楼梯、门及窗等组件，再按照设计发包图建造 HydroBIM 模型。图 8.4 为使用 Revit 设计的觉巴厂房三维模型。

（1）觉巴厂房 HydroBIM 建模思路。觉巴厂房模型设计按照标高分层分别为尾水底、厂房底、球阀层、水轮机层、发电机层、中控室层、会议及通信层、主厂房顶、上游副厂

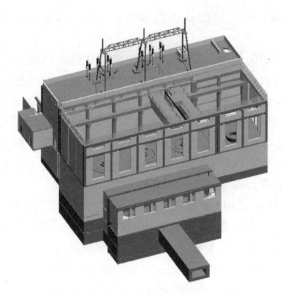

图 8.4　觉巴厂房三维模型

房顶等楼层，见图 8.5。同时，觉巴厂房模型设计按照区域分块，分别为供水设备室、尾水池、主厂房、安装间、开关柜室、GIS 厅、主变室、蓄电池室、继电保护盘室、中控室、油罐室、油处理室、油箱室、柴油发电机房、尾水渠等。

将区域分块和标高分层结合起来，有利于减少设计遗漏，使 HydroBIM 建模过程更加有条有理，并且避免了编辑作业造成的计算机超负荷等情况，提高了设计时效。

（2）厂房创建中族的应用。水电站厂房与民用建筑相比有一些不同的技术要求，如空间结构、外观形式、建筑结构、空间尺度等。在水电站厂房中常常包含着一些功能特别的功能元素，如建筑结构或者是机械设备，如厂房内部的牛腿柱、屋面大梁、挡墙，可以利用软件中强大的模块化设计功能将其纳入标准化的专业构件"族"库中，"族"是 Revit 中使用的一个功能强大的概念，有助于更轻松地管理数据和进行修改。每个族图元能够在其内定义多种类型，根据设计的需要，每种类型可以具有不同的尺寸、形状、材质设置或其他参数变量。这样以后就可以摆脱这些重复性的基础工作，利用丰富的参数来控制族的变化，图 8.6 所示为创建的牛腿族文件。

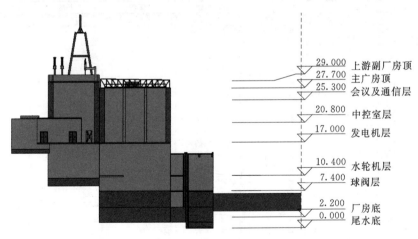

29.000	上游副厂房顶
27.700	主厂房顶
25.300	会议及通信层
20.800	中控室层
17.000	发电机层
10.400	水轮机层
7.400	球阀层
2.200	厂房底
0.000	尾水底

图 8.5　按不同标高分层的觉巴厂房侧视图

（3）出图成果整理。当建模过程完成后，可以得到一系列的成果，包括任意的剖面设计图、任意角度的三维视图、相关材料的明细表、渲染图纸等。厂房的二维平面布置图，在三维设计中可以任意地截取剖面，最后再进行标注即可，图框可以生成特定的族来方便

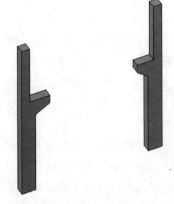

图 8.6   水电站厂房中的牛腿族

下一次的使用，其二维图纸可以转化成 CAD 二维图纸来使用。

（4）明细表的使用。Revit 中明细表的功能可以统计构件数量、材料的名称、体积、长度等，例如厂房下部水轮机层、尾水渠及汇流池部分，这部分的结构特殊，通常混凝土的用量计算比较麻烦，手算也不准确，且不可能实时更新，但在 Revit 里将其整体用族来表达，并赋予材料名称，即可从明细表中提取出这部分特殊结构的体积，且会随着方案的变化而更新数值。图 8.7 所示为墙明细表。

3. 机电 HydroBIM 模型

（1）机电 HydroBIM 模型的种类。在 HydroBIM 模型的创建中，机电部分最为复杂，其种类的多样性以及形体的不规则性使得模型的创建周期相较厂房模型会长很多，因此机电 HydroBIM 模型的创建周期是 HydroBIM 模型创建周期的主线。觉巴机电 HydroBIM 模型种类繁多，见图 8.8。按厂房区域划分，主厂房顶包含出线塔、CVT、出线套管，主厂房包含主厂房桥机、球阀液压站、发电机、转轮、平水栅、调速器油压装置、球阀，安装间包含转轮、下机架、定子、转子，开关柜室包含母线电压变压器、开关柜，GIS 厅包含出线间隔 CB、SA - PT（图 8.9），主变室包含主变风冷（图 8.10）、主变中性点接地套装，中控室包含中控室控制台，油管室包含油桶、高效滤油装置、透平油净油机、移动油泵，供水设备室包含自动

〈墙明细表〉				
A	B	C	D	E
功能	体积	族与类型	厚度	长度
外部	21.97 ㎡	基本墙：常规	300	6260
外部	17.58 ㎡	基本墙：常规	240	6260
外部	17.58 ㎡	基本墙：常规	240	6260
外部	17.58 ㎡	基本墙：常规	240	6260
外部	17.58 ㎡	基本墙：常规	240	6260
外部	14.88 ㎡	基本墙：常规	240	5300
外部	14.88 ㎡	基本墙：常规	240	5300
外部	18.53 ㎡	基本墙：常规	240	6260
外部	18.53 ㎡	基本墙：常规	240	6260
外部	18.53 ㎡	基本墙：常规	240	6260
外部	18.53 ㎡	基本墙：常规	240	6260
外部	18.53 ㎡	基本墙：常规	240	6260
外部	15.30 ㎡	基本墙：常规	240	5300
外部	15.30 ㎡	基本墙：常规	240	5300
外部	24.99 ㎡	基本墙：常规	240	8900
外部	23.17 ㎡	基本墙：常规	240	8700
外部	15.41 ㎡	基本墙：常规	240	6260
外部	13.55 ㎡	基本墙：常规	240	5600
外部	11.50 ㎡	基本墙：常规	240	3415
外部	13.30 ㎡	基本墙：常规	240	3950
外部	15.27 ㎡	基本墙：常规	240	4535

图 8.7   墙明细表

滤水器和单级单吸离心泵等。

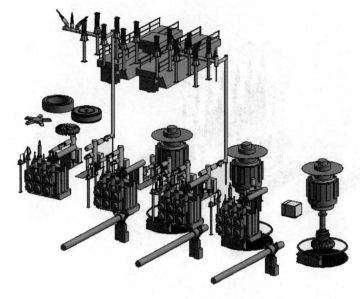

图 8.8　主厂房机电设备

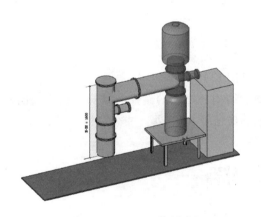

图 8.9　SA-PT 的创建

图 8.10　主变风冷的参数信息图

　　(2) 机电 HydroBIM 模型的创建。机电 HydroBIM 模型种类多样、结构复杂，若厂房模型与机电模型在同一个模型中创建，将造成模型创建时间过长，影响整个 HydroBIM 流程的效率，Revit 中工作集和链接的使用就很好地解决了这一问题。觉巴机电 Hydro-BIM 模型均由族创建。

　　觉巴机电导入完成后，为满足机电的功能要求，需在适当位置添加管道和预埋电线，将厂房和机电设备整合，自此机电 HydroBIM 模型创建完成，见图 8.11。

　　4. 模型碰撞检查

　　目前国内项目中，大多数都被碰撞的问题困扰过，因为碰撞问题的存在给项目带来了很大的影响和损失。在觉巴水电站 HydroBIM 模型碰撞检查过程中，有效地避免了返工损失，为业主节约了大量成本。在项目中，对工程进行全面的碰撞检测，对厂房的墙、常

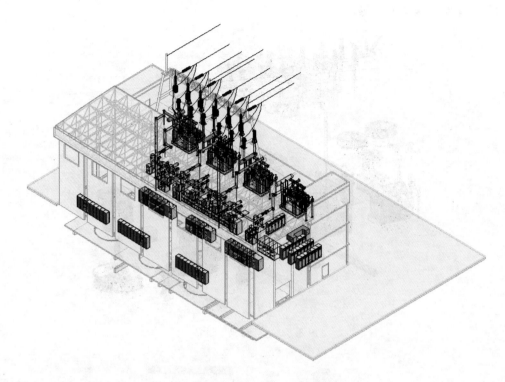

图 8.11　机电 HydroBIM 模型创建完成图

规模型、楼梯、电气设备等进行碰撞检查，见图 8.12。

　　经过碰撞检测，发现墙与墙之间的碰撞、结构柱之间的碰撞、楼梯与墙之间的碰撞、机械设备与电气之间的碰撞、楼梯与墙之间的碰撞等共 75 处。冲突报告见图 8.13。

图 8.12　碰撞检测

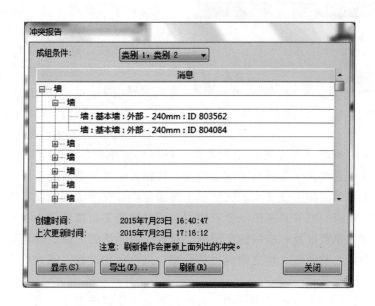

图 8.13 冲突报告

有冲突的地方，三维视图中会高亮显示，显示为橘黄色，图 8.14 为发电机与混凝土外壳冲突的高亮显示，图 8.15 为楼梯与墙冲突的高亮显示。

图 8.14 发电机与混凝土外壳之间的冲突图

图 8.15 楼梯与墙之间的冲突

根据碰撞检查生成的报告，点击报告中的每一处冲突都会显示高亮显示，然后对每一处碰撞进行处理，直到解决掉所有的碰撞冲突，最终的碰撞检查结果为"未检测到冲突"，见图 8.16。

碰撞检查在多专业协同设计中担当的是制约与平衡的角色，使多专业设计"求同存异"，这样随着设计的不断深入，定期对觉巴工程多专业设计进行协调审查，不断地解决

图 8.16 最终检查结果

设计过程中存在的冲突，使设计日趋完善与准确。这样，各专业设计的问题得以在设计阶段解决，避免了在日后项目施工阶段返工，可以有效地缩短项目建设周期和降低建设成本。

5. 模型深化设计

深化设计是指在工程施工过程中对招标图纸或原施工图的补充与完善，使之成为可以现场实施的施工图。在觉巴 HydroBIM 模型中，对管线布置综合平衡进行了深化设计，将相关电器的专业施工图中的管线综合到一起，检测其中存在的施工交叉点或无法施工的部位，并在不改变原设计机电工程各系统的设备、材料、规格、型号且不改变原有使用功能的前提下，按照"小管让大管，有压让无压"的管道避让原则以及相应的施工原则，布置设备系统的管路。管路原则上只做位置的移动，不做功能上的调整，使之布局更趋合理，进行优化设计，既达到合理施工又可节省工程造价。

在觉巴项目的建筑工程项目设计中，管线的布置由于系统繁多、布局复杂，常常出现管线之间或管线与结构构件之间发生交叉的情况，给施工带来麻烦，影响建筑室内净高，造成返工或浪费，甚至存在安全隐患。为了避免上述情况的发生，传统的施工流程中通过深化设计时的二维管线综合设计来协调各专业的管线布置，但它只是将各专业的平面管线布置图进行简单的叠加，按照一定的原则确定各种系统管线的相对位置，进而确定各管线的原则性标高，再针对关键部位绘制局部的剖面图。

由于传统的二维管线综合设计存在以上不足，采用 BIM 技术进行三维管线综合设计方式就成为针对大型复杂建筑管线布置问题的优选解决方案。觉巴 HydroBIM 模型的创建是对整个建筑设计的一次"预演"，建模的过程同时也是一次全面的"三维校审"的过程。在此过程中可发现大量隐藏在设计中的问题，这些问题往往不涉及规范，但跟专业配合紧密相关，或者属于空间高度上的冲突，在传统的单专业校审过程中很难被发现。与传统 2D 深化设计对比，BIM 技术在深化设计中的优势主要体现在以下几个方面：

（1）三维可视化、精确定位。传统的平面设计成果为一张张的平面图，并不直观，工程中的综合管线只有等工程完工后才能呈现出来，而采用三维可视化的 BIM 技术却可以使觉巴项目完工后的状貌在施工前就呈现出来，表达上直观清楚。模型均按真实尺度建模，传统表达予以省略的部分均得以展现，从而将一些看上去没问题，而实际上却存在的深层次问题暴露出来。最后，HydroBIM 模型通过一个综合协同的仿真数字化、可视化平台，让建设工程参建各方均能全面清楚地掌握项目进程，精确定位项目中存在的问题，从而避免了返工和工期延误损失。

（2）交叉检测、合理布局。传统的二维图纸往往不能全面反映个体、各专业各系统之间交叉的可能，同时由于二维设计的离散型为不可预见性，也将使设计人员疏漏掉一些管线交叉的问题。而利用 BIM 技术可以在管线综合平衡设计时，利用其交叉检测的功能（图 8.17），将交叉点尽早地反馈给设计人员，与业主、顾问及时地进行协调沟通，在深化设计阶段尽量减少现场的管线交叉和返工现象。这不仅能及时排除项目施工环节中可以遇到的交叉冲突，显著减少由此产生的变更申请单，更大大提高了施工现场的生产效率，降低了由于施工协调造成的成本增长和工期延误。

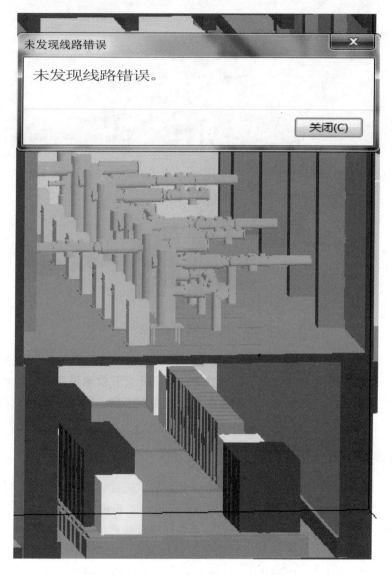

图 8.17　线路检测

（3）设备参数复核计算。在机电系统安装过程中，由于管线综合平衡设计以及精装修调整会将部分管线的行进路线进行调整，由此增加或减少了部分管线的长度和弯头数量，这就会对原有的系统参数产生影响。传统深化设计过程中系统参数复核计算是拿着二维平面图在算，平面图与实际安装好的系统几乎都有较大的差别，导致计算结果不准确。偏大则会造成建设费用和能源的浪费，偏小则会造成系统不能正常工作。而运用 BIM 技术后，觉巴模型只需运用 BIM 软件进行简单的处理（图 8.18），就能自动完成复杂的计算工作。模型如有变化，计算结果也会关联更新，从而为设备参数的选型提供正确的依据。

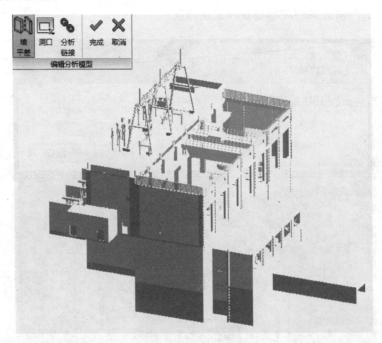

图 8.18　BIM 模型处理

利用 BIM 进行觉巴水电站的建模、检测、分析，不仅通过 3D 模拟技术实现了精确化设计，提高了数据传递效率，简化了设计变更过程，还会有效地提高后续安装的效率，减少施工过程中因返工造成的材料和劳动力浪费，对缩短工期、降低工程造价将产生积极的影响。

8.2.3　工程建设阶段

对于觉巴工程中的不同参与方在施工阶段各领域（进度、造价、质量、风险等）产生的其他大量信息，例如一个 3D 墙体可能是由厂房设计工程师创建的，施工分包商可能提供造价、进度、安全信息，暖通空调工程师提供热质量信息等，需要基于特定的数据存储标准（IFC 标准）对这些扩展信息进行描述，并将其与 HydroBIM 模型中的元素进行关联，实现集成。规划设计阶段创建的 3D 几何模型是基础信息模型，各类信息集成模型都是在基础模型的基础上进行集成与扩展的结果。

为了尽可能地发挥 HydroBIM 信息模型在施工阶段的优势，经过充分研究和论证，确定采用 Revit 系列软件作为二次开发软件平台，选用 C♯ 语言进行基于 .NET 的编程工作（HydroBIM - EPC 信息管理系统的 C/S 模式部分），将觉巴工程施工过程中的各领域信息与 BIM 几何模型进行无缝链接（系统中主要实现了在基本信息模型的基础上附加进度和成本两大模块数据），生成觉巴工程 5D - BIM 施工信息模型，实现了 HydroBIM 模型信息的不断升值。

图 8.19 展示了利用 Revit 二次开发平台将觉巴工程施工进度信息以及相关的资源、

过程与相关几何构件进行关联，从而构建觉巴工程 4D－BIM 时空模型。

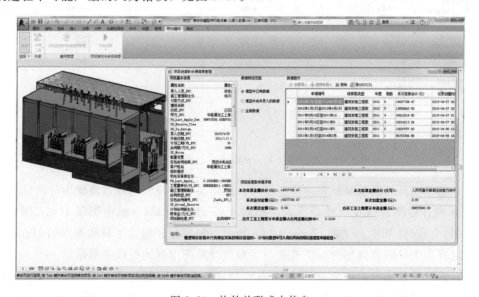

图 8.19 构件关联进度信息

觉巴工程 5D－BIM 模型即在 4D－BIM 模型的基础上直接对三维构件做工程成本信息的添加，并与相关的进度信息进行链接，保证了设计信息完整和准确，同时也避免了重新建模过程中可能产生的人为错误，见图 8.20。

图 8.20 构件关联成本信息

"充值"成功后的觉巴工程 HydroBIM 模型主要应用于 HydroBIM - EPC 信息管理系统 BS 模式下的浏览器端，可以支持施工过程的可视化模拟以及施工进度、成本的动态管理和优化。

8.3　HydroBIM - EPC 信息管理系统的应用实践

8.3.1　HydroBIM 管理

1. HydroBIM 策划

（1）觉巴项目的人员策划信息包括 HydroBIM 的核心团队成员以及专业团队成员。目前项目核心成员为 HydroBIM 总顾问张宗亮，HydroBIM 实施负责人曹以南，Hydro-BIM 主管邓加林。专业团队人员主要是 HydroBIM 项目经理以及各专业的负责人及设计工程师，见图 8.21。

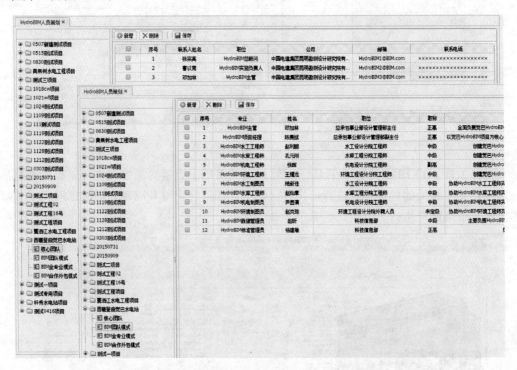

图 8.21　觉巴项目 HydroBIM 核心成员及团队成员

（2）觉巴项目的模型策划包含模型经理、计划模型、模型组件以及详细计划信息。图 8.22 所示为计划模型信息，模型类别为枢纽工程 HydroBIM、机电工程 HydroBIM、水库工程 HydroBIM 和生态工程 HydroBIM，同时策划信息还包含了具体类别的 HydroBIM 模型的内容、项目的阶段划分、所有参与的专业以及所用到的建模工具信息。

（3）觉巴项目的分析策划包含分析内容和详细分析计划信息。图 8.23 所示为觉巴 HydroBIM 的详细分析计划，共有 5 项分析内容，分别为碰撞检查分析、结构分析、可视

序号	模型类别	模型内容	项目阶段	参与专业	建模工具
1	生态工程BIM	森林、湿地、草原生态等	规划设计阶段,工程建设阶段,运行管...	HydroBIM环境...	GIS、Skyline等
2	枢纽工程BIM	坝体、溢洪道、主安室、引...	规划设计阶段,工程建设阶段,运行管...	HydroBIM水工...	CAD、Civil3D、Revit等
3	机电工程BIM	直管段、管件、附件、设备等	规划设计阶段,工程建设阶段,运行管...	HydroBIM机电...	Revit、Designer、MagiCAD等
4	水库工程BIM	水库建筑物模型组织安排、水库地基等	规划设计阶段,工程建设阶段,运行管...	HydroBIM水工...	GIS、Skyline、Civil3D等

图 8.22　觉巴项目 HydroBIM 计划模型信息

化分析、工程量估算分析以及进度分析，针对每条分析计划还详细列出了工作阶段、分析所用工具、责任部门、分析成果的格式以及详细的计划开始时间和结束时间。

序号	名称/内容	工作阶段	分析工具	责任部门	文件格式	开始时间	结束时间	备注
1	碰撞检测分析	规划设计阶段	Navisworks	觉巴HydroBIM团队	nwf、nwd	2012-05-02	2013-06-04	碰撞检测分析在觉
2	结构分析	规划设计阶段、工...	Abaqus、ansys、FL...	觉巴HydroBIM团队	inp、rpt、odb等	2012-05-09	2014-06-03	规划设计阶段以及
3	可视化分析	规划设计阶段、工...	skyline、GIS等	觉巴HydroBIM团队	xpc、xpl等	2012-07-04	2015-05-13	贯穿整个项目建设
4	工程量估算分析	规划设计阶段、工...	iTWO、鲁班等	觉巴HydroBIM团队	Ifc、rvt等	2012-09-06	2014-08-05	主要是利用国内的
5	进度分析	工程建设	Navisworks、iTWO等	觉巴HydroBIM团队	Ifc、avi等	2013-05-07	2015-03-11	

图 8.23　觉巴项目 HydroBIM 详细分析计划

2. HydroBIM 交付

图 8.24 所示为觉巴项目一设计交付成果的详细页面，用户提交的是主厂房模型的模型成果，隶属于建筑专业，当前为规划设计阶段。

图 8.24　觉巴枢纽 HydroBIM 交付成果详细信息

3. HydroBIM 协同平台

（1）HydroBIM 协同平台登陆。HydroBIM 协同平台提供用户身份验证，以确保只有授权用户可以访问它。当前的身份验证通过服务器地址，以及提供内部用户身份验证的用户名和密码来验证，见图 8.25。登录成功后平台显示 HydroBIM 项目列表信息，见图 8.26。系统平台充分考虑数据安全，有以下几方面的特点：

1）机密性。数据存储在 BIM Server 上，只能是授权用户可访问，并且基于一定的数据访问范围。这对敏感数据的安全是至关重要的，以防恶意入侵者窃取。

2）完整性。所有 HydroBIM 数据由授权用户创建、修改和删除。

3）可用性。数据以及 BIM Server 提供的服务可供用户随时随地使用。

4）数据安全。BIM Server 提供有效的数据访问控制，数据访问权限包括创建、删除、读、写和执行。采用角色为基础的访问控制（RBAC）是理想的方法。RBAC 根据角色分配访问权限，而不是用户，在这样一个动态的 HydroBIM 环境中大大简化了权限管理的任务。

图 8.25　系统登录验证

图 8.26　HydroBIM 项目列表信息

（2）HydroBIM 系统平台基本功能。HydroBIM 协同平台提供标准的用户界面特性，包括以下内容：

1）模型树视图和 3D 查看器。

2）支持在线实时查看、打印和标记。

3）单击对象，并查看其父级对象。

4）单击并在不同对象之间进行切换。

5）定制的工具栏等。

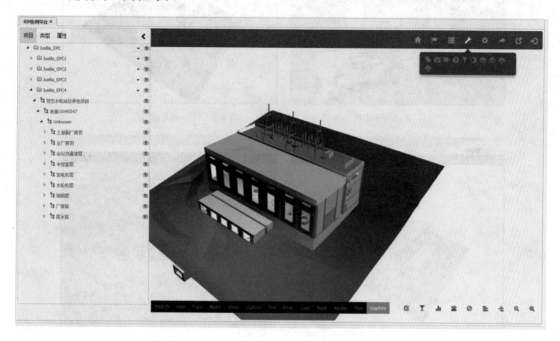

图 8.27　HydroBIM 协同平台用户界面

用户界面的左侧是书签栏，服务器上的 HydroBIM 模型都具有一定的层次结构。例如，目前在 BIM Server 服务器有以下层次结构：项目-场地-建筑-建筑楼层。但是用户可能希望根据他们不同的要求定制模型结构，如用户可能希望在一个场地组织所有项目，即场地-项目-建筑-建筑楼层等。因此，BIM Server 应该支持灵活地定制模型结构。图 8.27 左侧树状结构为觉巴厂房机电 HydroBIM 的层次结构。

此外，平台还提供一系列实用功能供用户更好地查看模型，如模型剖切、构件隐藏与显示、构件层移、背景设置、光源类型选择等，用户可以利用这些功能，根据自己的喜好和需要对模型进行查看，方便了协同平台使用者的操作，图 8.28 为 HydroBIM 系统平台的实用功能展示。

（3）HydroBIM 属性查阅。HydroBIM 协同平台支持基于文本信息显示数据库中的模型对象，同时它又和图形引擎中的 3D 对象模型链接。如在基于文本的模型结构树窗口中选择对象，对应的 3D 对象模型将在图形引擎中高亮，并在用户界面左侧显示该构件的相应属性。图 8.29 中绿色高亮部分显示的是主厂房顶，左侧为主厂房顶部的全部属性，包含模型内置属性及建设过程中不断积累的工程属性。系统后台通过 GUID 将每个对象及属性唯一标识，防止重复，也方便用户查询。

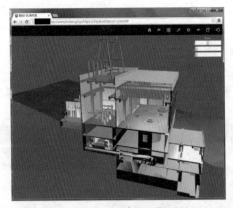
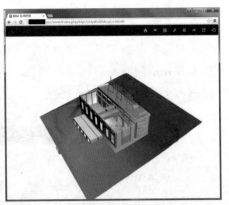

（a）HydroBIM 模型剖切　　　　　　（b）构件隐藏

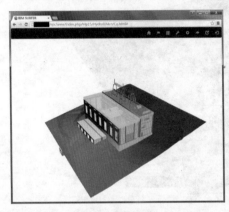
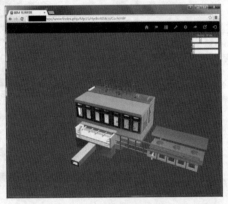

（c）构件透明　　　　　　（d）相应构件平移

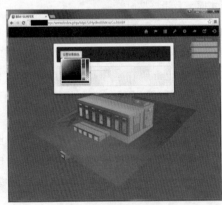

（e）背景设置　　　　　　（f）构件过滤查看

图 8.28　HydroBIM 协同平台的实用功能

（4）HydroBIM 模型共享。HydroBIM 协同平台允许公共化和私人化管理模型方式。公共模型是所有公共用户都可以访问的模型，可以通过在线注册获得公共用户权限。私人模型一般是进展中的模型，即还未准备好与公众共享。私人模型可以选择用户以及用户组进行共享，通过邀请新成员或者邮件的方式即可实现，见图 8.30 和图 8.31。

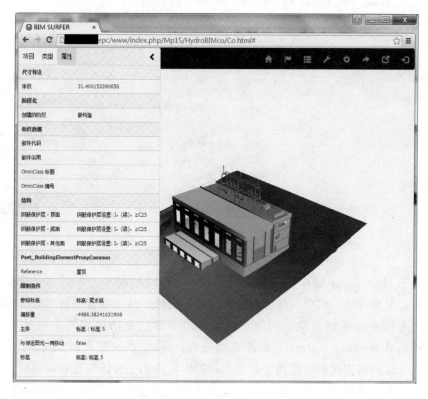

图 8.29 内置属性查看

图 8.30 邀请新成员参与共享   图 8.31 邮件发送链接进行共享

（5）HydroBIM 模型的检入与导出。HydroBIM 协同平台支持添加新的部分模型或与现有模型合并。通过各种模式的模型上传，平台完成对 BIM 模型的集中管理。平台同样支持签出功能，通过签出下载完整模型或部分模型，签出功能会通知其他用户已经锁定，数据暂时不可用，见图 8.32。目前协同平台支持上传的模型格式有 IFC 和 IFCzip，输出的模型格式包括 ifcXML、CityGML（包括官方 GeoBIM/IFC 扩展）、Collada（Sketchup)、KMZ（Google Earth）及 O3D/WebGL（网络浏览器）。

图 8.32　检入、检出、下载模型

（6）基于 HydroBIM 模型的协同交流。HydroBIM 协同平台同时支持不同设计师、施工承包商、设施经理、供应商等在内的在线协同交流，从而改善项目交流方式，提高协调的效率。支持在线标记并发布问题，也可提出申请变更的要求等。平台支持通用的 BCF（BIM Collaboration Format）标准交流格式，图 8.33～图 8.35 显示的是基于 BCF 协作标准的在线协同交流相关界面。针对实际需求，协同平台还需进一步完善，如分布式设计评审可能需要视频会议和类似的互动多媒体。HydroBIM 平台应该尽量与这些技术兼容，并做一些基本的集成。其他一些交互平台，如即时文档/消息交换应用，也可以直接集成在 HydroBIM 协同平台环境中。

图 8.33　基于 BCF 协作标准的在线协同交流

图 8.34　觉巴项目在线问题汇总

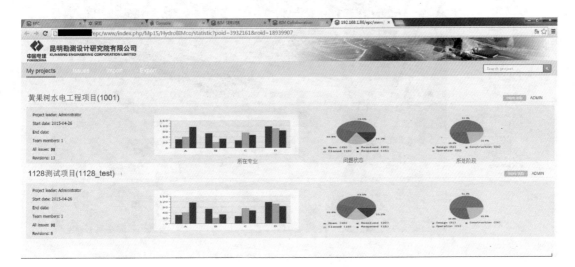

图 8.35　不同项目协作问题的汇总统计

4.HydroBIM 交付成果展示

该菜单主要是对项目设计过程中不同交付格式的 HydroBIM 成果进行在线浏览和展示。图 8.36 和 8.37 所示分别为 DWF 格式以及 NWD 格式 HydroBIM 成果的在线展示。

5.HydroBIM 信息集成与查询

通过将 Web 服务器上的管理信息，与 HydroBIM 服务器中 HydroBIM 数据库的信息相融合，并与相关 HydroBIM 构件相关联，使 HydroBIM 模型能在不同平台进行操作。

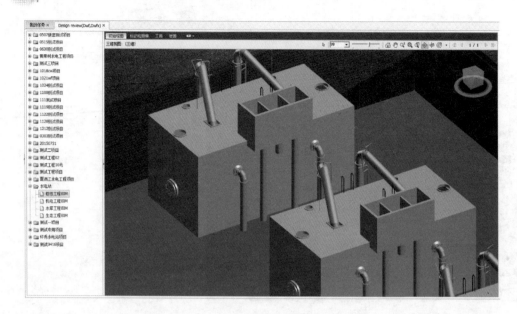

图 8.36　DWF 成果展示

图 8.37　Navisworks 成果展示

由于 HydroBIM 模型中的每个构件（柱、墙、梁和板等）都有一个工程内唯一的标志（Global ID），而与这个构件相关的信息都通过这个 Global ID 进行聚集和索引，使用者即可通过选择构件来查阅构件相关的工程管理信息，以下列举几个常用信息的查询。

（1）项目基本信息查阅。HydroBIM 模型不仅包含建筑物的应有信息，还能对整个项目进行查询。通过 IFC 标准中的 IfcProject 实体，将项目信息与 HydroBIM 模型结合起来，使用户能够实时掌握项目的总体建设情况。图 8.38 所示为觉巴水电站总承包项目基本信息。

图 8.38 觉巴水电站总承包项目基本信息

（2）设计图纸查阅。HydroBIM 协同平台通过剖切功能形象地显示 HydroBIM 模型任意截面的详细信息，便于施工方建设。此外，系统将截面相关图纸与截面进行关联，使读图的施工人员能够结合三维 HydroBIM 模型与大量详细图纸进行读图，大大提高了读图效率和准确度，增加了设计的可施工性。图 8.39 所示为觉巴水电站主厂房中心线纵剖面图纸查阅。

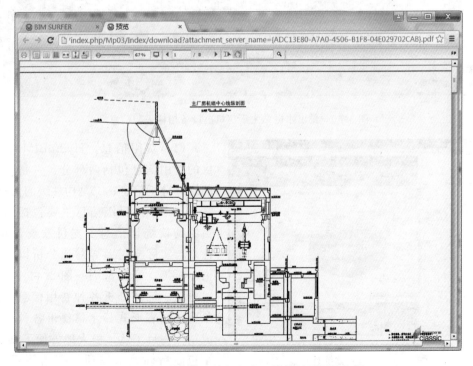

图 8.39 觉巴水电站机组中心线纵剖面图纸查阅

（3）招标采购信息。设备基本信息包括设备的型号、生产厂家、安装时间等，在没有应用 BIM 技术之前，该信息只是以文本、图片或者电子文档等各种形式存在于不同的地方，所以这些信息通常是凌乱的、成堆的，当真正需要的时候发现很难有效地找到完整的、准确的信息。

在施工建设及运营管理阶段，通过 HydroBIM 平台，将设备基本信息存储于 Hydro-BIM 数据库中，并与 HydroBIM 模型对象完全对应。当设备基本信息与模型对象之间产生关联，意味着在 HydroBIM 模型中点击设备即可获取与该设备相关的基本信息，使用者尤其是运营维护的管理者们就能够通过简单操作，获得设备的基本信息，大大降低了维护成本，提高了管理效率。图 8.40 所示为觉巴水电站主厂房机电设备招标采购信息。

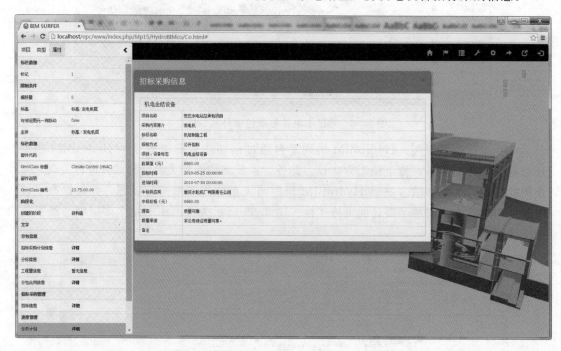

图 8.40　觉巴水电站主厂房机电设备招标采购信息

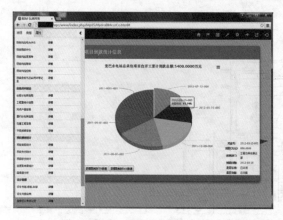

图 8.41　项目到款统计信息

（4）费用信息。HydroBIM 平台提供的费用信息包括两部分：一是项目级的统计分析信息；二是构件级的信息。

其中，项目级信息主要包括工程项目的到款统计信息、支付款统计信息、计划与实际支付差异对比分析以及赢得值分析等，见图 8.41～图 8.44。通过实时更新、统计分析各种费用信息，并形象地以图表形式显示，使得各种费用组成结构一目了然，极大地方便了 EPC 总承包商精确地掌握项目费用使用情况，及时做出决策；此外，HydroBIM 平台支持多种数据格式的导出，如 csv、xls 等，并可根据用户自定义的表格样式输出各种报表，大大地减轻了项目费用管理人员的工作强度，使得他们能将更多的精力投身于其他更需要他们的工作中去。

图 8.42 项目支付款统计信息

图 8.43 项目计划与实际支付差异对比分析

构件级信息主要包括单耗分析、单耗定义、工程量支付统计等。在项目一开始，HydroBIM 模型中实际成本数据主要以合同价和企业定额消耗量为依据；随着项目进展，实际消耗量与企业定额消耗量会出现差异，此时需要根据实际消耗量做出调整。每月对设计消耗做出盘点，可调整实际成本数据、化整为零，对各个构件动态维护设计成本，形成整体费用数据，保证实际成本数据的准确性。另外，通过 HydroBIM 模型，很容易检查出哪些构件（部位）还没有实际成本数据，及时提醒，

图 8.44 项目赢得值分析

便于管理。图 8.45 所示为觉巴水电站主厂房尾水管实时单耗分析数据。

8.3.2 基于 HydroBIM 模型的 5D 模拟

Skyline 作为三维 3D GIS 领域的首选软件平台，对 BIM 的支持相对成熟。它的强大三维功能负责一些经典的业务应用功能的实现，如空间分析与联测、管线选线、地质数据接入、枢纽布置等，而施工设施管理等环节就需要接入 BIM 模型来实现，例如，厂房的搭建、施工塔吊的模拟以及机电设备的装配这种施工环节阶段引入 BIM 模型，可使工程周期管理更加完善。BIM 模型构件带有时间、成本属性的特性结合 Skyline 的工程周期模拟特性，可以模拟整个施工过程以及资源、成本的需求，提前暴露施工问题，减少不必要的经济损失。

（1）创建进度计划。系统提供了 WBS 工作结构分解和 P6 数据接口，实现了系统中

图 8.45　觉巴水电站主厂房尾水管实时单耗分析数据

WBS 节点与 P6 任务节点相连接。同时还集成 P6 应用进度部分的功能，可进行进度计划的编制、更新，以及 MS Project 文件格式和 P3 文件格式的信息导入，方便用户快速编制合理的进度计划。图 8.46 所示为使用 P6 应用导入的觉巴水电站施工总进度计划。

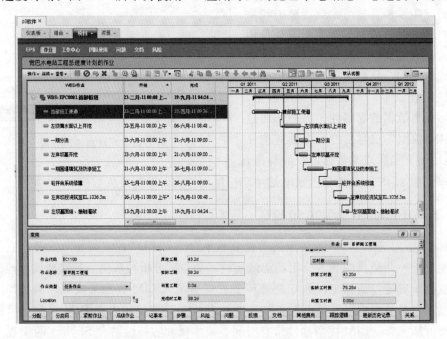

图 8.46　使用 P6 应用导入的觉巴水电站施工总进度计划

（2）创建 4D 模型。4D 模型的创建是将 3D 模型构件与进度计划相关联。系统通过将工程构件的 Global ID 与进度计划的任务相绑定，实现 3D 构件与进度计划信息的链接与集成。

系统提供了有两种方式可快速建立 4D 关联：用户通过系统提供的界面进行手动关联及系统自动关联。图 8.47 所示为 3D 构件与进度计划信息手动关联。

图 8.47　构件与进度计划信息手动关联

（3）4D 模拟。关联好的模型就能进行 4D 进度模拟。图 8.48 所示为 4D 模拟的功能截面，图 8.49 所示为进度模拟过程。

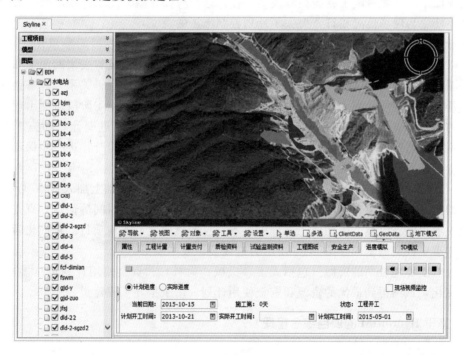

图 8.48　管理功能截面

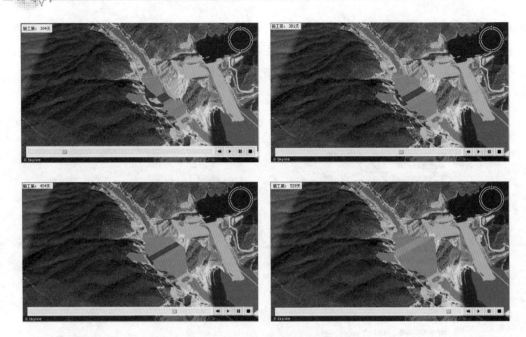

图 8.49　施工进度模拟过程

在水电工程中，传统方法虽然可以对工程项目前期阶段所制定的进度计划进行优化，但是由于自身存在着缺陷，项目管理者对进度计划的优化只能停留在一定程度上，即优化不充分，这就使得进度计划中可能存在某些没有被发现的问题，当这些问题在项目的施工阶段表现出来时，项目施工就会相当被动，往往这个时候，就只能根据现场情况被动的修改计划，使之与现场情况相符，失去了计划控制施工的意义。

基于 HydroBIM 的 4D 进度管理，其直观性、可视性和施工模拟的形象性、真实性，以及可以反复进行模拟的特性，可直接帮助施工进度计划编制人员省去审阅图纸和理解传统网络图等非必要实践，同时排除对设计意图、施工流程和工序逻辑关系等理解错误所造成工期延误的可能性，减少错误信息传达的发生概率，让那些在施工阶段可能出现的问题在模拟的环境中提前发生，逐一修改，并提前制定应对措施，使进度计划和施工方案最优，缩短施工前期的准备时间，使得工作效率和准确性有明显的提升，进一步保证施工进度和质量，从而完成项目既定目标。

（4）5D 模拟。基于 HydroBIM 的 5D 模型是在 4D 模型的基础上加入成本（cost）维度形成的数据模型，包含了建筑工程的实体数据和进度、成本、时间等信息，真正实现透明地反映项目实施流程，增加施工过程中成本信息的透明度，实现项目的精细化管理，是基于成本事中控制的基础。图 8.50 所示为进度资源成本模拟。

通过对工程建设期的资源（包括人工、机械、物料）和资金使用计划进行多次模拟，并不断优化，最终得到最优的资源和资金使用计划，用于指导工程建设。

8.3.3　基于 HydroBIM 的项目综合管理

1. 项目策划管理

项目策划管理功能用于建管部组建申请管理、建管部经理班子管理、建管部二级机构

图 8.50 进度资源成本模拟

及负责人管理、总承包项目工作任务书管理、项目实施规划管理、工程分标方案管理、年度招标采购计划管理、进度策划管理、项目策划书管理。图 8.51 所示为觉巴水电站年度招标计划策划详情页面。

年度招标计划详情										⊠
查询条件										
标段类型：	∨ 招标方式：	∨	招标代理机构：		∨ ⌕ 查询					
⊞ 导出 ⌕ 查看附件										
☐	年度	标段类型	标段、设备、物资名称	合同编号	估算额/万元	招标方式	招标文件编制完成时间	发售标书时间	合同签订时间	开工/到场时间	招标代理机构
☐			泄洪冲沙（兼导流）…	SY/C-1	2570	公开招标	2014-05-25	2014-05-25	2014-05-25	2014-07-17	待定
☐			引水系统土建工程	SY/C-2	2540	公开招标	2014-04-19	2014-05-25	2014-06-20	2014-07-15	待定
☐	2014	建筑安装工程	厂房土建工程	SY/C-3	3000	公开招标	2014-04-19	2014-06-26	2014-07-30	2014-08-17	待定
☐			大坝、溢洪道土建工程	SY/C-4	9000	公开招标	2014-05-21	2015-07-15	2015-07-30	2014-08-10	待定
☐		机电金结设备	机组制造工程	SY/JD-1	6660	公开招标	2014-05-25	2014-05-25	2014-05-25	2014-07-30	待定
☐	2015	建筑安装工程	大坝帷幕灌浆工程	SY/C-5	250	公开招标	2014-06-19	2015-06-30	2014-08-01	2014-08-10	待定
20 ∨ ⊩ ◄ 1 /1 ► ⊨ ⟳									每页 20 条共 6 条	

图 8.51 年度招标计划策划详情

2. 信息资料录入

信息资料录入功能用于录入工程月报、建管简报、安全月报、项目营收、节能减排信息以及工程实物量统计信息等。图 8.52 所示为觉巴水电站节能减排信息填报页面。

3. 资源管理

资源管理功能用于人力资源信息、车辆信息、工程设备信息以及办公设备信息的管理。可以查看其他人力资源（指除建管部领导以及二级机构领导之外的建管部其他人力资源）信息、正式员工基本信息、外聘人员新增离职信息、外聘人员工资发放及统计信息以及车辆设备的明细、调拨、维修、报废等信息。图 8.53 所示为觉巴建管部经理班子及其他人力资源信息。

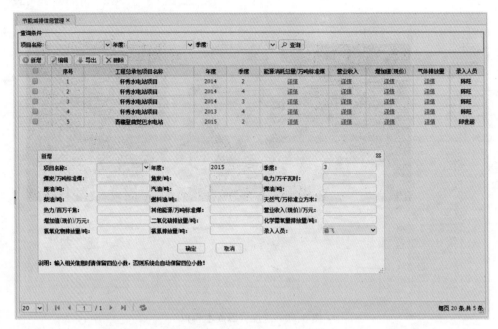

图 8.52　节能减排信息填报

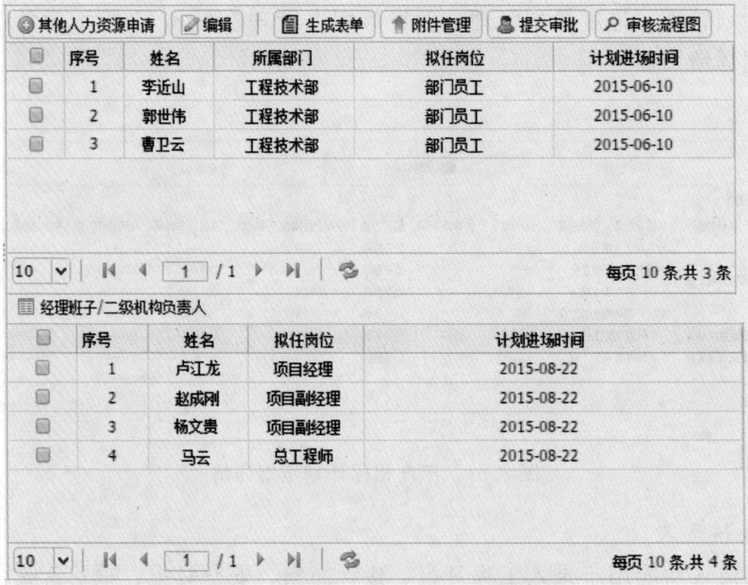

图 8.53　经理班子及其他人力资源信息

4. 安全生产与职业健康管理

安全生产与职业健康管理功能用于职业健康安全规定管理、安全生产费用管理、安全隐患管理、职业健康安全日常信息报送以及职业健康安全检查整改。可以查看职业健康安全规章制度、报告，安全生产支出预算，安全生产费用的投入及使用统计，安全隐患统计信息，企业职工伤亡事故统计、车辆及驾驶员情况统计、工程项目分包统计、特种作业人员统计、特种设备统计，以及项目职业健康安全检查记录及整改信息。图 8.54 所示为觉巴水电站安全生产支出预算基本信息。

图 8.54 安全生产支出预算基本信息

5. 环境管理

环境管理功能用于环保策划、环境运行控制、环境检查与监测、相关法规管理、应急准备与响应。可以查看工程环境影响因素信息、工程环境保护计划、设计产品的评价、国家强制性淘汰产品清单、分包商环保计划、现场环境检查报告、环境问题整改及复查信息、相关环境法律法规、突发环境问题的应急预案。图 8.55 所示为觉巴水电站应急预案管理。

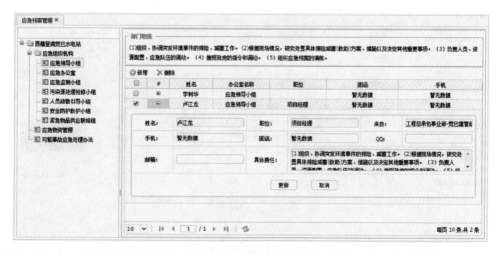

图 8.55 应急预案管理

6. 风险管理

风险管理功能用于统计风险分析，可以查看风险源清单、项目的跟踪评价记录、项目标书及合同评审记录、项目的风险综合评价等级、风险措施、风险控制效果、风险再评估等级。图 8.56 所示为觉巴水电站风险综合评价。

图 8.56 风险综合评价

7. 试运行管理

试运行管理功能用于水电站进入试运行阶段时数据录入与统计。可查看试运行培训计划、培训计划的考评结果、机组启动验收委员会成员的信息、下闸蓄水验收信息、试运行大纲信息、工作报告审批信息、操作票和工作票信息以及工程设备移交的资料信息。图 8.57 所示为觉巴水电站试运行机电设备操作员培训结果。

图 8.57 培训结果

8. OA 办公

工作任务的审批以及公文的处理主要针对个人及部门间 OA 协同办公。主要包括待办任务处理、部门新闻查看、公文发布处理等功能，可以实现部门间的无纸化协同办公。

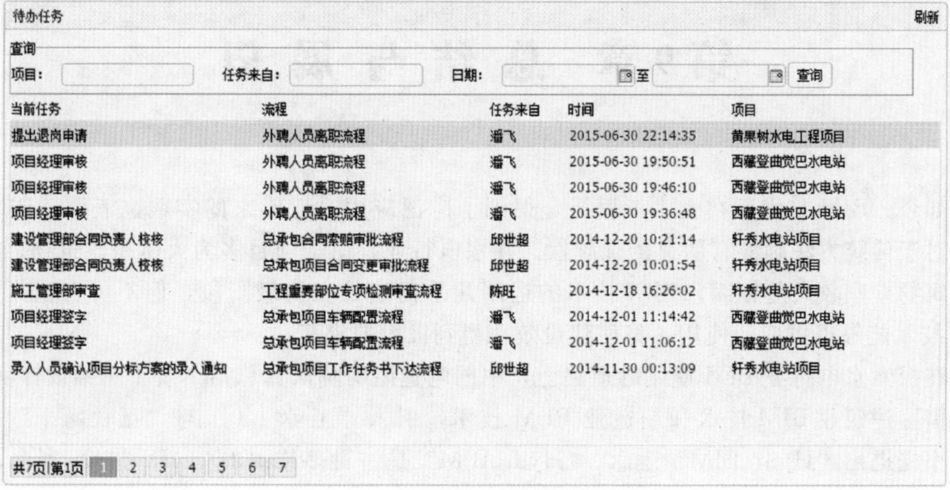

当前任务	流程	任务来自	时间	项目
提出退岗申请	外聘人员离职流程	潘飞	2015-06-30 22:14:35	黄果树水电工程项目
项目经理审核	外聘人员离职流程	潘飞	2015-06-30 19:50:51	西藏登曲觉巴水电站
项目经理审核	外聘人员离职流程	潘飞	2015-06-30 19:46:10	西藏登曲觉巴水电站
项目经理审核	外聘人员离职流程	潘飞	2015-06-30 19:36:48	西藏登曲觉巴水电站
建设管理部合同负责人校核	总承包合同索赔审批流程	邱世超	2014-12-20 10:21:14	轩秀水电站项目
建设管理部合同负责人校核	总承包项目合同变更审批流程	邱世超	2014-12-20 10:01:54	轩秀水电站项目
施工管理部审查	工程重要部位专项检测审查流程	陈旺	2014-12-18 16:26:02	轩秀水电站项目
项目经理签字	总承包项目车辆配置流程	潘飞	2014-12-01 11:14:42	西藏登曲觉巴水电站
项目经理签字	总承包项目车辆配置流程	潘飞	2014-12-01 11:06:12	西藏登曲觉巴水电站
录入人员确认项目分标方案的录入通知	总承包项目工作任务书下达流程	邱世超	2014-11-30 00:13:09	轩秀水电站项目

图8.58 待办任务列表信息

第9章 总 结 与 展 望

如今，BIM技术已在土木工程行业得到了广泛应用，近年来的实践也表明，BIM技术相对于传统方法确实有明显的优越性。在水电行业，由于项目多为大体积建筑物、各工程建筑物差别较大等原因，BIM技术的运用几乎仍然处在初级阶段，但不可否认，如果BIM技术能够得以广泛使用，将使建设效率得到极大的提高。

在探索水电行业BIM应用的道路上，中国电建昆明院认真总结十余年三维设计实践，学习借鉴建筑业BIM技术和制造业PLM技术，引入"工业4.0"与"互联网＋"的概念，率先提出"HydroBIM"理念。"HydroBIM"是一种多维（3D、4D-进度/寿命、5D-投资、6D-质量、7D-安全、8D-环境、9D-成本/效益……）信息模型，体现了大数据、全流程、智能化的管理技术。HydroBIM的全面应用，将为水电行业的科技进步带来无可估量的影响，大大提高水电工程的集成化程度和参建各方的工作效率。同时，也为水电行业的发展带来巨大效益，使规划设计、工程建设、运行管理在内整个项目全生命周期的质量和效益得到显著提高。

以澜沧江糯扎渡大坝工程为例，中国电建昆明院引入HydroBIM理念，运用创建的糯扎渡工程HydroBIM模型，对项目的建设施工过程实行精细化管理。在管理过程中，不断丰富模型语义信息，为业主的运维管理提供了数据支持。

此外，中国电建昆明院创造性地将HydroBIM理念引入到水电工程EPC总承包管理中，与天津大学合作开发的基于B/S架构的HydroBIM-EPC信息管理系统，以信息化网络为平台，以HydroBIM为核心，集成项目管理、进度管理、费用管理等十二大管理内容，实现了HydroBIM与EPC管理的有机结合，提高了工程精细化管理和工程项目管理水平。西藏登曲觉巴水电站工程运用此系统，强化了项目管理水平，缩短了项目工期，降低了投资费用，提高了工程质量。

不过，由于现阶段HydroBIM技术还不完善，需要通过实践不断改进，在土木行业的成功运用虽为HydroBIM应用打下了良好基础，但未来仍需根据自身行业特点，推动HydroBIM的应用进程，主要需做到以下几点：

（1）取得政策扶持。目前，要在国内推行HydroBIM，政府扮演的角色绝对是至关重要的。对HydroBIM相应的政策扶持完全可以加速HydroBIM在行业内的发展。

（2）建立HydroBIM资格认证体制，创建HydroBIM咨询机构。如果把HydroBIM比喻为外形、功能各异，性能优良的汽车的话，很显然不是所有人都能开"车"上路行驶，他需要首先被"驾校"培训，获取驾驶资格后才能开车上路。而且，他开得如何、水平高低，也需要有机构评判。因此，HydroBIM市场的发展，需要一群真正理解HydroBIM理念，掌握HydroBIM方法论和实施技术，充分发挥HydroBIM优势的人。而如何认定该项资质，需要有专门的认证机构。

（3）推动软件产品的发展。现阶段，BIM 软件需要做好国家化、行业化这两大课题，发展一些符合中国国情、适合水电行业使用的 BIM 软件，从而真正做到能方便水电行业从业者的工作。

（4）软件厂商配合。这就要求各 BIM 软件厂商能协调配合，在国家相关规范、标准的引导下，加强软件数据可交互性，及软件整合性。

（5）建设统一构件库平台。通过不断地改进、完善 HydroBIM 构件库平台，可以达到更好地辅佐设计的目的，为设计单位节约大量的资金和时间，通过重用节约社会总成本。这就需要设备生产商、制造业生产商、设计单位等单位对构件库平台的参与。可以设想，当这些生产商在提供大批量的构件成品前，能将包含详细 HydroBIM 信息的相应构件文件通过 Web 或其他途径提供给设计师，整个构件库就会像涓涓细流汇成大海一样，设计师的烦恼不再是花大力气去创建构件，而是如何选择自己需要的构件。

（6）抓住高端业主。对整个产业链来说，没有业主的推动，仅仅靠设计单位的一厢情愿是很难促成的，国内高端业主的出现是 HydroBIM 推行的契机。

结合目前 HydroBIM 的应用现状，未来通过政府政策层面的标准化先行、项目参与方层面的协同共享、软件开发企业的技术公关、项目参与企业的软件二次开发嵌入、HydroBIM 从业人员的深入培训等多种有效手段，充分发挥 HydroBIM 在水电工程建设中的应用价值之后，水电工程建设领域的信息化建设必将迈上一个新的台阶。

参 考 文 献

［1］ National Institute of Building Sciences（NIBS）. National BIM Standard – United States Version 2 ［EB/OL］. https：//www. nationalbimstandard. org/archive（last accessed on 12/11/2016）.

［2］ Building and Construction Authority（BCA）. Singapore BIM Guide Version 1. 0 ［EB/OL］. https：//corenet. gov. sg/media/586135/Singapore_BIM_Guide_Version_1. pdf（last accessed on 12/11/2016）.

［3］ Information Delivery Manual（IDM）for BIM Based Energy Analysis as part of the Concept Design BIM 2010 – Version 1. 0 ［EB/OL］. http：//www. blis – project. org/IAI – MVD/IDM/BSA – 002/PM_BSA – 002. pdf（last accessed on 12/11/2016）.

［4］ IFC Solutions Factory. The Model View Definition Site ［EB/OL］. http：//www. blis – project. org/IAI – MVD/reporting/listMVDs. php（last accessed on 12/11/2016）.

［5］ Penn State Department of Architectural Engineering. BIM Project Execution Planning Guide，Version2. 0 Draft ［EB/OL］. https：//vdcscorecard. stanford. edu/sites/default/files/BIM _ Project％20Execution％20Planning％20Guide – v2. 0. pdf（last accessed on 12/11/2016）.

［6］ 香港建筑信息模拟学会（Hong kong Institute of Building Information Modeling，HKIBIM）. BIM 项目规范（BIM Project Specification）. 2010.

［7］ 香港房屋署（Hong kong Housing Authority）. BIM 标准手册（BIM Standards Manual），2010.

［8］ 何关培，李刚. 那个叫 BIM 的东西究竟是什么 ［M］. 北京：中国建筑工业出版社，2011.

［9］ 何关培. BIM 总论 ［M］. 北京：中国建筑工业出版社，2011.

［10］ 葛清，何关培. BIM 第一维度——项目不同阶段的 BIM 应用 ［M］. 北京：中国建筑工业出版社，2011.

［11］ 葛文兰. BIM 第二维度——项目不同参与方的 BIM 应用 ［M］. 北京：中国建筑工业出版社，2011.

［12］ 欧阳东. BIM 技术——第二次建筑设计革命 ［M］. 北京：中国建筑工业出版社，2013.

［13］ 清华大学 BIM 课题组，互联立方公司 BIM 课题组. 设计企业 BIM 实施标准指南 ［M］. 北京：中国建筑工业出版社，2011.

［14］ 清华大学 BIM 课题组. 中国建筑信息模型标准框架研究 ［M］. 北京：中国建筑工业出版社，2011.

［15］ 梁吉欣，赖刚. 基于 Skyline 的三维 GIS 在水电工程勘测设计中的应用研究 ［J］. 四川水力发电，2013（2）：92 – 95.

［16］ 韩硕. 探索中国制造业的新未来——德国工业 4.0 对中国制造业发展的启示 ［J］. 中国集体经济，2015（6）：9 – 10.

［17］ 李久林，王勇. 大型施工总承包工程的 BIM 应用探索 ［J］. 土木建筑工程信息技术，2014（5）：61 – 65.

［18］ 张麦玲，王鸿铭. 基于 LAMP 的 WEB 服务器安全架构 ［J］. 数字技术与应用，2014（1）：188 – 190.

［19］ 德国工业 4.0 战略计划实施建议（摘编）［J］. 世界制造技术与装备市场，2014（3）：42 – 48.

［20］ 杨敏，任红林. 土木工程信息化战略及其实施构架 ［J］. 同济大学学报（自然科学版），2004（03）：302 – 306.

[21] 张建平，曹铭，张洋. 基于 IFC 标准和工程信息模型的建筑施工 4D 管理系统 [J]. 工程力学，2005 (S1)：220-227.

[22] 张建平，余芳强，李丁. 面向建筑全生命期的集成 BIM 建模技术研究 [J]. 土木建筑工程信息技术，2012 (1)：6-14.

[23] 桑培东，肖立周，李春燕. BIM 在设计—施工一体化中的应用 [J]. 施工技术，2012 (16)：25，26，106.

[24] 刘立明，李宏芬，张宏南，等. 基于 BIM 的项目 5D 协同管理平台应用实例——RIB-iTWO 系统应用介绍 [J]. 城市住宅，2014 (8)：47-51.

[25] 施静华. BIM 应用：EPC 项目管理总集成化的新途径 [J]. 国际经济合作，2014 (2)：62-66.

[26] 黄锰钢，王鹏翊. BIM 在施工总承包项目管理中的应用价值探索 [J]. 土木建筑工程信息技术，2013 (5)：88-91.

[27] 宁冉. BIM 在水电设计中的全面深入运用——云南金沙江阿海水电站 [J]. 中国建设信息，2012 (20)：52-55.

[28] 张宗亮. 200m 级以上高心墙堆石坝关键技术研究及工程应用 [M]. 北京：中国水利水电出版社，2011.

[29] 张宗亮，严磊. 高土石坝工程全生命周期安全质量管理体系研究：以澜沧江糯扎渡心墙堆石坝为例 [C] // 水电 2013 大会——中国大坝协会 2013 学术年会暨第三届堆石坝国际研讨会论文集，2013：854-861.

[30] 张宗亮，于玉贞，张丙印. 高土石坝工程安全评价与预警信息管理系统 [J]. 中国工程科学，2011，13 (12)：33-37.

[31] 钟登华，刘东海，崔博. 高心墙堆石坝碾压质量实时监控技术及应用 [J]. 中国科学：技术科学，2011，41 (8)：1027-1034.

[32] 马洪琪，钟登华，张宗亮，等. 重大水利水电工程施工实时控制关键技术及其工程应用 [J]. 中国工程科学，2011 (12)：20-27.

[33] 蔡绍宽. 水电工程 EPC 总承包项目管理的理论与实践 [J]. 天津大学学报，2008，41 (9)：1091-1095.

[34] 钟登华，崔博，蔡绍宽. 面向 EPC 总承包商的水电工程建设项目信息集成管理 [J]. 水力发电学报，2010 (1)：114-119.

[35] 蔡绍宽，等. 水电工程 EPC 总承包项目管理理论与实践 [M]. 北京：中国水利水电出版社，2011.

[36] 张锦祥. 基于 B/S 模式的数据库服务器安全实现 [J]. 浙江教育学院学报，2008 (5)：64-68.

[37] 侯鑫，常谦端. 企业管理信息系统与 P3、P3e/c 数据交换的研究与实现 [J]. 管理工程学报，2005 (S1)：58-61.

[38] 刘兴卫，张志浩，陈福民. 交互式 Web 开发技术 PHP 与 Oracle 数据库访问 [J]. 计算机应用研究，2001 (8)：92-94.

[39] 郭新辉. 浅谈如何做好 EPC 总承包项目的进度管理 [J]. 科协论坛（下半月），2010 (5)：131-132.

[40] 王珩玮，胡振中，林佳瑞，张建平. 面向 Web 的 BIM 三维浏览与信息管理 [J]. 土木建筑工程信息技术，2013 (3)：1-7.

[41] 贺灵童. BIM 在全球的应用现状 [J]. 工程质量，2013 (3)：12-19.

[42] 郑聪. 基于 BIM 的建筑集成化设计研究 [D]. 中南大学，2012.

[43] 汤庆峰. 基于 J2EE 的招标采购管理系统的研究与实现 [D]. 华北电力大学，2012.

[44] 李海涛. 基于 BIM 的建筑工程施工安全管理研究 [D]. 郑州大学，2014.

[45] 魏亮华. 基于 BIM 技术的全寿命周期风险管理实践研究 [D]. 南昌大学，2013.

［46］ 雷斌．EPC 模式下总承包商精细化管理体系构建研究［D］．重庆交通大学，2013．

［47］ 陈建．EPC 工程总承包项目过程集成管理研究［D］．中南大学，2012．

［48］ 王珺．BIM 理念及 BIM 软件在建设项目中的应用研究［D］．西南交通大学，2011．

［49］ 李勇．建设工程施工进度 BIM 预测方法研究［D］．武汉理工大学，2014．

［50］ 李兵．企业项目管理（EPM）的组织结构研究［D］．四川大学，2006．

［51］ 梁玲．基于 Web Service 的面向服务的工作流管理系统研究与实现［D］．中北大学，2007．

［52］ 陈映．以专业设计院为龙头的 EPC 工程总承包管理模式研究［D］．武汉理工大学，2007．

［53］ 张文瑛．基于 B/S 结构的煤矿设备管理系统的设计与实现［D］．太原科技大学，2009．

［54］ 冯亚玲．基于 .NET 平台电力设备管理系统的研究［D］．兰州理工大学，2009．

［55］ 李岩．工程总承包企业项目信息集成管理方案研究与实践［D］．复旦大学，2009．

［56］ 林良帆．BIM 数据存储与集成管理研究［D］．上海交通大学，2013．

［57］ 赵昂．BIM 技术在计算机辅助建筑设计中的应用初探［D］．重庆大学，2006．